情性人生

A Man Beyond Thoughts

心灵美学讲稿

骆冬青 著

中华书局

**图书在版编目（CIP）数据**

情性人生:心灵美学讲稿/骆冬青著. —北京:中华书局,2015.11
ISBN 978-7-101-10780-7

Ⅰ.情… Ⅱ.骆… Ⅲ.人生哲学-通俗读物 Ⅳ.B821-49

中国版本图书馆 CIP 数据核字（2015）第 039483 号

| | |
|---|---|
| 书　　名 | 情性人生——心灵美学讲稿 |
| 著　　者 | 骆冬青 |
| 责任编辑 | 刘淑丽　谷笑鹏 |
| 出版发行 | 中华书局 |
| | （北京市丰台区太平桥西里 38 号　100073） |
| | http://www.zhbc.com.cn |
| | E-mail:zhbc@ zhbc.com.cn |
| 印　　刷 | 北京市白帆印务有限公司 |
| 版　　次 | 2015 年 11 月北京第 1 版 |
| | 2015 年 11 月北京第 1 次印刷 |
| 规　　格 | 开本/889×1194 毫米　1/32 |
| | 印张 13¼　字数 260 千字 |
| 印　　数 | 1-3000 册 |
| 国际书号 | ISBN 978-7-101-10780-7 |
| 定　　价 | 40.00 元 |

# 目　录

# 绪论　时间与存在

## 一　心灵与软、硬

人生中总有这样的时刻，一刹那电闪雷鸣，风狂雨骤，一切被照亮——陷入可怕的清醒；一切被遮蔽，有如电脑黑屏，内在的光亮突然关闭，绝望笼罩；心灵经受着各种严峻的考验。这时，一切外在的成败得失，都失去了分量，于心灵无济于事。内心之中那根脆弱的弦，决定着一切。获得诺贝尔文学奖的海明威，著名演员张国荣，都是在世人眼中辉煌成就的光环下，自杀身亡。在任何人的心灵之中，都有这样一根脆弱的弦，它是由我们的情感、意志、理性"纠结"而成的，或许，只有用"心灵"这个词，才能够表达出它的感性、灵性和微妙、复杂的构成。美学，主要研究的就是心灵中这根"脆弱的弦"，它是包含着无穷内涵的心灵本体。

在那样的特定时刻，即德国大诗人里尔克所说的"严重的时刻"，我们每个人都会想反省、审视自己的人生，尤其是自己的心灵。可以说，心灵以心灵本身为对象，进行自我观照和反省，本身就是心灵的本质特征；守护、护持、安顿、升华心灵，是人生的重要内容。人类文化的精华，也正是由此而显现。文学史上，无论是中国，还是西方，那些伟大的作品，往往是作者自己心灵的写照——从《离骚》到《红楼梦》，从奥古斯丁的《忏悔录》到卢梭的《忏悔录》，从《堂吉诃德》到《城堡》《尤利西斯》《追忆逝水年华》……都是如此；哲学史上，那些大哲学家同样是深刻反省自己的心灵，进而"为天地立心"；更不必说，那些宗教经典，则是人类心灵的终极关切的产物。也许，我们可以说，人类文化的重要成果，都是心灵在某些"严重的时刻"产生的，是精神危机的产物。

俗话说，人心都是肉长的。这句话，和西方哲学家把情感叫做"内在的感性"颇为相似，都是说，人心之中，有着像人的肉体一样感觉一切事物感性特征的能力。人心具有感性特征，而不是理性的"机器"。一方面，说明人心之中情感的重要作用；另一方面，说明心灵的内在感性和外在感性——肉体一样，是有生物学基础的。在这方面，毋宁说，人心之中，其实是有着生物性的"本能"的。这，就与弗洛伊德的精神分析学说有了深刻的联系。

当然，这句话要表达的深层含义，其实是说，人的心灵像肉体一样，是软弱的，是会"疼"的。"心软"才会"心疼"。情性的心灵，是有着柔和而敏感的特质的。"心疼"是汉语中用来表达最温柔的爱的。为什么呢？它是说，心灵具有深切的感知疼痛的能力，为对方而疼痛、而痛苦，对方在自己的心中才具有真正的、血肉相连的位置。所谓"同呼吸，共命运，心连心"，其实最重要的是能够为对方"心疼"。从这里，我们可以看出，人的道德感、伦理精神，是和人是感性的人、情感的人这个基本规定分不开的。在这个层面上，我们也可以说，人心都是肉长的,规定了人的情爱能力和人的心灵秩序。也许,你也可以说,人心是肉长的,难道动物的"心"不是么? 动物也有伦理属性。这个问题,我们在此不做深究。但是,"心疼"的能力,也正是我们人类与万物沟通的基础,是我们与万物产生"生命共感"的基础。因此,也是我们审美精神的根基。

但是,现代学术,无论是政治学、经济学,还是社会学,都有"理性人"的假设。在社会科学中,人是"硬心"①的。"心硬"是理性人的特征。那么,作为"计算机""理性人"的我们,会不会"机关算尽太聪明,反算了卿卿性命",把我们"人心"最根本的东西丢掉呢? 或者说,人的理性能力,是否来自人心是"肉长的"这个感性特征呢? 这个问题,康德在《纯粹理性批判》中做了深刻的探索。康德指出,人的理性能力,最终是建立在人的感性能力上,甚至可以说,是建立在人的感性局限的基础上的。人心具有的时间感、空间感,即内感官、外感官,决定着人类的认识能力。就此而言,"人心"都是"肉"长的,可以打消人追求"无限"的僭妄,从而告诉我们,人不是"上帝",人的理性能力是"有限"的。我们不是"机器",这也正是"人"的"心"决定的。

"肉"长的"心",让我们具有情感、想象、创造力,从而让我们超越人造的机器,能够产生不受拘束的思想感情,会"超常发挥",当然也会"犯错"。可是,也许,"会犯错"才是人的根本特征。

当然,我们不是"野兽",不是"机器",除了"人心都是肉长的",

① 詹姆斯分别哲学家气质为"软心""硬心",从冯友兰译。见冯友兰《中国哲学史》(上册),中华书局,1961,第15页。

还需要人心具有感性特性，具有"灵性"。说"心"有"灵"性，主要是说，"心"既是"虚灵不昧"，又是"神明不测"的。古人说，"心是神明之舍，为一身之主宰"（朱熹），还是有往古的巫术观念痕迹，"神明""灵魂"，都是假设了另外的一个超越的世界存在，或者说，还是把我们的"心"设定为一个彼岸和此岸世界的结合。"神明"在我们的心中，所以，我们才具有了"灵性"，我们的"心"才不只是"肉长的"。当然，朱熹的说法，已经把传统的"神明"观念改变成为一种内心本然具有的超越维度了。

我们常常说，要"虚心"，这是说要让"心"腾出"空间"，才能够接受新的东西，或者是别人的意见。其实，心不需要"腾"出空间，心本身就应当是"虚"的。"虚"，正是古人认为的"心"的根本特性——"虚"，才可以"灵"，才能够"不昧"。因为，"虚"让我们感受到了一种超出感性世界的另一世界，与"太虚"相联系。《红楼梦》里设立了一个"太虚幻境"，其实，按照古人的想法，我们的"心"本来就有"虚灵"的方面，人人心中本来就有着一个"太虚幻境"。我们的"灵性"，正在于我们的"心"中有"太虚"，有"幻境"。"太虚幻境"才能够让我们"虚灵不昧"。

"不昧"，就是去除了蒙蔽，就是获得了光明，简单地说，就是"明白"，就是"清楚""清明"。"心灵"就是"神明"，就是"神"——"明"。我们只要在"神""明"之间缓缓地读来体会，就可以晓得，"心灵"，其实也是"心"——"灵"。心"灵"了才是"心"，或者说，心本身就是"灵"的。心被照亮的时候，"明白""清楚"了，才是心，才是心灵。我们通常说诗人、艺术家有"灵感",似乎他们有特别的"通灵"的能力,他们生来就带着"通灵宝玉"。其实,我们每个人都有"心灵",我们都有"明白"的时候,都是"明白人",否则,我们就成为没有"心灵"的动物了。因此,我们都有灵光乍现的时刻,我们都有如有神助的时刻,都似乎接收过来自另外世界的"启示"和"点化""提撕",都曾经获得过心灵的"启蒙"。这样来看,"心灵",就具有了"形而上"的意义,就具有了"超感觉""超感性"的意义。"心灵"就把"肉"与"灵"结合了起来——"肉"有限,"灵"无限;"肉"是人的"自然","灵"则标示着人的"自由"。"心灵",是灵肉的合一,也是自然与自由的合一。

所以,我们可以说,"心灵"这个词,本身就是"美学"的表述。因为,它是指我们用"感觉"感觉到"超感觉",在我们的"感性"之中,存在着"超感性"。从而,我们在"有限"之中"感"到了"无限",在"自然"当中,"感"到了"自由"。"心灵",是"美学"诞生的根本原因,也是"美学"研究的主体。

## 二 寻求"不确定"

这样来看,我们也可以重新思考,为什么需要美学这样一门学科,这样一种研究?我们都知道,美学最早是由德国的鲍姆嘉通奠立的,他发现有一种研究是任何领域都未触及的,他把它叫做混乱的认识或感性的认识。鲍姆嘉通最早的研究是诗——诗歌领域,也可以说,是整个文艺领域,他研究的是文艺领域里的哲学原理。关于诗歌的哲学思考是鲍姆嘉通研究的核心。那么,他为什么把这个提出来做专门的研究呢？这是与西方哲学传统相关的。西方自古希腊开始,就有著名的"诗与哲学之争",认为,以诗歌抑或哲学作为文化的核心,是最为重要的问题,它关系到人类心灵的秩序,从而也关系到人类文明的秩序。因为,诗歌,或者说诗性文化,是激发人的感性的,因而,诗歌可以搅乱人心,让人的心灵走到危险的境地。中国传统文化的"十六字心传"说"人心惟危,道心惟微；惟精惟一,允执厥中"。人心惟危,表达的也是同样的恐惧——对于我们自己"心灵"的"神明莫测"的恐惧。"惟危""莫测"——所以,是需要控制乃至排除的部分。鲍姆嘉通说感性的认识是混乱的认识。从"认识"的角度来看感性、情感,它就是需要排除的对象。那么,西方哲学的主要传统是什么呢？我们可以用美国哲学家杜威的一本书的名字来概括——《确定性的寻求》。西方哲学追求的是"确定性"。我们大家都知道,最不容易确定的认识就是感性,就是我们的感觉。西方哲学的主要思路,就是要寻求我们对世界的确定的认识,通过掌握"规律",掌握"世界"。

从反面来看,正是因为我们感觉到很多东西都是不确定的,包括我们的"感觉"本身就难以确定,我们用来"确定"的"心灵"本身,也有"神明莫测"的方面,我们才强烈地渴望"确定性"。比如说,冬天突然下大雪,下得很深,但是再过几天来看,雪融化了,不见一丝儿踪影；我们走在灿烂的阳光下,一切都正常了,一种可怕的正常,好像什么都没发生,其实一切都发生过了。就像李安拍的《色戒》中的一个段落,王佳芝走出珠宝店,当时的感觉就是这样。她把那个汉奸放走了,对她自己来说,惊天动地,天崩地裂,发生了天大的事情。她感觉一切都改变了。恐怖的是,外面一切都很正常。阳光依旧灿烂,街道依旧是人来人往,拉黄包车的还依旧跟她饶舌⋯⋯电影上,那个时候镜头晃啊晃,我们感觉到正常得不正常,精神很恍惚。这个段落,我们可以用来说明,"心灵"之中,我们的感觉和感觉的对象都是不断变化的,内心的变化,在"不变"的外在表象下,往往显得更加剧烈。假如在下大雪的那一天,我们从室外走进室内,我们就觉得"哦,这地方好暖和!"房间未必很暖和,但是,对于"风雪夜归人"来说,看到房间,看到灯光,就觉得温暖了。这不是"物理"的感觉,是"心灵"的感觉。甚至,我们的感觉有时候连自己都不敢相信。例如,有的时候遇到特别好的事情的时候,我们要去掐一下自己的大腿,问一下自己:这是真的吗?感觉掐疼了——噢,这是真的。掐疼了就是一种感觉。而假如说是正在做梦呢?在梦中自己掐疼了自己,这时,怎么知道不是做梦呢?

西方哲学的历史,可以说从一开始,就想把确定的东西和不确定的梦幻般的感觉区分开来,这样,西方哲学把理性、确定性作为最高的追求。所以,鲍姆嘉通的发现有着特别的意义。他发现,感觉的领域,甚至是我们梦幻的领域、幻想的领域、想象的领域,这样的感性领域是以往的哲学研究很少探讨的,往往是哲学研究要"祛除"的"魔鬼"。柏拉图要把诗人赶出他的"理想国",也是因为恶魔般的快感会令人丧失理性。鲁迅的《摩罗诗力说》之中的"摩罗",就是指"恶魔",他要恢复"恶魔"的"动作"与"反抗"。鲍姆嘉通在创建"美学"学科时，他的立意还是有着特别的冲击力的。他觉得感性领域应该有一种哲学来研究它。所以鲍姆嘉通最早把"美学"叫做"感性学"，是研究感性的学问。最初把"感性学"翻译成"美学"的是日本人中江兆民，后来移植到我们汉语里。它也有一定的道理。但是很显然，从词义上说，感性学和美学是不相等的，也就是说，我们无论什么样的感觉都应当是在美学的学科建置内研究的。"美学"并非研究"美"的学问，而是包括了人的一切感性。所以，"美学"之中包括崇高、滑稽、怪诞、荒谬……"丑"，也是"美学"研究的题中应有之义。——我们为什么需要这么一门学科？因为西方哲学以往总是研究"确定性"。也可以说，西方哲学的核心，研究的是一个字——"是"。我们知道西方语言总是用一个系动词"是"把所有的东西联系起来，用它来对事物确定，所以我们可以说西方哲学就是"是"学。有人说中国没有哲学，因为中国语言中没有系动词"是"，而西方哲学研究的是"是之所以是"。所以说研究的"是"是什么，对中国人来说不太好理解，但是我们已经学了好多年英语，英语里面说任何话都离不开"是"。对于研究"感性学"或通常所谓"美学"来说，我们的感觉是瞬息万变的。我刚刚还很开心，刚刚还觉得浑身很温暖，突然看见一个人"冷冷"地看着我，我会变得全身发冷，变得不舒服，感觉到照进来的阳光都是冰冷的。我前一个瞬间的感觉，到了后一个瞬间就可能发生巨大的变化，我的感觉和感觉的对象都在不断变化。古希腊哲人说，人不能两次踏进同一条河流。何止是"同一条河流"，甚至我们不能进入同一个教室。我们现在在这个教室里上课,下课走后又一拨同学进来,这个教室还是原来的教室吗? 黑板还是原来的黑板吗? 感觉的对象和感觉本身都是不断地变化的,所以他总是不断地"不是"。这个教室已经不是原来的教室了,我也不是原来的我了。前一瞬间的我跟现在的我,跟再过两年、再过几十年的我,大不相同了! 也许,再过几十年我们已经"往生",化为尘埃了! 所以说"前不见古人,后不见来者","念天地之悠悠",心里挺不是滋味的。天地茫茫,时光悠悠啊! 茫茫天地之间,"我"不过是一粒微尘,再过几十年"我"也是古人了,将会"作古"。古人、来者,我们都无法"见"。我们能够"见"到的,是变化,是流行的"大化"。所以,研究感觉和情感,其实研究的是不断的"不是";与哲学研究"是"的主流相反,美学研究的恰恰是"不是",美学是"不是学"。所以说,美学研究是一个悖论,是以研究"是"的方式研究"不是",研究"不是"之所以为"是"。

"自其变者观之",一切皆流。事物变化无穷。许多事物,前面还有,后边马上没了;前一会我还开心,这一刻我伤心,再一刻我又痛心,过一会我又开心,瞬息万变。我们的感觉、感觉的对象总是处在不断地变为"不是"的过程当中,而如果说我们把感性、感觉、情感当做研究对象的话,实际等于研究"不是"是什么,总是在不断变化的东西是什么。什么叫规律? 所谓规律就是不变的东西,规律放诸四海而皆准,是"是"的。那么我们非要找出我们感觉的规律,把它当做一门学问,也就是研究"不是"是什么。我们要研究的对象是"不是",答案是"是",用一种"确定性"的东西去研究"不确定"的东西。我们用理性研究感性,对我们的感觉、情感的东西进行理性的分析,这就是美学。无论我们是对诗进行哲学思考,还是研究别的东西,总而言之是把两个相互矛盾的东西纠结在一起形成的一门非常特殊的、似乎看起来是不可能的研究。而美学这门学科本身又属于哲学,所以有人说这是一种诗化的哲学——"诗哲"。

哲学的诗,诗的哲学,相矛盾的东西放在一起——美学就是这样的一门学科。对鲍姆嘉通来说,这方面的研究是哲学不可缺少的。但是,我们首先应当考察美学学科的"前提",即是否有可能来做这样的研究。因为这样的研究本身是相悖反的、相矛盾的,或者从根本上来说是荒谬的。它要研究我们的情感,但是,要用理智反思、推断、探讨、归纳、总结我们的情感,这是不可能的事情,我们是在做向"不可能"挑战的事情,甚至可以说这跟思考的本性悖离。

那么我们还需要不需要这一门学科呢?这样一门学科是不是合理?它可不可以存在?我觉得值得考虑。

这个问题需要往"前"——"前提"——想,在想美学的"前提"时,我们不妨思考,我们为什么需要种种不同的感觉、情感?诸如:我们为什么需要文学?为什么需要艺术?为什么需要种种的娱乐?需要各种各样的节日,例如情人节、元宵节、狂欢节?还需要各种各样假期,各种各样的舞会,各种各样的咖啡馆,各种各样的茶馆,各种各样的衣服……各种各样的感性的享受,或者,感性的刺激。有人说,我"涅槃"了,我把各种各样的一切都看透了,情绪不会有任何的起伏变化了。有没有这种人?如果真是这样,他就"成佛"了,他对无论什么都"不动心",可不可能呢？不大可能。我们作为人,总是常常有喜、怒、哀、乐、爱、恶、欲的。只要"活着",这些都是无可避免和无可奈何的。所以,美学,是关系到我们每个人的生活,是关于"活""活法",或者说"生存"的学问。

一方面,我们每个人不断需要感性的刺激和享受。为什么我们有时候要吃点"麻、辣、烫",吃点"苦"的,如苦瓜,"自讨苦吃"？不就是为了不丧失我们的感觉吗？不就是为了活得"有滋有味"？中国人倾向用"吃"来感觉世界。例如,有时候我们甚至形容某个女孩长得很有"味道"。"味""道",从"味"之中感悟到"道",可说是中国美学的一个重要隐喻。我们为什么需要美学呢？就是因为我们活着,就必须要有感觉地活着。可是,必须注意的是,我们不能仅仅凭着感觉活着。因为,人一旦对所有的事物都失去了确定性,就无法活了。西方哲学从理性和认识论的角度着重寻求一种确定的知识,譬如说太阳今天升起,明天还不知道能不能升起,明天说不定还会下雨呢！那么后天会不会升起？还不一定。但是我们能确定太阳总会照常升起。"乌云遮不住太阳",有了这样的"确定性",有了这样的"信心"之后,我们才能"照常"地活下去。这就是寻求"确定性"和一切规律的重要意义。自然科学的真理和社会科学的规律,无非是让我们掌握自然和社会的"确定性"。没有"确定性",我们的生存就失去了依据。

但是我们还要寻求"不确定性"。我们"人"假如一直是确定的,那么,就成为一种机器,机械地生活,"死定"了。人之所以为人,生活之所以为生活,就是在于"不确定"让我们的人生充满了机遇和挑战,充满着各种各样的"可能性",从而可以不断地"计划""谋划"。变化总比计划快,正是我们人生最具有魅力的地方。"理想国"的理性"谋划",之所以丧失了人性的尊严,正是因为它"谋杀"了人生的可能性和多样性。如果我们的生活一切都按照确定性来进行,那么我们就成了规律性的奴隶,或者说我们就丧失了自由。所以说自由就是"不是",就是可以说"不"的权力。以赛亚·伯林把自由分为两种,一种叫积极的自由,一种叫消极的自由,或者叫肯定的自由、否定的自由(《两种自由概念》)。肯定的自由就是我们想做什么的自由,否定的自由就是我们不想做什么的自由。这两种自由,其实都是对现状说"不",都是反对外在强制力量的精神。话说回来,我们为什么需要美学呢?我们所有的人活着都是有感觉的,而感觉是要寻求的,我们总是需要"找感觉"。感觉问题对于我们"人"来说特别的重要。我们努力寻找感觉,希望找到一个感觉的顶点,用歌德《浮士德》里浮士德的话来说,"这一刻真美啊!""这一刻"的感觉使我们失魂落魄。为什么需要美学?因为感觉是人之为人的最重要的核心。人是有精神的,而自由就是精神的本质。自由就是要求我们自己去寻求自己想要的东西。也就是说,美学作为感性学,其目标是寻求某种感觉。

然而,我们总是会错失人生,错失人生之中美好的东西,错失人生之中的"那一刻"。所以,我们总会在某个时刻妄想:要是能够重新来过,从头来过,那么人生就会不同——经历了种种人生的历练,如果让我们从头再来,我们确定自己会有"新生",会有理想的人生。这当然是心灵的奢望,可是,它也是人类必然具有的奢望。经历过的人生,会

让我们在"追忆"之中"回头望",令我们希望重新感觉人生。时间,
是心灵的本质,是情感的本质;我们的情感,总是时间性的。时间,作
为人类的内感官,在根本意义上,主宰着我们的心灵。所以,当我们回
首往事,我们希图重新来过,希望"重生"的愿望,就是一种美学的精
神——希望以超越时间、"永恒""无时间性"的心灵,来打量时间,重
新"安排"时间。

这是因为,我们的生存时间是如此短暂,我们的心灵时间却奢求
永恒。心,比天高啊!心,还要和"天"比长久,比永恒。所以,心灵的
灵性层面,不妨说,就是人类心灵永恒追求的象征。我们希望有一个
"时间机器",让我们重新活过我们的人生。这样,我们就可以用永恒
来衡量自己的人生,用心灵的理性来打量自己的情性,总之,用"超感
觉""超时间"来打量自己的生存感觉和时间。或许,美学的意义很
大程度上就在于此。

## 三　美即新生

艺术可以帮助我们实现(不,"虚现")这个心愿。以艺术作品来
考察我们的人生,以永恒的感性来考察我们短暂多变的感性,以丰富
无穷的人生来考察我们只有一次、注定偶然单调的人生,是美学的重
要价值所在。所以,我们才能够在短暂的此在之中,感悟到"在",获得
所谓的"存在感"。

歌德的《浮士德》,就是用魔鬼的"时间机器",把人生此在的过

程,重新来过,用老人的智慧,重过青春以及以后的生活。我们不妨把它当做一个美学的寓言。

　　浮士德的名字总是和"博士"连在一起,颇有意味,让我们想到他是一个知识人。在浮士德的时代,博士很崇高。浮士德是一个老博士了,皓首穷经,他天天读书,学了很多东西,也研究了很多东西,是一个百科全书式的人。我想,歌德在他的《浮士德》里面表达了他对德国古典哲学的某些看法。德国古典哲学想把世界上的一切统统找出规律。浮士德探索了大半辈子,突然感觉到没有意思:我把什么东西都弄懂了又有什么意思呢? 人生很快结束了! 他在学问的探求中已经过了大半生,发现所有的学问都不足以使他对人生感到满足,觉得还要回归到人生里。作为一个寓言,我觉得非常好,我们高等学府里的很多人在象牙塔里度日,与真实的人生有了隔膜。当然,我们的大学现在已经不是象牙塔了,很多方面已经变成了一个非常肮脏的所在。在浮士德的时代,在一个高耸入云的象牙塔里面,这位博士不断地往上攀登,达到了他们的时代所能达到的精神的最高峰。这时候,他想把自然界所有的奥秘统统地解开。在那个时代的知识体系中,要想把自然界的所有的奥秘全解开必须借助宗教与巫术,所以《浮士德》的开始,写了他在书斋中研究巫术和宗教。浮士德翻译《圣经新约》里的一句话"太初有道",他觉得应当翻译成"太初有为"。我们总得"为",总得"做"些什么,我们一定要投入到生活当中。浮士德在探索中耗完了一生,才发现,原来,世界的开头是"做"出来的。不"做",就没有"太初"。所以他要投入到生活本身当中去。这个时候,魔鬼出现了，魔鬼来帮助浮士德重生，重新获得青春。用中国话来说是"着了魔了"，魔鬼作伴好还"乡"，回归到人生之中。所以说，对于西方哲学来说，对于一种寻求确定性的学问来说，对于一种"是"学来说，美学，是具有"魔性"的一种学问，她把我们拉回到感性生存之中。

浮士德"着魔"之前的人生，是"知识悲剧"。这位博士，象征了我们一个人追求学问，用知识的方式探索世界，结果，在某种意义上失去了世界。浮士德获得了好多知识，却发现自己一无所知。这不是说知识越多，知道得越少；而是说，纸上得来的内容，与实际的人生之间存在着鸿沟。浮士德对此感到不满足，但是醒悟的时候，已经垂垂老矣。悲剧啊！这时，我们通常都会有的"重生""重过"人生的愿望，在这个博士身上应当更加强烈：因为，已经具有了知识和智慧，他要重新来过；他要用获得的智慧反过来重新观照、反省自己的生命历程，用学问来反省人生。一般来说，我们作为个体不可能获得这种机遇，我们需要用艺术的、美学的方式来完成这样的"心愿"。《浮士德》是一个假设，如果获得了学问、智慧，重新度过人生，那么，会是怎样？我们无法用尽一生的时间追求知识和智慧，然后再用知识和智慧重新过一个人生。也就是说，用一个积聚了人类智慧的心灵，安排、感悟、完成人生的全部历程，是不可能的。以"老人"的心灵，过青春的生活。浮士德博士的心灵已经饱经沧桑，是一个储备了当时全部知识宝库的心灵，智慧、沧桑、文化等等，他都具备；然后，反过来重新度过、省察人生。那么，我们试想，这样的一个知识老人——老人的智慧，青年的身体——他再重新经历爱情，重新经历政治，重新追求美，重新追求永恒的事业……这是一种特别的梦想,是一个普通人无法做到但梦寐以求的"重生"、"新生"与"永生"。但是作为寓言,正好符合我们刚才说的"美学",为什么呢?他有了一颗理智的心灵,有了一种特殊的智慧,用这样的智慧反过来考察自己的复杂的人生。就是说,他是用学问来省察感性生存,那么,这就是"美学"。为什么我们说它是不可能呢?就是我们很难像浮士德那样首先获得了一切知识和智慧,以知识和智慧来省察人生。我们说,假如他一切都弄"清楚""明白"了,再来观照人生,那么就可以用"超感觉"来审视"感觉",用"超人生"来审视"人生"。如果,我们用这样的智慧观察我们的感觉、观察我们的情感、观察我们复杂的人生和人生当中的喜、怒、哀、乐,这样一种观照和沉思,就具有了"美学"的意蕴。

那么这有没有意义和价值呢?我想,假如有可能的话,我们就处在一种大彻大悟或者说"临终的状态",从人生的边缘,来观照人生的全程。清醒而留恋,理性而深情。无限眷恋人生,无限地感觉到生命的有限。可是,这时候我们未必变得更聪明,甚至可能变得更蠢。老年是不是就是智慧的象征?浮士德是一种寓言,是一种假设,假定一种最高智慧最高精神的人,反过来,让他重新度过人生,重新体验人生的滋味,他会怎么样?他会反省,他会用他的智慧探讨他的感觉,重新追求一下人生。所以说,什么是美学呢?是关于我们的感觉的智慧,对感觉的思考,对感觉的领悟,对感觉的探讨,对感觉的追求以及对感觉的追求本身的思考。或许,我们最终想到的是,人生短暂啊,达到一种最快乐的境界就好了。什么是最快乐的境界?有人在吸毒的时候达到一种最快乐的境界。有记者采访吸毒者：吸毒的时候为什么感到最快乐？他们说很"美"啊！吸毒后想什么就得到什么，想怎么样就立刻怎么样。所想即所得。如此说来，吸毒也是一种特别的感觉的体验，如果仅仅是想体验一下"这一刻真美啊"的感觉，那就吸毒好了。"审美"不是吸毒，尽管有人把两者混淆起来，以为审美创造可以用吸毒激发，审美可以用吸毒代替。美学更不是感悟吸毒。

美学是什么？美学是用智慧解悟、反省我们的感觉。在《浮士德》当中，老博士回到青春，经历了一场爱情，他遇到了一位美女甘泪卿，他便大胆地追求。郭沫若的翻译是"甘泪卿"，很有诗情，甘甜的眼泪——爱情本身很美好，但这场爱情的结果却很悲惨。所以她是甜美与悲伤的结合。经过了一场大的快乐之后，浮士德也经过了大的痛苦。因为他的爱情导致了罪孽，还跟宗教发生了关系，尤其是基督教的观念，这种欢乐就变成了一种痛苦。所以从知识与智慧的角度来看，就不可能是吸毒的观点，就不仅仅是"这一刻真美"的观点。

"这一刻真美"，不是简单的感觉问题，而是我们感觉的"美"与什么东西发生了关联。我们刚才说，与人生的智慧发生关联，与人对这种感觉本身的后果（后果很不好，是一场大的灾难）的思考，不是追求纯粹的感觉，而是追求与感觉相关的心灵的一切领悟和思考。这一切，我们总的来说，叫做——意义。就是说，从我们人来说，作为一个有智慧、有文化、有反省能力、思考能力的人，他不仅仅只是感觉、感觉、不断地感觉，直到感觉到一种极致的感觉，极乐或者极痛、极苦，追求那一刻、一刹那，他总会想这样的感觉会带来一种什么样的后果，这样的感觉从什么时候就埋藏在我们的感觉过程当中，这样的感觉有什么意义。这样的话，我们感觉美，就跟我们感觉当中的快适发生了分歧、区别，就跟我们人对感觉的省察发生了关联，这就是"美学"。总结一下，这其中有两个意思：一方面，人是感觉的存在，我们寻找、追求着感觉，而且追求感觉的极致，追求"无以复加"这样一种感觉。艺术是我们追求、表达感觉的需要，所以，我们需要"梦工厂"，需要艺术给我们造梦。这就是我们为什么需要那么多艺术、需要那么多的文学乃至各种各样的文化的原因。另一方面，我们在宣泄、表达、舒展我们的感觉时，还省察、反思着感觉，这就是我们心灵的灵性对"人心都是肉长的"具有的肉体感性的反照。这就是美学。我们具有宣泄、表达、舒展某些感觉的需要，需要像狼那样嚎叫，像小鸟一样吟唱，但是，我们最需要的，还是人性情感的表达。例如，有时候我们的内心很难受，想找个人倾诉一下，能不能找到？不一定。但是我们无法憋屈在心里；找不着人说，甚至跟很多人我们无话可说。是不是就不要说了呢？《红楼梦》开头有诗曰："满纸荒唐言，一把辛酸泪。"我的心灵语言很多人是看不懂的，荒唐之言，"无端涯之词"，是难说之说，是不得不说，却又无法直接说的话。"一把辛酸泪"，我为什么这么说呢？因为有痛苦啊，有心酸啊，有泪水啊，要抒发。"都云作者痴，谁解其中味"，那你写了是干吗呢？明知道从语言表达上，你说的就是荒唐之言，不是日常语言，你本身就不想让人家懂，设置了一种语言障碍，为什么还要说呢？因为有一把辛酸泪啊！我直截了当地跟谁说？找不到倾诉的对象。但是说出来是怎么样的后果呢？"都云作者痴"，大家都以为作者痴，没人懂。"谁解其中味"。我希望有个"谁"来解一下"其中味"。我们有很多体验，很多情感，很多种心思，很多经验，都想找一种方式表达出来，把"一把辛酸泪"显示出来，不需要为了大家，因为我知道也没有人懂我，我也不指望有人来懂我。同时又暗暗地希望有人来懂，这里用了一个否定的表达方式，反向召唤着：有"知音"来懂我就好了！也就是说，我们需要追求情感，表达情感。然而，我们这种表达情感的方式却往往是"荒唐"的。因此，就有了"谁解其中味"的问题：需要"解"，它里面有"密码"，需要我们"解码"，需要我们把"作者"这种"荒唐"的表达方式，把作者特别的表达，跟他自己的精神（心情、心灵）联系起来，把作者隐含的"味"（意义）解出来，这样就有了一种美学的需要。为什么呢？因为我们作为人都有某种孤独，就像《红楼梦》中女娲补天所剩下的那块石头，用海德格尔的话来说，我们被"抛"入了这个世界，"抛"总是跟"抛弃"有联系。我们所有的人某些时候都有一种被抛感。我们考上大学第一天，没有一个认识的人，原来的老师、同学、家长通通都不再和我们在一起了，我们一个人走在小路上，"哦，天呐！我被抛到这么一个地方来了！"我们每个人在某些时刻不都有这么一种感觉吗？这样的异乡感、孤独感、陌生感、寂寞感……还有很多种哀愁或情意，都让我们产生了一种需要，就是表达或者沟通的需要。用康德的话来说，就是人与人之间的"共通感"。我们不是在寻求感觉吗，我们还要寻求跟其他人、所有的人、凡是人的人，哪怕他在世界的某个角落，天涯海角，哪怕他不在地球上，哪怕还要再过几千年才会产生的某个人，我也希望与他隔着无穷的时间、无穷的空间,与他(她)达到某种沟通、某种共通的感觉,这种感觉我们可以说是永恒感。在共通感里面,我想,就包含着某种永恒感。

那么,大家反过头来明白《红楼梦》为什么是永恒的了吧? 他就是在寻求某种特定的对象,他寻找的"谁"是一种不确定的,飘忽不定的,我们无法找到的,他自己也不指望找到的人。这样的人就可以是任何一个人。有人说西方人不可能懂得《红楼梦》,我不相信。西方人总会有人懂《红楼梦》的。因为人类在审美之中达到了"共通感",从而也找到了永恒感。这就是宋代心学大家陆象山所说的,"宇宙便是吾心,吾心即是宇宙……东海有圣人出焉,此心同也,此理同也;西海有圣人出焉,此心同也,此理同也;南海北海有圣人出焉,此心同也,此理同也。千百世之上至千百世之下,有圣人出焉,此心此理,亦莫不同也"①。无论你是西方的,东方的,乃至外星球的,都能够有"共通感",都能够有一种通向永恒的感觉。这也就类似宗教上的神圣感了。何况,《红楼梦》中那块通灵的石头进入人世间"受享"温柔富贵,不也是和《浮士德》有着相同的精神结构,即美学的结构么? ——用"灵性"已通的心灵感悟红尘之中的情感。所以,我们为什么需要美学呢? 这是因为我们人是需要感觉,需要寻求感觉,并且需要分析我们向其他人表达的感觉,需要分析感觉的密码,需要解码,需要把解码之后的神圣的、共通的感觉找出来。这样的话,我们的感觉本身已经变成了超感觉,我们也就给人类的感觉找到原则或原理或某种最高

①　陆九渊《陆九渊集》,中华书局,1989,第483页。

准则或目标。那么，美学能做什么？中国话说的"心安理得"可以概括。美学就是"安心"的学问，是安妥我们灵魂之学。要把我们的情感放在某个安妥的位置上，"理得"而后"心安"。怎样才能"理得"呢？我们的感觉、情感，必须有合适的意义，才会"心安"。人类情感终极的追求，不是极致的感觉，而是用某种智慧来观察它、省察它、反省它，用智慧来反思我们的感觉，这样才能"理得"。就像浮士德博士那样，用老年的智慧来反省我们的幼年青年老年，庶几可以对我们人类情感的原理或终极目标进行反省。

这就是我们心目之中的美学，这样的美学必然是"心灵美学"。所以，我们应当把美学跟人生、生活、文化的各个方面联系起来思考问题。比方说对我们的感觉的某个方面的解码。法国的罗兰·巴特尔写过一本书叫《符号帝国》，对日本文化的细节，做出了深刻的分析。他从日本人用筷子（其实是从中国传过去的）而西方人用刀叉，发现东西文化对待食物的方式之中，包含着不同的精神。西方人似乎把屠杀的过程搬到了饭桌上，切，割，插，叉，挑……蛮有血腥意味；用细细的木棍做成的筷子夹食物，需要更高的技巧，也需要更高的修养。所以，在食物的食用方式上，显示出来的野蛮与文明的分野，就从这样的细节之中显现了出来。真是"细节之中有魔鬼"啊！陌生的眼光，对视之后，就发现了"荒唐"。其实，生活中各种各样的事情，从某种意义来说，都是荒唐的，我们只有在特殊的情境中才领悟到其荒谬；但是在当时当地、此情此景中，我们没有人说他可笑，觉得他荒谬。甚至，没有人敢说他可笑，没有人敢说他荒谬，没有人敢不服从它，为什么呢？我想，这也是值得我们来研究的。美学，就与人的生存的一切方面相贯通，特别是我们心灵的各个方面相贯通。所以，我们采取像《浮士德》那样一种方法，把我们人类的生活从个体的角度，作心灵的探索。就像人类所有人成长的经历一样，我们每个人，被抛到这个世界之后，从童年到青年，然后进入到社会，进入某些特定的领域，具有共通的一些特点。所以，我们的探索，是从童年、少年、青年开始，对每一个人生阶段重要的情感特征和相应的情感表达，和与之相关的艺术品联系在一起，把我们整个的心情的故事，当做美学分析的样本，进行省察、观察、分析。着力唤醒的是我们每个人的生存感受和情感体验，努力探讨心灵的美学历程。经过心灵的反省，或者说反省的体验，让我们的整个人生历程的美学方面得到描述和分析。以往的美学注重艺术作品的研究，我想，所有的艺术作品都和我们每个人的人生历程相关，因此，我们的分析，也离不开对相关艺术作品的探讨。所以，心灵美学采取了生存论研究的方法，或者叫做生存哲学的方法，来探索整个人生的心灵历程。

　　以往的美学理论一般分为四块：第一部分是美论，探讨美是什么；第二部分谈美感；第三部分是谈艺；最后部分是美育。为什么美学要把艺术作为重要的内容？因为艺术是人类表达自己情感最重要、最极端的一种形式。它怎么是最极端的呢？正因为它是虚构的、想象的，它是运用一种特殊的媒介给我们构造的一个假定的世界，所以说它是人类想象、激情与精神探索能够抵达的极致，也可以说，表现了人类情性的终极追求。所以，一般的美学，都把艺术作为一个重要的部分。当然,对于有的美学家来说,美学就是艺术哲学。比如,黑格尔的美学就是艺术哲学。他把自然美摈除于自己的美学之外,认为自然是谈不上什么美的,艺术美高于自然美。他说,因为艺术美是由心灵产生和再生的美,心灵和它的产品比自然和它的现象高多少,艺术美也就比自然美高多少。他认为,任何一个无聊的幻想,它既然是经过了人的大脑,也就比任何一个自然的产品要高些,因为这种幻想看出了心灵活动和自由。黑格尔定义,美是理念的感性显现。美的东西是心灵的外化,有生命的东西,才逐渐有了心灵的迹象,才开始变得美,从人的心灵当中创造的艺术品最美。因此黑格尔的美学是一种艺术哲学。那么我们把黑格尔的美学往前推广一下,既然大部分的艺术品是我们心灵的活动和自由的产品,那么,我们人类所有的文化呢?——人类的心灵创造出来的一切东西。《易经》讲"刚柔交错,天文也;文明以止,人文也。观乎天文,以察时变,观乎人文,以化成天下",提炼出"人文化成",就是一个属于人的世界;那么,在人的世界当中,人类所有的政治、经济、文化等等都是人的心灵创造出来,都是我们人类的心灵创造的符号,我们可以用美学的方式来"解码",解"其中味"。曹雪芹说得真好,他不是要求我们直接去解读作者的心,而是叫我们解其中的"味"。就是说,就文学作品来说,没有可能通过《红楼梦》直接达到作者的心,作者的"痴"心"痴"情我们当然能够感受,但一个"痴"字本身不就标示出不可理喻、不可理解的"感性"特征么?我们可以体会的,是其中的某种意味、意思、意义。同样,我们对于人类文化的各个方面,也可以体察到其中的种种意义。如此,人类文化就可以看作美学的文本。对于我们说的这个主题来说，我们所有人的整个的人生历程，尽管很可能没有对应某种艺术的爱好，没有在某种艺术当中成长，但是我们每个人本身的性情、气质、意志，每个人的全部人生的成长，都离不开感觉、情意、情思，我们都是"情感人"，都是"性情中人"，从而都是"美学人"。这样一来，我们就把人的心灵的一切都纳入到一个大的范围，纳入到人从生到死的历程当中，审视心灵的跌宕起伏，波澜壮阔。在文化的大背景下，我们主要探索个体心灵的美学历程，至于人类生活方面的重要美学探索，当做另外的研究。

我们采取的探讨方法，主要有：一是描述，也可以说是现象学的方法。美学是关于我们的感性的，是心灵的现象，所以，我们需要"回到事情本身"，用感性的方式描述感性，用情性的体悟直观情性。否则，就会丧失感觉和情感的原初情景。二是叙述，就是把我们的整个的人生总结成一些"情节"，分成不同的阶段，截取我们整个人生的关节点，把握我们情性发展之"节点""节奏"和"节律"，把我们人生情感的关键环节、跌宕情节记录下来，叙述出来。三是反省、探索，就是说我们不仅要把人生感觉、人生情感、人生经验描述出来，叙述出来，而且，在描述和叙述的过程中，还要用人类"饱经沧桑"的知识和智慧来打量。我们探索的，是个体的精神现象，是心灵的美学历程，是岁月的投影和生存的素描，是存在与时间的情灵维度。这就是属于所有人的"心灵美学"。

# 第一章　道始于情

## 一　入世之前

　　我从哪儿来？这个问题，我们小时候几乎都问过。有一个朋友向我诉说，小时候问妈妈这个问题，妈妈告诉她，她是从船上抱来的。奇怪的是，很多家长都会像这么说，说孩子是从哪儿哪儿抱来的。这种残酷的答案，当然可以作日常的解释，但我觉得，其中或许包含着父母的某种神秘或魔性的思想，呈现出某种疏离、分隔、陌生化的意向。这个朋友的家挨着长江，从此，有相当长的时间，她常常在江边望尽千帆，揣测自己的身世。这个叙述，让我有些心酸，也有些玄想。

　　那么，父母未生我时，"我"在何处？宗教的追问，总是指向终极。我们不妨这样放飞自己的心灵，那么"我从哪儿来"的问题，就可以进入我们感性的深层。或许，我们真的如一封不知从何而来的电子邮件，以后，也不知向何而去；在茫茫的宇宙时空之中，我们谁能够确认自己的"身世"？更无人能够选择自己的"身世"！这就令人恐惧了。更恐惧的是，我们无法"事先"恐惧。

　　所以，我们只能从"生来"谈起。当然，我们可以追溯人类的起源、地球的起源、宇宙的起源，我们更可以追究人类感性的肇端，探索感性的究极。在这里，我们把论题限制在个体的审美发展上。或许，个体的心灵，浓缩着人类迄今乃至往后的审美历程。

卢梭认为，感觉先于思想[1]，我认为很有道理，也很切合我们的主题。首先关于"先"，我们研究任何问题都要研究它的开头，研究开头的开头。研究开头的学问，我们叫做"发生学"。为什么要"从头说起"呢？维科在《新科学》里提出来一种想法，他认为开端就是本质，在一个事物的开端里面往往包含它最本质的内容。我们从开头研究起，从哲学上讲就是研究"在先"的东西，研究先前的、开始的东西。当然，哲学上区分了"时间在先"和"逻辑在先"。为什么把开端当做本质呢？我们把"原来"的东西，推及为"原本""原则""原理"。这些"原"字开头的词，总有某种哲学的含义。研究"在先"的东西，往往就追溯到我们认为在开头的、在先前的、作为"前提"存在的东西，往往和我们研究事物的本质是一回事。其实，无论是哲学还是其他学科，都有一个任务，就是我们要离这个事物远一点，从而更好地看清楚它。在研究任何一个事物的时候，我们总是要把它向前推，一直推到可以推理它的前提。所以我们研究任何一个事物都要从它成立的前提进行研究，假如我们不追问前提的话，我们就无法理解这个事物的存在。整个的哲学，或者任何一种需要我们思考的学问，从根本上讲，都应当是一种"前提学"。也就是说我们不能满足于现成的答案，要研究它的前提。如果在研究事情的时候习惯把后面的事情接受下来，而

---

[1]〔法〕卢梭《论戏剧（外一种）》，王子野译，三联书店，2007，第309页。

忘了追问它的前提是否存在、是否成立，那么思考起来就会存在很大的问题。有一些问题我们称之为"假问题"，就是这个问题本身就不成立，因为前提就靠不住。所以我们头脑里一定要有一根弦，在研究任何问题时，首先要探讨它的前提是什么。如果不探讨它的前提，直接就进入现象的探讨，或许研究到最后会发现，问题本身就是不存在的。

探源"感觉先于思想"，便从人的出生开始讨论。人是怎样有感觉的？出生时是先有感觉还是先有思想？进一步，我们还要探究"感觉"，探究有感觉之前一个人是什么样子的。假如要无限地往前推进，那么，如前所说，我们就得从宇宙洪荒开始讲起了，从如何大爆炸形成宇宙，或者从西方宗教的学说中探究，如何从混沌中创造出世界来，这就是宇宙或时空的"发生学"。再把前提往前推，似乎就超出我们人类思考的极限了。我们总会这样想："它总要有个开头吧？开头的开头，开头的开头的开头……"这样往前想下去就可怕了，超出了我们人类智慧所能拥有的界限，越界了。按照这样的想法，必然会形成悖谬，这就是康德所说的"二律悖反"。但是我们不妨追问，最初的一个"人"是何时出生的？最早的人是谁？这个人，在中国、西方，在神话、宗教、传说中，各有什么不同的说法。在基督教的《圣经》里，最早是上帝按照自己的形象造了人，这个人是无性生殖出来的第一个有性别的人——亚当，男人。上帝是男人还是女人？很难说，按理，他照自己的形象造出人来，亚当是男人，那么上帝也是男人。但是这不符合女性（权）主义的思想——上帝为什么不是个女的呢？《圣经》哲学又让我们不要拘泥于上帝外在的物质表现，而归结为是"真理的仁义和圣洁"（弗 4：24）。到底上帝是什么样子呢？我们暂且不论。

上帝从亚当的身体里拿出一根肋骨来造了一个女人。这个过程很奇妙，它没有经过人对人的生产，是"神"，或者说是上帝对人的生产——上帝造人。值得注意的是，假如按照《圣经》的说法，神性先于人性，那么我们今天的命题"感觉先于思想"就不成立了。神性就是我们所说的人所具有的灵性，也就是说人的灵性的存在先于身体的存在。在《圣经》里我们可以看到，上帝按照自己的形象造出人，然后吹了口气，神圣的气息灌注到人的身体里，"人"才成其为"人"。这样说来，"感觉先于思想"就不对了，应当是"精神先于感觉"，或者说抽象的、虚幻的、神圣的思想实体先于人的身体。按照这样的顺序应当是"思想先于感觉"。就是说我们在有感觉之前就具有灵魂了，就具有某种神性了，就和地球上其他所有的物种不一样了：第一，从形象上讲，人是按照神的形象被创造出来的，与其他生物不同；第二，在人的身体里有着神的性质。神性在宗教里有着更为精微的学说。简而言之，就是在人性里最早存在神性，这样一来，基督教的思想就与柏拉图的思想有点相似了：人在未出生之前只是灵魂，堕落到滚滚红尘之中拥有了沉重的肉身之后，就有了感觉。本来在这之前我们就具有神性，具有思想和灵魂；而现在我们的灵魂充塞到我们的身体里，它和我们的感觉搅和在一起。这个时候我们的生存发生了怎样的变化？柏拉图在东方宗教轮回转世学说的影响下，具有这样的思想：原本我们在天上，只是灵魂，我们的灵魂与先天具有的理式、理念、理型（或者有人翻译为"相"）是合一的，我们的灵魂与上天的神性是合一的；我们具有身体之后，反而把之前所具有的很轻灵的灵魂遮蔽了，于是我们在凡间努力地"回忆"。回忆前世，有时是一种模模糊糊的感觉，有时是灵光乍现，"哦，我明白了"，正如英语里的"I see"——"我看到了"，我又看到了我前世本来就很清楚的东西。柏拉图的思想体系很清楚，他说我们学习过程中会突然有豁然开朗的感觉，这是因为我们本来心里就清楚，只是把前生应当具有的知识回忆起来了，所以柏拉图认为知识就是回忆，我们只是把早就有了的东西找了回来。基督教的想法也是如此：我们人逐渐丢失了自己，有什么方法可以找回来呢？这时，基督教《新约》里面就出现了耶稣，作为人和上帝的中保。耶稣是一个无性生殖的"人"，但他是"人之子"，由圣母玛利亚所生，玛利亚还是处女，却生下了耶稣。处女怎么生孩子呢？因为她有了"灵感"，感应到了"灵"，感"灵"而生。感受到圣灵，然后生下了这个孩子。耶稣是圣父、圣灵、圣子三位一体，他还是灵与肉的结合，是神的灵性与人的感觉的结合。

我们可能会感到好奇：上帝造出来的人有多大？是光屁股的小屁孩，还是八十多岁的老年人？我们看《圣经》时知道，上帝造了个亚当，又造了个夏娃，然后两人在伊甸园里面偷吃了善恶树上的果子。在这之前他们多大？上帝造出的是一个婴儿还是一个青少年？西方绘画里有很多圣母抱着小耶稣的场景，都很精彩，圣母有圣洁的表情，很美；又抱了个孩子——这里面有某种奇特微妙的东西，它超出了我们的感情又最贴近我们的感情。但是《新约》里，没有讲这个小孩婴儿时是怎么样的，0到5岁时是怎样的，5到10岁又是怎样的，这些过程都被省略了。亚当、夏娃到底多大呢？画像上看似青年时期,在这个时期犯下了原罪,而在此先前的时期通通没有讲,这个过程被压缩得没有了。可是,为什么将原初的"人"的婴幼儿时期所有过程都压缩掉?

中国有部著名古典小说叫做《封神演义》,我觉得很难读下去,写得不是很好,但是很多人喜欢。或许,神、人的混杂,是其魅力的重要来源。我也有最喜欢的段落,是其中写哪吒的部分。哪吒是他母亲怀胎三十六个月生下的,比一般人十月怀胎的时间长很多,为什么呢?因为这个孩子具有某种神性,与一般小孩不一样。出生时他是个肉球,这个肉球被他爸爸一剑划开,跳出了孩子,孩子直接站了起来,省略了一般人从爬到直立行走的过程。这里,他实际上就是一个神了。但有一个问题,他是由父母生养出来的,是有性生殖,不同于《西游记》里从石头中蹦出来的孙悟空,没有父母,完全是无性生殖;哪吒就很麻烦,他有父母,因此他成为神的历程就特别痛苦和漫长。哪吒闹海之后,他的父亲责备他,为了不连累父母,他当场自戕,剔骨还父,割肉还母,将生来时赋予的一团血肉还给了父母。现在据此改编的电视剧都很糟糕,把哪吒的故事社会学化、道德化,甚至励志化了,把许多重要、复杂、触及灵魂深处的东西过滤掉了。最触及我们灵魂的问题是,父母可以说"你是我给的",由此可以推论"你要听我的",乃至:"你是我的。"我什么是你给的呢?我的身体是你给的,那么我把我的身体通通还给你;而我的灵魂是我自己的,我有我自己独立的精神。哪吒的故事很惨烈,但其主题十分深刻:父母对子女的精神没有绝对的掌握权。这绝对符合现代人的思维。我的肉体是你的,那么我把肉体还你,我只要我的灵魂!很精彩!甚至,哪吒故事呈现了"打死父亲"的主题,颇为弗洛伊德,颇为"前卫"哟!哪吒一生下来就活蹦乱跳,令人不安,却又令人喜欢,怎么胡闹,怎么反抗,怎么胡作非为,都让人满心喜欢。因为,哪吒闹海、孙悟空大闹天宫,其实,都是灵魂深处闹"革命",都是灵魂在动——"灵动"。再回到哪吒身上,他的婴儿期被省略了。婴儿期,在《圣经》中,上帝造人,耶稣出生,婴儿期都被省略了。而在哪吒,他的婴儿期被放在了子宫里面,成长的过程也被压缩、消灭掉了。因此如果他要成为一个神,就必须把身体还回去,把属于人的还给人,把灵魂抽取出来成为神。所以小说里太乙真人用莲花帮他重造了身体。后来哪吒被重造后向其父报仇,此刻他和他父亲就是对等的关系了,是一个人和另一个人的关系,一个神和另一个神的关系,或者说是一个精神对另一个精神的关系。西方文学中是否有这样的叛逆呢?卡夫卡的父亲终身压在卡夫卡身上,而哪吒摆脱了托塔天王对他的压力。相反,哪吒的父亲李靖托着的宝塔却是另一种沉重的压力的象征。

　　从这些我们可以看到,宗教、文化、文学作品中的开头,凡是要塑造神的形象,都是忽略胎儿期、婴儿期的。玛利亚受圣灵感孕生出耶稣,耶稣最后被钉十字架,承担人的苦难等等,所有这些,都是把神性、思想、精神放在首位,以至于一般定义情感的时候,往往认为其应有三大支柱:一,信念;二,评价;三,感觉——情感就是带着某种信念去评价的感觉。人总是拿灵魂深处的东西去评价外界事物,这是一种内在的感性——虽然是内在的感觉，但是因为有了信念的支撑，便与神性相关；上帝的那口气息非常重要，它便是灵感，或者说是人的灵感之源。审美即灵感，美学即灵感学。上帝的气息，在中国文化之中被哲学化，中国有气化宇宙观。具有"元气"的艺术品，在中国文化中叫做"生气灌注""气韵生动""元气淋漓"……而西方文化中，便是人所具有的精神性的东西。这种"气"，这种精神，主宰着我们的感觉，使人具有了人的情感，这便是宗教、神话、传说中对我们"人"的发现。

## 二　学习情感

宗教、传说、神话中关于人和人如何发生的种种描述有很多，但实际上的人是什么样式的？我不知道有没有人能记得自己的婴儿期，可能所有人都记不住。从什么时候开始记事，什么时候开始说话，每个人也不一样。哪吒之所以一出生就会说话，是因为他生下来已经两岁多了，两岁多的小孩正好处于可以说话的时候。按照美国哈佛大学乔姆斯基的理论，小孩在一两岁的时候语言能力会有飞跃性的发展，突然一下子什么话都会说了，不再需要一句一句地教了。孩子会说话便是会了，不需要像我们教英语那样去教：这是一本书，那是一张桌子，等等，我们就是这样教英语的，教到我们都不会英语了。为什么呢？因为语言不是这样的——这个过程可以观察，也能使我们自我观察和自我反省。人从一生下来到婴儿期，到会说话会走路，再到能记事，这段时间混沌不明，我们任何人都说不清，也就没有办法自我反省。我们只能观察别的刚出生的孩子如何在这段时期能活动。

　　法国有部电影叫《Romance》，讲一个美丽的女孩谈恋爱，经历了一个复杂的生命历程，最后生孩子了，电影结束了。——这是不是说明生孩子是"罗曼史"的结束？生孩子对一个女人来说，可能是当头一棒，把她打昏了，把她和以前生活的某种东西永远地隔离开了。这种经历，不能说可怕，但至少也很特别。经过了这种过程，一个女人和以前便不再一样，心里产生了某种变化了，情感生活也不再和先前相同。这是我们观察到的孩子的妈妈。那么孩子本身呢？他的心态、感觉会是如何？我们完全不知道，任何人都无从得知。对孩童的观察在文学作品里并没有特别多的表现。令我印象深刻的是托尔斯泰的《安娜·卡列尼娜》，吉蒂要生孩子，她的丈夫列文激动地想看一看自己的孩子。他本来带着人类共同的信念，认为看到自己孩子的时候，心里肯定会升起一种仁慈的、慈爱的、善良的、亲情的疼爱。但是当他把孩子抱在手里一看，完全找不到这种感觉，因为小孩生下来特别的丑陋，满脸的皱纹，像个小老头，让列文觉得很可怕。事实上刚出生的孩子满脸都是皱巴巴的，还有些孩子头发上黏着洗不干净的黏液，脸上和头上都有一些难看的胎斑，让人感觉到很不舒服。当然现在很多小孩生下来干干净净的，一出生就很可爱。我的女儿刚出生时我就觉得很干净很可爱，结果有次读书时突然从书里掉出来一张照片，是她刚出生时医院为她照的照片，脸上也是皱巴巴的，跟现在完全是两码事，看得我心里不是滋味。说白了，那是一种对刚刚出生的"人"所产生的不适感——我们已经用美丑的观念来观照初生的生命了。这合适么？我们已经无法反思我们的感觉——包括美感，在生命之中究竟意味着什么了。

　　说到生命，我们对于动物的生命共感，是否可以反观我们的美感，反观我们对于婴儿的美感呢？ 2007年，我在常熟尚湖边上的一个度假村中居住，那里圈养了一些梅花鹿。有天我散步到这个地方，饲养员对我讲，过两天这里的母鹿要生小鹿了，你来看吧。后来我便去了，只是我看到的时候，小鹿已经生下来了，刚刚生下来不久。它的腿细细的，瘦瘦的，十分娇弱，躺在地上努力地想要站起来。我本来以为动物生下来就会自己站立，但事实并非如此。刚出生的梅花鹿腿很瘦弱，努力想要站起来，却"砰"地跌下去。当然，我们听不到"砰"的一声，可是，心里是"砰"地响了一声，一声闷响……总而言之，看到小梅花鹿这个样子，我感觉到心疼，一个小生命生下来竟然是这样的，它努力地想要爬起来，站起来走到她妈妈身边去，可是却站不起来。那么，婴儿呢？ 他（她）更是如此了，他（她）或者根本没有站起来的意识，能站起来得要等到几个月之后了。过了两天我再去看小梅花鹿，它已经站起来了，细细的腿慢慢地走，感觉就很不一样了。托尔斯泰描写刚生下来的小孩像个小老头，连他父亲看了都觉得厌恶，不想再多看一眼，列文原来准备好的父爱消失得无影无踪。托尔斯泰是很诚实的人，很多事情他用艺术家冷酷的眼神都看得很清楚。我不知道婴儿的妈妈看到初生的婴儿会怎么样——妈妈是不是一开始就一定喜欢自己生出来的婴儿？ 我们不是说母爱最伟大么？ 我看也难说，相反的例子很多。《左传》中有一篇《郑伯克段于鄢》，郑庄公的母亲一开始就讨厌这个不是顺产的儿子，即使他当了国君，他母亲还是讨厌他，无法克制对他的厌恶。托尔斯泰的《安娜·卡列尼娜》中，安娜固然很疼爱自己和讨厌的丈夫生的儿子，却不怎么喜欢自己和情人生的女儿。这些看似悖谬，其中隐藏的心曲耐人寻味。

举了这么多例子，是想提出这样一个问题：当婴儿出生之后，他和父母之间应当有怎样的情感？我们排除掉信仰评价的因素，而看最初的感觉，感觉很重要——人们准备好的情感，为什么到了现实的感觉面前完全不对了呢？小孩是怎样的一种存在？婴儿是不是具有情感、精神，具有神性、灵性呢？我们不得而知。但是科学研究发现，如果小孩生下来就被狼叼走，吃的是狼奶，长大成为狼孩——那他还有没有人的精神、心灵、灵性或神性？又如果把孩子放到其他的环境当中，其他的感觉刺激当中呢？出生在南京，出生在伦敦，出生在非洲，出生在山沟里的孩子，长大会一样么？恐怕不会一样。这证明了什么呢？证明感觉极其重要——人的成长是与他所接受的感性条件有关的。把孩子放在不同的环境里成长，结果应该是不一样的。那么，在同一个环境中成长的孩子是一样的么？也不是。在此我并非是要强调环境的决定作用，而是强调小孩的感觉就是本原。因而，在中国文化中很强调婴儿期。婴儿，在道家、道教、儒家等思想里都占有突出的位置。《老子》讲回归："反者，道之动。"反，即返回、回归。作为人来讲，他要求人复归于婴儿，回归到婴儿阶段。儒家强调"赤子""赤子之心"（见《孟子·离娄下》）。赤子，指的也是婴儿。当然两者的指向不一样。道家讲"复归婴儿"（见《老子》第二十章："常德不离，复归于婴儿。"),指的是自然状态的儿童,与自然的观点联系在一起;而儒家,像孟子讲的赤子之心,就不大一样,有点类似基督教《圣经》上的耶稣,生来就有灵性。孟子认为人生来就有道德性,或者生来就有道德心,就有"仁、义、礼、智"这样的善端,这个"端",我们也可以当做开端的"端"。我们每个人都有善的倾向,如果把"善"扼杀掉,让"恶"的方面发展起来,人性便会消亡。但是孟子的学说有很大的问题:既然每个人都开端于"善",那么"恶"是从哪里来的呢?因此后来,荀子又开辟了性恶说。

　　人性发于恶端而非善端,这种观念和西方的原罪相似。但善也好,恶也好,似乎人开始就具有道德性。道家讲"复归婴儿",是指像孩子一样自然而然地成长。婴儿生出来没有经过社会的污染,这个时候他没有社会性,就谈不上道德性。婴儿是自然的产物,不要用社会上的道德心和他说话,这和婴儿的本性背离。因为没有受到任何社会的污染,所以他是最好的。道家崇尚自然,"道法自然",道家以自然为最高的价值标准,出于一种自然状态,不以社会上的价值标准去衡量。而婴儿根本不具备这样的观念思想,没有后来的人所具有的东西,他只具有"天"具有的东西。"天然"的"天",就是指的自然。所以说婴儿最天真。婴儿若从床上摔下来,没关系,他没有意识到到他从床上摔下来了,也没有这样的抵抗,倒也没事;倒是大人,从一个高的地方摔下来,其实没事的,但他一看,天哪,我从这样高的地方摔下来!害怕了。是害怕使他有事,而害怕从哪里来呢?往往是别人给的暗示。有个冬天特别冷,我只穿一件毛衣和一件外套出去开会。在车上所有的人都对我说："你穿这么少不冷么？"被他们这么一说，我感觉真的很冷，一回来就加衣服。到底冷不冷呢？我本来不觉得冷，但所有人都说冷，我觉得我再不冷太不应该了。我应该冷，导致我越穿越多还是冷，而我本来没穿这么多也不冷。为什么呢？因为这个社会在影响我们，用社会通用的价值观，用所有人的看法来改变我们的感觉。而我们原来的感觉不是这样，是自自然然的感觉。自然是什么？自，自己，本来；然，这样，如此。胡适说"自然"的意思就是"自己如此"①。我们一生下来本来就是婴儿，赤条条来到这世间。我们的感觉就是"本来如此"，这个"此"是怎样的呢？我们把孩子放到狼群里，长大出来就是狼孩；把孩子给希特勒，长大就是个法西斯；把小孩放到"文革"时期，长大就是个红小兵……我每天送女儿上学，送到学校门口，我的天，无比痛苦！几个小学生在门口检查红领巾，没带的小孩就要记下名字来。结果，那些没有戴红领巾的孩子惶惶不安，如犯大错。"本来"是怎样？本来要不要系这块红布？本来不是如此，但是现在孩子感觉不对了。假如不系红领巾，孩子感觉自己犯了"滔天大罪"：我怎么能不戴红领巾呢！这个校门不戴红领巾怎么能进得去呢？那么，这当然是后话。

美学很重要，不能把美学压制在神学、哲学以下。我们要与"神性高于人性"这句话划清界限，姑且假定两者之间没有关系。感觉是最重要的，是在先的，是前提，对婴儿来讲，他只有感觉，没有感情。

---

① 胡适《人生大策略》，湖南文艺出版社，1989，第170页。

因此，美学在我们人生当中是一项非常重要的学问。我并非是把自己所研究的学术作为学术领域的最高典范。依然从人出生起开始探究，我个人比较欣赏道家的观点，道家认为一个孩子刚出生是不具有善恶本性的。我有一次看到一个小婴儿被抱在怀里面，我很喜欢他，就问孩子家长能不能让我抱一下。抱着孩子的时候，我感到一种特别的滋味。人家说我抱得很在行。抱小孩应当一只手托着他的脚、腿、屁股到背，另一只手环绕着他的头和背部，这样孩子正好环抱在怀里，和他在子宫里的环境相似，他觉得很舒服。这样抱好，让孩子和你心贴心，让孩子感觉到你的心跳，孩子会和你有特别的贴近，特别的沟通。那天我一抱，眼泪便流了出来，因为孩子柔软地依偎着自己。我好久没体会到这种感觉了。孩子是无条件地信赖着我。我能找到无条件对我信赖的人么？找不到。这个孩子并不认识我，我也不认识他。抱着他的时候他自动地贴近我，接纳我，无条件地依偎着我，依赖着我。那种感觉恐怕是人世间少有的呵。在爱情中能不能找到这样的感情呢？应该可以，但是很难，很难有这样的爱情，信赖至斯的爱情也难得。而孩子就这么信赖着我，贴近着我，在这样贴近的过程中慢慢成长。我的女儿小时候天天晚上到两三点才肯到床上睡觉，要我抱着睡。有人解释说这是因为缺钙，从生理基础上解释得通；但我想是否还与情感的要求有关？抱着，两个人身体依靠在一起，是否能够"补钙"？为什么抱着就可以安睡呢？那些时候，我只能抱着女儿，坐在床边，书也没法看，什么事都没法做，只能抱着她坐着；抱到凌晨两三点，她睡"踏实"了，我把她放在小床上，然后睡觉，每天如此，否则她就坚决不入睡。有几次，我抱着她，看见她眼睛闭上了，似乎睡熟了，就想轻轻地把她放到小床上去自己睡，可是，当我抱着她靠近小床的时候，她眼睛睁开了，对着我笑了一下，嗨！我是彻底被打败了，赶紧把她抱起来。她这一笑，笑得我好心酸，仿佛我犯了一个极大的罪行一样——"我怎么能这么狡猾呢？怎么能这么干呢？！"就这样，我每天抱着她直到她睡着为止。第二天她醒来，她就会冲我甜甜一笑。看着她的笑，我就想：抱她吧！每天都抱，抱到以后不要我抱为止吧。孩子和我是如此的贴近，如此的亲密，如此的亲爱，我不会像抱着她一样去抱其他任何人。就是在这样的过程中，她慢慢地具有了情感。戈尔德施泰因研究"婴儿的微笑与理解他人的问题"[1]，他在论文中提出，婴儿的微笑，绝非生理性的行为，而是人性的表现；是因为"他人"的存在，才让人成为人，所以，婴儿用简单的形式微笑，是人类最早表现出来的人类存在的特殊感受。以后，在成年人遇到另一个人的时候，表现得尤为突出。我认为婴儿的笑表明了他具有了跟动物不同的东西——情感，有了情感才会笑，狼孩肯定不会笑。婴儿会笑，因为在他的感觉当中逐步有了人性的灌入，人性融合到婴儿的情感当中，由单纯的感觉变成了情感。很多小孩第一声喊的是"妈妈"，我女儿首先喊出的是"爸爸"，因为我一直抱着她，与她有着特别的情感交融。所以，人性的内容就是父母在与婴儿贴近时，慢慢渗透到她的感觉之中，这时候婴儿具有了情感。

---

[1] 〔德〕戈尔德施泰因《婴儿的微笑与理解他人的问题》，载刘小枫主编《人类困境中的审美精神：哲人、诗人论美文选》，东方出版中心，1994，第383—388页。

　　这种情感不是像道家所认为的完全是自然。有人说连老母鸡也知道爱自己的孩子，动物也会爱孩子，这种爱叫做本能，父性、母性的本能。当然，动物也会本能地爱自己的孩子，有时做得甚至超出人类。有一部电影叫做《帝企鹅日记》，十分令人感动：帝企鹅找女朋友，恋爱；女朋友开始孵蛋了，雄性企鹅就得长途跋涉去找食物，供给它的夫人和孩子。这是一个漫长的过程，等它回来的时候，它的夫人和孩子可能已经死了，它自己在跋山涉水的路上也可能会死亡，但它们就凭着本能，凭着伟大的父爱，带着食物回来了，而且一眼就找到自己的孩子和爱人——在我们人类的眼睛中，那些帝企鹅长得都一样，如何可能寻找！可是，它们就这样找到了自家"人"，多了不起！如果换作人类，男人也许早就跑没了，管你呢！我们以人类狂妄的态度去看待这个问题：雄性企鹅是如何找到他的母企鹅的？帝企鹅的生活，似乎正符合道家的观点：它自然而然，不是什么人性，不是什么神性，不是什么道德性，它天生便是如此。凭着一种血缘的情感，它一下就能把爱人和孩子找出来。我们人本来的状态（假如有本来的状态的话）也会是这样。婴儿在我们的怀抱和交流中，学会了笑，学会了哭，学会了撒娇，学会了打滚——这是在人的环境当学会了的。大家也许会有疑问："哭也要学么？刚生下来就会'哇'的一声，这不是哭么？"这恐怕不能算是哭。什么叫哭？哭指的是人类表达情感的一种方式。刚出生的人没有情感。当然，从文学修辞的角度也可以这样说：当人一生下来，感觉这个世界太可怕了，所以便哭了——来到人世间似乎是悲剧性的。但我认为恐怕出生刹那不能叫哭，这是生理性的哇哇大叫,同时把嘴里的脏东西吐出来,不是有情感的哭。新生儿谈不上情感。孩子是在父母的怀抱中,在家人的影响下,在各种刺激中,才慢慢学会了把感觉变成情感。

## 三 先于思想

人的感觉结构和动物不一样,孩子生下来没有狗一样灵敏的鼻子,没有蝙蝠一样的超声波,但开始具有了感觉,并且把感觉向着情感方向转化。这种情感结构是什么样的呢?是如何形成的呢?他后来怎么突然会说话,突然会表达?对于我们来讲是一个谜。智商、情商的重要部分,是生来就决定了的,是一种天赋,和遗传等等都有关系,无法深入探讨。但一个人的种种感觉可能决定他以后的某种天才,比如有些人具有某种特殊的气质,有些人对艺术具有某种特殊的感受力,有些人的耳朵能辨别出某种特殊的声音,又有些人的鼻子能嗅出某种独特的香味等等,这些都可能是出生时便携带的天赋。有部电影叫做《香水》,改编自帕特里克·聚斯金德的小说《香水》。作品表现了一个天才,一个广义的艺术家,一个伟大的香水艺术家的人生历程。他出生在十八世纪的巴黎,诞生于一个最脏最臭的鱼摊,一个鱼贩子生了两三胎死婴之后生下了他。他从最臭的地方出生,而天生有一个非常灵敏的鼻子,甚至能闻到很远地方的气味,从而来判断远方的事物。他的天赋就变成了他天才的标志。孩子长大后,只要他一闻香水,就能凭着嗅觉辨别出香水的成分,并得出它的配方,从而逐渐创造出很多不同的香水。故事到这里就成为一个西方的关于艺术的寓言了。艺术天才在追求艺术的过程当中是不顾一切的,后来他想要留住一种最为芬芳的气味:一个处女身上的香味。气味,本来是不可留住的,而他所做的正是一件不可能的事情。也正是这种不可能的事情,主要的指向就是保存住某种感觉。他认为这种感觉太好了,正如《浮士德》中讲的:停一停吧,你真美丽!——怎样才能把感觉留住?后来他做到了,他创造了这种香水,他杀了很多女孩来配制这种香水。天才的疯狂与暴虐,唯美的变态和灾难,被展现得淋漓尽致。他最后要被处决。但在处决他的时候,连最后一个被杀的女孩的父亲都被这种香水的味道所打动,跪在他脚下,赦免了他。香水的味道使刑场周围所有的人都如痴如狂,陷入到一种狂欢之中,一种淫乱之中。如果把这个故事作为艺术的寓言来讲,就是讲如果一个人从婴儿开始就具有某种感觉的话,那么这种天赋的感觉就可能发展成一种特别的天才,而这种天才会使他追求一种极致的享受,成就一种伟大的艺术,这种伟大的艺术能控制所有人的感觉。控制、激荡别人的感觉,当他人的感觉被激荡起来之后,我们就可以控制他人,国王也好,教皇也好,通通听我的。凭我的香水,凭我的艺术,只要洒上一点,他们通通拜倒在我的脚下。结果呢,当天才把最后的香水洒在自己身上,他本人被人们撕碎吃掉了。艺术家的肉体没有了,只留下他的艺术。最后香水只剩下一滴,似乎还会滴出来,却又没有滴出来。香水啊!美,艺术,感性,都源于那个大天才的灵性的嗅觉。这个故事意味深长,可以用作美学的思考。在其中,感觉先于思想,先于道德,先于爱情,先于宗教……也高于所有一切。

综上所述,一个人从婴儿开始是感觉先于思想,而这种感觉发展成为情感后,对于个人的生存以及今后的发展都具有奠基性的作用。这样的感觉,以后能发展成为一种思想。学院有位老师从印尼回来,同我讲印尼的事情,告诉我印尼人的生活本来很富足,他们吃木薯和各种各样的水果,因为印尼在热带,各种作物都长得很好,他们不愁吃不愁穿,当地人过着一种田园诗一样的生活。后来美国人来了,改变了他们的生活方式,给他们提供免费大米。印尼人吃惯了大米,就不再想吃木薯了。后来免费的大米不免费了,要付钱;没钱怎么办,干活吧。我当时听后脱口而出:"感觉先于思想!"在你还没来得及想的时候,你感觉上就喜欢上了大米,你被大米俘虏、奴役了。如同我们下一代的孩子喜欢上了麦当劳、肯德基、必胜客、麦当娜、摇滚、奥斯卡等等。所有的一切,我们都离不开它,我们的感觉已经被它占领了。我们不愿意失去这样的感觉。在我们还没有对感觉具有思考能力的时候,我们已经接受了这种感觉。当我们跟从这种感觉的时候,我们已经进入了感觉对我们布下的陷阱。婴儿来到人间,不就是进入了感觉的陷阱么?给他吃母乳还是奶粉?进口的还是国产的?吃惯了进口的,国产的就再也不想吃了。感觉先于思想,感觉把我们带到的地方比思想把我们带到的地方远得多,也难以控制得多。这就是思考婴儿的心灵时,我所想到的问题。一开始,我们就是跟着感觉的发展来发展出我们的情感的,所以我们如何来对待婴儿的感觉绝非无关紧要的问题,我们如何去培养一个婴儿的感觉更加不是一个无关紧要的问题。

　　感觉先于思想，审美先于认知、道德。我们的心灵结构之中，审美精神从开头就起着至关重要的作用。郭店楚简曰"道始于情"①，"情"才是"道"的开端。或者说，"情"才是"人道"的开端。美学作为情性的学问，可以说是其他学问的本源。审美的重要性，也要从胎儿开始就来观察和研究。

---

① 郭店楚简《性自命出》。

# 第二章　开辟鸿蒙

## 一　混沌死了

《红楼梦》里,贾宝玉神游太虚幻境,警幻仙子给他听《红楼梦曲》,曲子引首唱道:"开辟鸿蒙,谁为情种? "在这句之后,特地停顿了一会儿,写宝玉对此全无兴趣,他还不晓得其中的奥妙。然后,仙女们再接着唱下去;是用一种特殊的方式,凸显了这个问题的关键性。或许,这个关于"情种"的问题,正是心灵美学的核心——"鸿蒙"开辟之后,如何开始了感情,"谁",是最初的"情种"?《红楼梦》提出的不是具体的事实问题,而是一个被提升到"形而上"高度的情感问题。首先,开辟"鸿蒙"或者叫开辟"混沌",是所有文化中都非常重要的一个问题。鸿蒙就是混沌。开辟混沌,是《庄子·应帝王》里讲的一个颇有美学意味的寓言《庄子·应帝王》中说,中央之帝为混沌,混沌被开辟之后就死了。《圣经》上也讲,世界原是一片混沌。上帝一开始就说,要有光,于是就有了光。西方有人认为,这里表现的是语言的力量,上帝用语言创造了世界。语言,结束了混沌,开辟了世界。当然,《创世纪》的这个叙事,包含着复杂的含义,各种神学、哲学进行了不同的分析,具有不同的阐释。亚当与夏娃的故事,是一条蛇引诱人类的始祖，偷吃了智慧树的果子，心智开辟，从而成为了"人"。《庄子·应帝王》也使用了相通的寓言。在金庸的小说《射雕英雄传》中，有东邪西毒南帝北丐中神通，中神通是周伯通；"中央之帝为混沌"，他就是这个混沌。周伯通，叫老顽童。顽童，我们通常用来形容天真未凿的人，没有经过"开凿"过的人，我们叫他顽童，叫天真。在《庄子》中，南海之帝与北海之帝，一个叫倏，一个叫忽，他们一起"开凿"混沌，把他的七窍打开了然后混沌就死了。中国人俗话常说，这个人开窍了，变得聪明了。"聪明"在我们传统的用法当中指的是一个人在精神上的觉醒和灵敏，恰好用两种感官来代替，"聪"，耳朵听得好，"明"，眼睛亮，所以开辟鸿蒙，主要就是感觉的开发，开发了感觉，我们的混沌状态就结束了。倏、忽，统治了；感觉，主宰了。

被凿开了七窍之后，混沌死了。这是中国文化中的"混沌之死"。西方有"上帝死了""人死了""作者死了"等等口号，都是宣告一种精神、一种观念、一种文明的终结；同时，宣告了一种新精神、新观念、新文明的诞生。庄子宣告：混沌死了！他是充满哀伤的，他看到了感性的诞生，杀死了混沌。悖谬的是，本来"倏""忽"是想对混沌好的，结果把混沌的七窍打开之后，恰恰杀死了混沌。这里面有着很深的寓言含义：人类开始有了感觉之后，有了属于"人"的感觉之后，就失去了某种东西。用道家的视角来看，就是失去了天真的、混沌未凿的状态。混沌的状态本来应当是什么样的呢？对此有多种描述，老子用"玄"、用"无"来描述，佛教用"无明"来描述……"无明""玄"，黑暗，看不到光明。用这些来描述我们的感觉在原初状态的情况。一旦眼睛能看了,耳朵能听了,我们变得"聪明"了,这时候,我们就有某种东西永远失去了。《圣经》上讲,亚当夏娃吃了智慧树上的果实之后,他们的眼睛变得明亮了。难道他们原来眼睛不会看东西吗? 不是这个含义,"眼睛变得明亮",是指感性得到开发,这种开发,我们通常又把它叫做"启蒙"。至此,蒙昧的状态结束了——蒙昧是"混沌"的另一种说法,我们的感觉开始形成了。

当一个孩子一生下来,从娘胎里开始进入空气中,这时还是混混沌沌的。突然眼睛睁开了,心明眼亮。"启蒙",黑暗中看到了光亮,用人的眼亮来比喻心灵。"我明白了","I see",也就是"看到"了,中英文里都是一个意思。在我们的感性得到开发的时候,在很多原初的思想中并不是强调我们的获得,而是强调了我们的失去。我们失去了某些东西:失去了周伯通拥有的顽童状态的混沌,失去了在《圣经》中所讲的伊甸园中的美好生活。《圣经》中讲人因此开始有了罪孽,有了原罪。为什么这些经典,这些最早的思想家,人类最智慧的人,他们都反过来想着回到原初那种混沌的状态呢? 混沌,据思想史专家庞朴考证,"混沌""混沦",包括我们后来说的吃的"馄饨",以及骂人的"混蛋",实际上都是一音之转。吃的馄饨,是把馅料一股脑儿包裹起来;骂人"混蛋",实质上是说这个人比较混沌。按庞朴的说法,"混沌"的原型是我们的先民过黄河时乘的皮囊,现在有的人过黄河,还在使用这种羊皮做的皮囊①。

———————

① 庞朴《黄帝与混沌》,《文汇报读书周报》1992 年 3 月 10 日。

为什么混沌会成为我们原初的世界观、人生观、宇宙观？而开凿"混沌"，为何又使得好多最珍贵的东西一下子失去了呢？我想首先，我们感性的开发，是一种历史的痛苦。这是种什么样的痛苦？不同的学说里对此的想法看法都不一样，思考这样的问题的时候，也有多种不同的观察问题的角度。从美学的角度来讲，当人在理性、感觉、情感开始萌发时，开始吃了"智慧树"上的禁果时，开始成为"情种"时，情感的种子开始发芽，我们同时丢掉了某种东西，失去了某种东西。这些失去了的东西是很可贵的。我们失去的，就是我们的原初状态，是"混沌"，是"蒙昧"，是"野蛮"，是"昏头昏脑"；但是，"启蒙"不是让我们进入另外的一种蒙昧，一种痛苦吗？苏东坡有"人生识字忧患始"的句子，虽然是牢骚，可也呈现出某种历史的真实，呈现出哲学的穿透力。这样，我们就可以思考审美的代价，思考感性、情性的代价。美学作为感性学，不得不思考这个问题。首先，当我们把一个人当做审美的人、感性的人、情感的人来看待时，对象就是"审美的生存"。这样的生存，付出的代价是很沉重的。首先，我们失去了一种状态，失去了感性没有开发之前的混沌状态。这种混沌状态是什么呢？还真是说不清，混沌本身就是不清楚的意思。从西方的思想来讲，马克思主义、德国古典哲学要使人重新变成整体化的人、完整的人、全面的人，不能把人作为某个维度上、向度上、层面上的人。当我们在感性被开发时，人就被分裂开来了。从《庄子》来说，人被开为七窍，七种感官的开发，开成了七个洞眼。"窍"和"籁"是差不多的意思，我们失去了天籁，变成了七个洞孔，变成七个管道——七个跟世界发生关系的管道,使我们的感觉变成浑然一体的状态。

## 二　爱就是害

先前讲到儿童从出生到产生情感之后的一些情况。儿童一旦降生到了人间,就开始了心灵的陶冶和化育。降落人世,从宗教上来讲,是一种"来""去",是老子所说的"出生入死",是《圣经·传道书》说的,来自空虚,归于空虚,来自尘土,归于尘土。所有的宗教,都有终极的追问:我们来之前是如何的? 我们从哪里来? 向哪里去? ——从哪儿来呢? 我们都是从某种"无"当中来,我们都来自于虚空,空虚,虚无。从这样的虚无状态,我们变成了现在这种存在的状态。在虚无状态中,没有感性,没有"聪明",对这样的人来说,"来",是不能控制的一个过程,我们无法选择。这是一个最为沉重的问题,常常有人问父母:为什么要生我? 干吗要生我出来? 你们并没有征得我同意,就把我生出来了。这个问题看起来很荒谬,却是一个非常严肃重要的问题。我们的出生是无法选择的。出生在哪里,什么样的时代,什么样的家庭,在现实中没得选,在文艺作品中可以有虚拟的选择。作者可以选择把人物设置在什么样的家庭,经历怎样的成长,这样的设置是可以的,这就是作者的权利,是一种特殊的话语权。但是我们无法选择自己的出生,也没有人征得我们的同意。这意味着什么? ——不自由。我们一开始的出生就是不自由的结果,而绝不是自由选择的结果。对我们而言,我们是被动的,我们是"被出生",而不是出生。生下来之后,我们混混沌沌,浑浑噩噩,而这个时候,我们已经是个生命体了。这个生命体正如上文所说,是无限地依赖父母,无条件地依靠父母。父母是什么样的条件,他只能享受到什么样的条件;父母怎样对待他,他只能接受什么样的对待。也就是说,从出生开始,到出生后相当长的时间内,他的感性在不断被开辟的时候,是处于一种被动的状态,"开辟鸿蒙",实际上是混沌"被"开辟。我们说,"启蒙"实际上是指一个人被启蒙。所以,霍克海默和阿道尔诺合写《启蒙辩证法》,说启蒙必然走向它的反面①。内在的原因是什么呢? 启蒙实际上一部分是人启蒙别人,一部分是人被启蒙,有着这样一种权力关系的存在。"权力关系",是造成启蒙走向其反面的根由。从个体的出生来看也是这样,这种否定的因素从一开始就存在。当最初开始启蒙的时候,启蒙就包含着被动接受的过程,也就是说,被启蒙的人是不自由的。所有的人一开始都是被启蒙的,属于不自由的状态。换句话说,我们感性的开发与开启,我们审美的开始,就是从人的不自由开始。我们不是说"美是自由"么? 不是说审美是人类自由的象征么? 我想可能要倒过来讲,恰好相反,审美是人类不自由形成的结果,是人类不由自主地被开启的结果,这样更符合人类思想史,更符合宗教、文化以及历史事实的真实情况。一个小孩生下来,他绝对处于某种被动状态中,他只是个"小不点儿""小可怜""小家伙",这个小人儿什么也不能干,只是具有生命的本能。人生下来不像动物那样能够很快地适

① 〔德〕马克斯·霍克海默、西奥多·阿道尔诺《启蒙辩证法》,渠敬东、曹卫东译,上海人民出版社,2006。

应环境,不能走,不能做很多事,处在非常被动的状态,一切都要依靠别人。即使是天才,也无法像哪吒那样把这个过程压缩在母亲的子宫里。所有人在出生之后,站立之前,都要经历一个特别被动的过程,换句话说,人们在站立之前都要经历一个特别不自由的过程,任何人都无法逃避。这意味着什么呢? 这几乎是一个非常深奥的哲学寓言。当一个儿童能够站起来,能够开口说话,能成为一个自己表达自己、自己主宰自己、自己独立生活的人之前,他的感性的开发是一个非常温馨的充满爱的过程,同时,也是非常残忍的被动的过程——是一个被爱、被支配、被开发的过程。这么说似乎是太残酷了,父母对待子女与动物对自己的小孩一样,都是一开始无限地慈爱与美好。然而无论主观上是好是坏,儿童完全处在一个无法选择的境况下,他面对的是他无法选择的境遇,他人想怎样对待他就怎样对待他,想怎么支配他就怎么支配他,他没有任何能力、任何力量来选择——真是“小可怜”哟!

《金瓶梅》中,西门庆跟李瓶儿生了一个孩子,叫官哥儿。这个孩子出生在西门庆家,从表面上看,应当是很幸运、很幸福的。西门大官人在当地有钱有势,他是山东首富,又勾结官府,进入了政府机构,是典型的官商。出生在这样的家庭,作为“富二代”,可谓什么都有。但在小说中,这个孩子太可怜了,从出生起就处在了嫉恨和危险之中——西门庆的其他妻妾都难以容纳他。这个孩子后来被潘金莲用猫儿害死了。他像是卡夫卡笔下的老鼠,真是可怜! 但是,在没有被害死之前,这个小东西就很可怜。他被人抱起来,说,真可爱哟! 我亲一口。小孩当然没办法说,你嘴太臭,我不要你亲。于是,谁要亲一口谁就亲一口,谁要在他口里塞点东西就塞点东西,谁背着他妈妈做些小动作,他也毫无办法。爱也罢恨也罢,官哥儿只能全盘接受。他自己无法保护自己,也不能辨别善恶。读到这里,我就觉得,孩子,无论是谁家的孩子,在那样的情况下,都是不自由的,自己无法做主,处在特别被动的状态中。电影如《小鬼当家》《小兵张嘎》之类,都把小孩表现得十分能干,超过"大人"。其实,情况正好相反,尤其是出生不久的孩子,处于非常无助的状态,他无法自由行动,一切生活的养料都要靠别人供给。一开始,人是被动地生长。一个小孩,从混沌状态而来的一个人,开始能够用感觉体会、体察世界之前,他的体会、感觉是从哪儿来的?是被开发的!也就是说,他的感觉是被别人赋予的。一个人从一开始就不自由,在他的生活情态上不自由,因此导致他的感性是被赋予的。被赋予意味着什么?意味着他的感觉是别人给的,而不是本来就有的。那么,何为本来的感觉?不妨设想,人之初,本来混沌。七窍原本混沌一体,却"被"硬在混沌的感性体上打"洞",打"通"之后,成为跟世界交流的管道;但本来是没有"洞"、没有这样的管道的。庄子很沉痛地说,开凿后,混沌死了。庄子很伟大,他讲述的这个过程,其实是非常残忍的历史过程。本来是充满爱的行为:南帝北帝是好心,他们觉得混沌很好,才帮助他"开窍"。爱导致了残忍;仁义道德导致了残忍。庄子看待世事有着特殊的眼光。象征着时间的南帝北帝(又象征着空间)认为,混沌是一种不好的状态,所以要帮助他,帮他开窍,结果反害了他的性命;世界中,某种东西永远地死掉了。老庄都不赞成开发感性。老庄哲学，从某种意义上说，都是反美学的。当然，他们的反美学却成就了一种特别的美学。

那么，被开窍的混沌死了，死去的这种东西，从哲学、美学上来看，究竟是什么呢？我们说，"混沌死了"，其实是某种状态的"人"死了。从庄子的思想看，是"天"死了，"人"生了。天然的人才是"天人"，离开自然状态的"人"，"天"性死了，就失去了最珍贵的东西。所以，庄子是反"人性"的，他向往的是"天性"。因为，人性是"被"造成的，开凿"人性"的过程，把"天性"的混沌杀死了。所以，死去的混沌所象征的，是很多人向往的某种全面的整体状态的人。更重要的是，我们被开凿的过程，是我们处在不自由的状态中被动的过程，使我们本来的自己死了。本来的自己，弗洛伊德叫做"本我"。本来的我死了，现在开始逐渐地有了"自我"。按弗洛伊德的理论，"自我"其实是由"超我"管理、压抑着的。混沌开了七窍，有了"自我"，本来的我没了。本来的我是"混沌"，浑浑噩噩——"吾忘我"。现在，"我"不断地被开发，逐渐地能听、能看、能摸、能感觉，能分清各种滋味、声音、色彩，甚至能够分清哪种对我的抚摸是充满爱的，哪种声音是表扬我的，哪种表情是好的哪种是坏的。如此复杂的过程中我逐渐地学会了感觉，学会了分辨感觉。用佛教的话来说，我们开始有了"分别心"。"聪明"这个词，把听、看分开，却用来表现我们的心智，说明人是把感觉的能力与心智的发达等量齐观的。"七窍"把我们原本浑然一体、联通着的感觉分开了，分门别类，分别指向某个特定的管道。作为感性的发生，人的感性开发不同于美感的开发。但是，我们属于"人"的感觉慢慢产生了。"属人的感觉"①产生后,我们开始作为人来感觉我们的感觉。这句话里的两个"感觉"分别什么意思呢? 是说我们开始对我们的感觉有某种体会、想法,有了超感性的感性了。我"明白"(I see)了某种感觉代表什么。经历这样的过程,我们不仅开始生成人的某种感觉,而且把各种感觉相当清晰地分成了不同的意义。

开辟鸿蒙,是人类历史的开端;开凿混沌,是个体的历时生成。混沌之死,使浑然一体、不被分别的感觉变成能分别、能分辨、能体会的感觉。正如前文所说,审美是体会,我们的身体开始能够领会、解悟每一种感觉的意义。这是与感觉过程同时发生的:我产生了感觉,从感觉之中,就领会到感觉的意义。这是一个眼亮心明、心里变得亮堂的过程。"眼"与"心",连接成为"心眼""心目"。在这个意义上,"眼睛是心灵的窗户",说的正是混沌开窍、把身体变成心灵的器官的结果。当然,我们的每种感觉,都在混沌开凿的过程之中,变成了心灵的"窍门"。

以上,我们考察了一个心灵发育的前提,即"混沌开辟"。这是隐藏在一个婴儿小时候所有人对他的关心、爱、照顾、培育、养育之中的前提。从反面的角度看,这正是表明了一个婴儿在不自由、不自觉、不自主当中"被"动生成的过程,他全部的感性能力被规范、被开发、被培养的过程,也是他被训练、被纳入到某种特定渠道的过程。这个过程使他进入某种管道、渠道、特定的规则之中,使一切规则被纳入了他

①〔德〕马克思《1844年经济学哲学手稿》,中共中央马克思恩格斯列宁斯大林著作编译局译,人民出版社,2000,第85页。

的感觉,使他跟世界发生关系的方式被培育;使他感觉世界的方式,感觉自己感觉的方式,以及判断自己感觉的方式,在他不自觉之中完成。因为他自己还缺乏能力,因此也缺乏权力,这个过程是他被有能力、有权力的人塑造感觉的过程。

当然,按照现在的人权观念,儿童应该享有更多的权力,因此我们赋予他们更多的权力;但是,这从反面上来说,正证明了儿童太无力、太无助了,所以需要法律规定给他更多的东西,而这个规定本身说明,他需要许许多多的人"施舍"很多东西给他。所有的付出都有回报。儿童回报什么呢?我们所有人在婴儿阶段给予他的抚摸也好,拥抱也好,照顾也好,回报就是——他要按照我们希望的方式慢慢长大。当然,我们希望他健康,希望他苗壮成长、聪明、漂亮……"听话"!本来,混沌状态不存在什么漂亮不漂亮,婴儿是没有美丑的。美意识的产生,本身就是一种精神的分裂、心灵的异化。婴儿一出生,很多人就开始评价:"这个小孩长得多漂亮呀!"或者,这个孩子虽然不漂亮,人家也不好意思直说,就会说他像爸爸还是像妈妈……就在这样某种潜移默化的评价当中,孩子的感觉本身被塑造了。也就是说,我们对他进行了感性的塑造。什么叫感性的塑造?这里面有两种意思,一种是我们用感性的方式,对他进行塑造。因为这个时候孩子什么都不懂,你也没法对他说很多的内容,主要用感性的方式来教育。有人甚至设想进行"胎教",对胎儿进行教养,是否有效我们姑且不管——这不是要把开辟混沌的时间提前吗?其用意,从庄子的角度来说,很可怕哟!婴儿生出来,接受了属于人的感觉的塑造,我们用各种方式让他感觉到我们对他的爱,或者不满。比如他晚上闹、哭,就有很多方法对待他,无论是以哪种方法对待他,实际上反过来塑造了他本身对待外部世界的感觉。所以,第二,就是指婴儿的感性,是逐步被开凿,被打造,被规制的。

## 三　抒情与表情

在感性塑造的过程当中,我们提出一个非常重要的方面:我们对孩子表情的塑造。孩子看得最多的是别人的表情。他不会说话,不会用其他方式表达情感的时候,他就开始用身体表达所有的意思。身体的各种动作,可以说都是人类表情的方式。那么,是否都是抒情的方式? 如果说,美学即情性之学,那么,抒情作为情感的艺术表达,是情感的心灵再创造,则美学就是抒情哲学。抒情与表情应当有所不同,我想抒情不妨看作广义的表情的一个部分。表情是否也是情感的艺术表达? 从内在的情感到外在的表情,是否也是不自觉的艺术? 我们不妨从广义的角度,把表情认为是类似艺术的、前艺术的抒情。

"表情"很复杂。它是用我们的身体,用我们的皮肤,用我们身体上的每一部分种种微妙的运动来表达我们内心的某种情愫与情感——如此一种最直接的最原初的方式。有人提出"微表情"的概念,是把细小的动作当做泄露心灵的表情。其实,任何表情都是微妙而深奥的,都是在"一点点"的表象之中,表现出内在的动态。我们可以说舞蹈也是一种表情,它使我们身体的每一部分都能表达情感,表现心灵。孩童在婴儿期还不能站立，当他在摇篮里面，他身体的全部也能表情：他全身乱动是一种表情；他身体的某一部分动，也是一种表情。也就是说在一开始，人的表情是全部的身体的表情，我们身体所有部分都动起来，都能够表达我们的情感，这个叫"表情"。"表情"这个词看上去很简单，其实很复杂。"情"属于内心；"表"，反义词是"里"，"表情"就是把我们内心的东西用外在的东西提炼到外部来，提炼到表面上来。那么，假如说我们整个身体都能够表情，"身体表情"，我们全部身体上每个部分都能够表达情感，那就非常符合艺术的原则。一个伟大舞蹈演员，应当让身体的每一部分都能表达情感。黑格尔在《美学》中讲古希腊雕塑时，把古希腊艺术叫做古典艺术，古典艺术是"理念"跟"感性显现"配合得最和谐最完美的一种形式，为什么呢？因为所有的艺术都是要把最重要的东西，把心灵的东西表达出来。而表达心灵的方式最好是用眼睛来表现，因为西方人说"眼睛是灵魂的窗户"，我们从眼睛当中可以看出他的灵魂。黑格尔说古希腊的雕塑很了不起，因为那些经典的雕塑能够把身体上的每一点都化作"眼睛"。古希腊雕塑许多已经不完整，有的缺了头，有的缺了胳膊，有的女神像只残剩两只翅膀和身体，却仍然精魂毕现，神采奕奕。所以黑格尔说，古希腊雕塑把人身体上的每一部分都化作眼睛，我们在她的身体的每个部分，每一个微妙的细节当中，都能够看到灵魂的表现，看到心灵。那么当一个人在婴儿状态时，混沌未启，身体的全部都是浑然一体。如果说，一个伟大的艺术家应当能把身体的每一部分都化作"眼睛"，都能够化作他的灵魂，婴孩难道不是最伟大的艺术家么？我们现在说到表情，想到的往往是脸的表情，不大可能想到身体的各个部分。每个人的脸部表情都是不一样的。我第一次看到一个美籍华裔小女孩的时候，大吃一惊。在美国长大的孩子和在中国长大的孩子不大一样，她的面部表情特别生动、丰富。我们中国人都是非常的持重、内向、内敛，在脸上能让人看到的东西越少越好，这叫做"蕴藉"，我们讲究"内涵建设"。古人讲究"风流蕴藉"。"风流"，是灵气和情性的流动和流露，是外在的"秀"出，而"蕴藉"则是内在的涵养，是"隐"含、含蓄的美。刘勰《文心雕龙》中的"隐秀"，是文学的审美理想，也是我们中国人做人的审美理想。某次看到一个洗发水广告，由两名外国女性表演，随着音乐的节奏，两人脸上做出各种各样的放肆、大胆、奇怪的表情，使我一下子看呆了——原来一个人的表情可以这么丰富，这么复杂，这么肆无忌惮！可见，人的表情才是审美的重要基地，是美学的真正对象。对于心灵美学，则是根本性的对象。

表情，实际上就是表演感情。以前我看电视剧里的表演并没有什么特别的感受，直到有一天我看了一部电视剧《岁月》，才叫我恍然大悟：哦，原来我现在才看懂电影电视剧里的很多东西。《岁月》正好是表现我这一代人的，所以我有真切的切身感。看电视剧主演胡军的各种表现，我突然一下子懂得了表演。他的所有的表情竟如此真实，又是如此深刻。他表现的是一个人的情感、心灵，却把一个时代的表情展现了出来。伟大的演员是人类的表情。他的表演能力强，也就是表情能力强；一个伟大的演员能把人类所有复杂的、内在的、丰富的、深刻的情感表达出来——通过全部的身体，通过语言，通过说话的声音、语气(轻重缓急)表达出来。表演就是把人的内在的心灵的东西,通过他外在的身体动作展现出来。脸,是表情最集中的地方;可是,我们的手、肩膀、腿……身体的各个部分,哪个不能"表情"呢?

我想,所有人在婴儿阶段的喜怒哀乐都是非常值得探讨的。婴儿刚出生的第一声哭,不能叫哭,它只是一种自然的生理反应;什么时候开始学会了哭?只有当哭变成了一种武器、一种诉求、一种表情,它才具有人类的感性的意义。内在的情感、内心的东西,它是无所谓有,无所谓无,任何人都不知道,所以说萨特写的《存在与虚无》,最后说人只是一团无用的激情。情感从哪里来?"表情"从什么时候开始?从"表欲"开始。最初是表达自己的欲望,与欲望相关。最早是跟一个孩子的吃喝拉撒睡相关,他想睡觉了,你还抱着他玩,他就哭。他想喝水了,吃东西了,撒尿了,他是怎么表达自己的呢?大人又是怎么懂得,他这个时候想吃了、想睡了?当大人、孩子互相懂得,这个时候,孩子就学会一些表情了。按照精神分析学说,最初的感觉跟最初的、最根本的欲望相关。所以说,表情是从"表欲"开始的。我们对欲望、对婴儿的欲望可以进行分析吗?西方有哲学家进行过深入、彻底的分析,弗洛伊德、福柯、拉康都做过分析。他们对儿童性欲的分析甚至达到一种堪称透彻、残酷的地步。他们无非是要说明一个道理:一个儿童最初所有生活的中心,都是为他的欲望服务的。我们当然承认,他的表情一开始全是为他的欲望服务,这种欲望和他的生命本能、想要活下去的本能有关。他要满足自己的欲望,就要想办法表达。他能够想出什么办法?他的办法其实都是别人给他的表情。也就是说,婴儿所有的动作"表情"都是被赋予的。他逐渐学会了哭、笑,学会了越来越丰富复杂的表达方式。按理说,我们应当仔细观察婴儿这一阶段表情的体系,因为他长大了,开始会说话,他的表情就没有原来丰富了。那么,原初状态的表情体系是不是更值得研究呢? 它们跟我们的艺术、美学、哲学关系更大呵! 一切的开端,都富有哲学的意味;表情的开端,正是美学的根本处、要紧处。当然也许也会有疑问:在这一时期谈说表情是不是不恰当呢? 婴儿有情感吗? 前文我们说到,情感是信念加上评价再加上感觉,三位一体,才变成情感。婴儿这个时候无疑谈不上信念;但他有感觉,有评价:满足他的欲望的感觉,他就回应以相应的身体的动作。他的回应要能够和与他接触的人之间发生某种沟通和交流才行。怎样才能和他周围的人发生某种回应、互相应和呢? 毫无疑问,他是按照周围人的表情来慢慢地学习表情,也就是说,感性的开发过程是一个学习表情的过程。假如把这点弄清楚,我们就弄清楚了各种艺术、各种美学、各种人类文化的根源。表情一开始,就需要把自己的表达形式,与所有其他人的形式协调一致起来,也就是说,婴儿的表情是依照别人的表情形成的。

一个孩子长大之后,他学会了更多的表情,学会了更复杂的表演。一个小孩看到大人,他知道这个是叔叔、这个是阿姨、这个是爷爷、这个是奶奶,然后他按照他们的身份来和他们进行交流、交往,在这一过程中学会了礼节、礼貌,也就是学会了表演,学会了演戏。我们所有的人都是在人生舞台上的一个演员,这个演员的培训班从婴儿期开始。婴儿期为什么就有人特别会表演呢? 为何有的小孩会有特别丰富可爱、让人怜爱的表情呢？无从得知。但他所有的表情都来自于别人对他表情的启蒙。也就是说，这个时候我们就感觉到他用身体的某种形式来表达内容。内在的东西通过外在的身体表达出来，这里面牵涉到非常复杂的哲学问题，因为我们的"心"，我们的"情"，可以说是"虚无"的。我们说人性的心"灵"是形而上的超出身体之外的东西。"形"而上，是看不见摸不着的。表情，是要用有形的看得见摸得着的来表达超出"形"外的无形的东西。所以说整个哲学也好，美学也好，艺术也好，文化也好，科学也好，都是找到某种符号来表达虚灵世界的东西，而这个过程的起点，就是从婴儿阶段用身体表达情感开始。这就是混沌被开辟之后，我们的感性的形成过程；我们的感觉逐步走上了轨道，或者说，我们逐步被强制纳入了轨道。你要吃，你就要发出某种形式的叫喊表示你要吃；要睡觉就要用某种动作来表达要睡觉的欲望……当你发出了许多无效的叫喊之后，从种种明示和暗示之中，逐渐找到了有效的表达方式。慢慢地，你找到了各种生命欲望的表达，这个时候我们就学会了用身体来表情。

"学会"说明什么？似乎在我们会表情之前，已经有一套情感表达的模式、形式、程式。当然这是非常复杂而微妙的，我们现在对它的研究还很不够。有的演员长得非常美，但我们看她表演，觉得这个演员不行，不可爱，缺乏魅力，笑起来不可爱、不迷人；有的演员长得不美，但越看越可爱。有人说，有三种美女：第一眼美女，一看就很美，但她自己知道自己长得好看，就不可爱；第二眼美女，努力把自己往第一眼靠近，也不可爱；第三眼美女可能最好，既美，也容易令人觉得可爱。例如日本女演员山口百惠,初看之下是"邻家女孩",貌不惊人,但看她演的戏,越看越可爱——为什么呢？因为她会表演；也有人说,因为她质朴、纯洁,才教人觉出可爱来。但是她的质朴、纯洁、天真、善良,你是如何得知的呢？因为她表演出来的。这里用的"表演"是一个中性的词,是指把内在的东西用外在的形式表现表达出来。作为一个伟大的演员,她善于在脸部和身体的所有动作当中来表达特别的心灵世界。这样的表现、表达或者说表情体系是如何与我们交流沟通、使我们明白和懂得的？为什么我们看山口百惠能懂得,看美国的电影也能懂得？美国一部政治影片《翻译风波》中,妮可·基德曼饰演一位联合国工作人员,她的男朋友到非洲的某个地方被打死了,她进入调查,进行报复。她的表演非常到位,表现出了那种特殊的柔弱和刚强的结合。我原本抱有偏见,以为美国人简单、粗暴甚至愚蠢,其实不是这样。美国既有非常粗暴和愚蠢的好莱坞大片,又有非常温柔精致的艺术杰作。美国有像菲茨杰拉德那样拥有温柔细腻的情感表达能力的作家。其实,从现存的发达的媒体,我们可以看到全世界所有伟大演员的表演,无论是美国、日本、欧洲,他们的表达方式不大相同,肢体语言有文化差异,但从表情上却能真切地看出人的本性。这里就牵扯到一个问题,就是康德提出来的"共通感"的问题[①]。所有的人类是不是有某种共通的感性表达方式？为什么我们能够读懂表情？——因为我们具有共通感。我们具有共通感是因为我们的

---

① 〔德〕康德《判断力批判》,邓晓芒译、杨祖陶校,人民出版社,2002,第74页。

感性的塑造。我们的感性被培育成一种特别的形状、特别的渠道、特别的形式、特别的形态，我们才能找到一种共通的感觉。而这种共通感，或者说我们感性中深层次的相通的东西，是被塑造成的。从我们婴儿状态还无法动弹，在被动的状态下就被其他人把我们的混沌戳破，把我们的七窍打开，按照我们生活的需要（解决我们欲望的问题，解决我们的各种各样问题的需要）潜移默化地塑造出来。

　　上文讲到我们的感性被他人塑造，被纳入某种轨道。当讲到"他人"的时候，我们首先想到的是"自我"的问题。也就是说当我们意识到他人的存在，我们才意识到自我的问题，没有"他人"，哪来"自我"？没有"他信"，哪来"自信"？我们一开始，就是在跟他人的交往当中，逐渐进行自我的塑造。我们的感情表达出来了，得到他人有效的回应，我们才知道，这种感觉是能够得到他人的回应的，这样的感觉方式才是我们应该采取的感觉方式。黑格尔在《精神现象学》里，用"承认"来表达自我与他人之间复杂的关系。引申为现代政治学的一个重要主题，叫做"为承认的斗争"，我作为一个人，总是希望得到他人的承认。比如我给学生上课，就想讲得好一点，让大家都觉得我讲得好；如果大家都不承认我，我就感觉到不是滋味。成名成家，从根本上说，那是让许多人的"承认"确立自己的成就感。我怎样让大家承认我呢？当然有种种的方式。黑格尔把这样的方式，用看似极端的"主奴关系"来讲，假如说你失去了别人的承认，你就变成了奴隶；假如你得到了别人的承认，你就变成了别人的主宰。这就是黑格尔《精神现象学》里著名的"主奴辩证法"。这一部分在西方现代哲学中受到了特别的重视，"为承认的斗争"变成了一个重要的问题。对于一个婴儿来讲，是不是也有为了承认的斗争？可能"承认"这个词不太确切，但是他为了让别人明白、重视、尊重、保护他的存在，他也要采取种种的方式，最重要的方法便是他要用某种身体的表情来表达，让别人认识到他要的是什么。

西方哲学的一个根本主题是"认识自己"。所以，很多西方哲学家研究孩子的时候，都要思考孩子是什么时候开始有了自我。法国哲学家拉康在研究这个问题的时候，发现孩子是从照镜子开始拥有自我的。把孩子抱到镜子面前，让他看到自己，看到镜子中的自己，他才能确认自己是谁。一个人怎么确认镜子里的图像就是自己？对着镜子做某种表情：我张嘴了，镜子里那个人也张嘴了；我歪鼻子了，他也歪鼻子了；我哭了，他也哭了；我笑了，他也笑了。这时候我才能确认，原来"他"就是"我"，镜子里的那个"他"是"我"。拉康从这个现象里得到很大的启发：一个人是怎样确定自我的呢？首先是通过"他"来确定"我"，看到镜子里的"他"是"我"，然后推而广之，我们所有的"我"的一切东西都是在"他"当中看到的。我对着镜子哭，他也对着我哭；我对着镜子笑，他也对我笑。对着妈妈哭，妈妈脸上的表情也不好看；对着她笑，她也开心。英国作家萨克雷说，世界就像一面镜子，你对他哭，他就哭，你对他笑，他就笑。仔细想来，其中颇为悖谬——镜子之中的"世界"，正是自己的投射，"他"就是"我"。中国作家赵树理有句名言，说"别抱不哭的孩子"。假如一个孩子正在哭，你一抱他还哭，没关系，他本来就是哭的；但如果他笑了，说明你人好,家长会很开心。假如你抱原本不哭的孩子,他哭了,你就犯嫌啦!
这里有着中国式的人情世故。但是,意思都相通——婴儿的表情从哪
里能够看到呢? 一个是镜子里的"他",还有一个就是从周围人形成
的"他"来看到。周围所有人和我的表情,正形成了"我"和"他"的关
系。所有的"他",很大的"他",无限的"他",都是"我"的一面镜子。
我通过这面镜子来观察自己的表情,我被这面镜子反映着自己的表
情。更重要的是,所有人都制约、引导、规定着我的表情。"会哭的孩子
有奶吃",闹得越厉害就可能会获取越多的食物;但也可能哭闹得不
到任何好处,成人等他不哭了,再给他吃。婴儿的感觉、要求、需要、表
情要想得到别人的承认,要想得到自己所需要的别人的回应,就要有
"斗争"。既有"斗争",如哭闹;又有顺应,如微笑、撒娇等。"斗争"
也罢,"顺应"也罢,我们采取的方式是别人规定的,是"他"规定的。
"规定"需要加个引号,不是法律意义上的强制规定。法律在英文中
是"law",与规律是同一个词,都表现出一种强制的意义。表情是否也
是"law",也有"law"? 美学的规律,很大程度上与此相关。当然,这
种强制有时是用温柔的方式进行的。比如会哭的孩子有奶吃,会笑的
孩子呢? 笑得开心也有奶吃,特别可爱的小孩得到的好处也会很多,
我们的情感表达是在他人的"镜像"、他人的眼光之中存在的。这样一
来,我们与他人就是处在一种相当复杂微妙的关系当中。

　　婴儿由于还没有自主的能力,因此处在一种不自由的状态。我
想强调这种"不自由"。在和他人的关系中,他不自由,是"他由"的,
也就是说,我们的感觉看起来是自由的,其实是"他由"的,是由一个

大大的"他"来塑造、来决定的。所有的人都从婴儿阶段开始,即使我们成长而又成长,我们仍然在社会的"怀抱"之中。从表面上看来,我们的感觉最具活力,我们的感性是最自由的,我们的感性是最具有创造力的,我们的感性是最具有探索力的,是最无拘无束的,是最不确定的。但是,在此我想强调的是:我们感性的自由、自主、探索、冒险,它的起点是感性的不自由、不自主,感性的被规定、被塑造,等等。自由的感性是在这样的"不自由"的前提上发展出来的。所以,我们在婴儿时期感觉到的亲人给予的爱,表面是爱,实际上是用爱的方式、温柔的方式,使我们接受了现在的世界对我们的多种规定。当然,当我们长大上幼儿园,上小学,这样的规定就更明显了。假如我们"表现"好,我们就会受到"表扬"。"表现",是表情的更广泛的发展。从最早的表情开始,我们会逐渐发展为表现。当我们的表情被塑造,我们的表现也相应地被塑造。而表情的塑造,里面有非常复杂微妙的内容,最困难之处就在于表情的"情",或者说更广义的表达内在感性的过程。因为内在的感性无法琢磨,无法把握,无法确定,我们甚至可以把它当做一种"虚无"的东西来想,或者用最早的"混沌","玄"来看。是不是我们外在的、身体的各种各样的表情在被塑造的过程中,我们内在的情感也开始形成?

现在我们可以回到一开始提出的问题:"开辟鸿蒙,谁为情种?"谁为情种?大写的"他"。因为我们一出生就是在"他"中形成,在"他们"中形成。

那么,我们能够回到混沌么?中国的老庄哲学推崇"天人"、崇尚

"返璞归真",所以想"复归于婴儿";儒家哲学推崇"赤子之心";佛教想"明心见性",回归"本性"……西方文学中有《愚人颂》歌颂愚人;《巨人传》中的巨人,心性像长不大的孩子;《喧哗与骚动》中的班吉是一个精神停留在儿童态的白痴;西方电影中有《阿甘正传》《雨人》;中国当代小说中有《尘埃落定》中的傻瓜土司,一个大智若愚的人;西方有愚人节……在这些之中体现出来的思想,不妨说是:愚蠢者最智慧。这些"弱智",却代表了没有被"他人"污染的原本的智慧,是一种更高更强更本源的智慧。他们用原生态的感性,展现了人类智慧的另外形态。这种特殊的智慧,可以说是"通感"——是混融的感性达到的"超感觉"。因此,是美学的智慧,是复归于"天"的感觉,从而是"通灵之感",是"天心"与"天情"……

开辟鸿蒙,开辟的美学智慧,和失去的美学智慧,究竟哪一个重要?人类能够有智慧保护"赤子之心""婴儿之心"么?

# 第三章　道可道，非常道

## 一　味道

　　我们的感觉、情感，我们的感性能力、感性素质，我们的心灵世界，无疑跟我们的生活状态密切相关。婴儿阶段的许多记忆，到了后来，只能成为一种无意识了。我们无法记得那个时候的自己。拉康说，无意识是他者的话语。当然有他特定的意指。可是，我们可以借指儿童的心灵深处业已沉入无意识的感觉、情感。无意识的养成，恐怕确实与那些我们无法记忆的"记忆"有关。因此，"他者"塑造了我们的意识，更恐怖的，在我们还没有意识的时候，"他者"就塑造了我们的无意识。这是我们审美心灵深层次的部分，往往也被认为是更根本的因素。我们期待着，期待着意识的显露，期待着意识的清明，期待着意识的表达。毕竟，心灵的成熟，不是以感觉、情感，而是以意识为重要特征的。

　　为什么呢？一言难尽。从哲学上来说，我们可以看到，意识的产生、发展、表达，其重要内核，是一种抽象能力，是理性，是逻各斯，是"道"。抽象就是"划道道"，就是把晓得的东西变成"道理"。当我们开始懂得"说道理"，学会"说道理"，能够"体会"到"道理"的时候，我们的意识就形成了，我们的心灵就开始有了新的发展。

前面，我们说到美学与人本身情感的发展、与人本身发展的关系，心灵的启蒙，其实就是在心灵中灌注了某些"道理"，和某些掌握"道理"的方法。尽管我们是在蒙昧之中被"启发"，而这种"启发"本身，已经沉入"蒙昧"的无意识。开辟鸿蒙，鸿蒙仍然是我们心灵的基本面。因为那时的启蒙，我们是以"体会"——身"体"的领"会"，从而也是美学的领会来接受的。在婴儿阶段，人的感性的发展，可以从婴儿最小的时候说起，一直到婴儿开始具有较为明显的意识，心灵开始进入一个新的阶段。那么，从什么时候开始，就出现一个转折了呢？大概在一岁多一点的时候，小孩子几乎是突然的，一下就学会了吃饭（断乳）、走路、说话。这三个事情是在同一个时期完成的，意味深长啊！这时候是人生的一个重大转折。

学会了吃饭，他（她）实际上就是断乳，这个时候他开始尝到了母乳之外的食物的"味道"；学会了走路，他开始能够站立，成为人。跌跌爬爬地学习走路，"行道"。学会了说话，就是"能说会道"了。味"道"，行"道"，说"道"。三个"道"，至关重要。《老子》开头第一句"道可道，非常道"，一般认为，第一个"道"是抽象意义上的道，第二个"道"是说话的意思，"道"说的意思。就好像我们说的"常言道"，《红楼梦》里的"宝玉道""黛玉道"，就是"宝玉说""黛玉说"，都是说话的意思，"说道"。这么解释，"道可道"，就是说，道是可以"说"的。"非常道"，意思是，"道"又不是我们平常语言所说得清楚的东西，或者说，不是我们一般的语言能说的，这是一般的解释。下一句是

"名可名,非常名"。第二个"名"是动词,命名。命名是可以的,但又不是我们平常所命名的东西。这样来说,"道可道"这第二个"道"是不是也动词化了? "说道"的"道",当然也是动词;但是"道路"的动词,是行走,"道路以目"的"道",就是道作动词用,指行路。那么,《老子》第一句的意思,就是说,道是可以行走的,可以开辟的,但人能走出来的道,就不是"常道"了,这是另一种解读方式。第二种解读方式在哲学上显然更深入一层。对应第二句"名可名,非常名",事物是可以说的,但说出来的就不是那个东西了。就如同佛教上说的"说是一物即不中"。所以,我觉得第二种解释包含了第一种解释,从哲学上说更为好些。

那么,一个人可以吃饭了,可以走路了,可以说话了,这三者的同时完成,对一个人有怎样的重大意义呢? "道可道",实际上就是意味着这三者已经和某种抽象的东西联系到了一起,就是和我们人所走过来的,还将要走下去的人生——这样的"道",有关了。把人生比作"道",人生的道路,是一个基本的比喻,也是一种基本的思想,显示在人生的哲学方面,也显示在人生的美学方面。哲学方面,是指人生的"形而上"的追求。西方哲学说,人是形而上的动物,其意蕴我们也可以从把人生比作"道路"来体会。美学方面,因为"道行之而成",是心灵的历程(这也是"道路"的另一个说法),包含着风景、境界、情意等等感性过程。所以,一个"道"字,"道"(说)尽了一切。

比如说,"味道",吃。吃,嘴巴的一个动作。我们说小孩"吃奶"不能算作吃,只是吮吸,当然这也是一种高难度的动作。而真正的吃,是在孩子口腔开始长牙的时候，在这个过程中配合起来。吃的意义对人来说非常重大。本来孩子在母腹里面，在子宫中汲取营养，后来出生了，仍然从母亲身上汲取营养。而吃，完成了孩子和母亲分离的过程。而这种分离是在他生成了最重要的条件后，完成了与母亲的分离；他脱离了母亲的乳汁，而可以吃人类的食物，能够尝到除母乳之外的其他的味道。人和其他哺乳动物一样，都要吃奶。我们还学会了吃牛奶、羊奶。婴儿阶段，以牛奶代替母乳，直观地想，不正体现了人的动物性么！从奶到其他食物，动物同样要经历这个分裂。动物的食物链，是生物学的本性决定的，人，就要复杂得多。尤其是生、熟食物的分离，更有重要的人类学意义。

从中国文化的角度看，审美即"味道"。是"味"道，品味"道"；也是味"道"，在味觉之中品味到形而上的"道"。有人说，中国文化是"食"文化。难道其他的文化不是如此？从倾向上来说，中国文化更强调"食"的意义，或者说，更加以"食"为文化的隐喻基点，则是确实的。中国人的审美意识，与吃有很大的关系。关于汉字"美"，从字源上看，有两种说法。一种是"羊大为美"，一种是"羊人为美"。"羊人为美"，说的是远古的人以羊作图腾，以人戴羊图腾为美。这是神话人类学的看法，我觉得不大靠得住。"羊大为美"，它指的是美是由"羊""大"构成的，说明"美"最初和"吃"联系在一起。我们中华民族的老祖宗在黄河流域，他们都养羊吃羊。我们现在到北方，他们的食物还是以羊为主；羌，也与羊有关。那么先民心目中的美，就和羊有关。为什么羊大为美？因为吃羊肉当然希望羊大，肉就多，外面的毛皮就好。就是说,最早的中国人以吃羊肉为生,以之为美味。汉字中的"鲜"字,是有"鱼"和"羊"构成的,表达了鲜美的味觉。怎样算"美"？吃得好就是美。羊的滋味、味道就是美,也就是说,我们最早的美感是和"吃"紧密联系在一起的。以至于我们中国人形容事物,都用食物来比拟,感觉如何,往往以是否有味道,味道好不好来判断。

我们说"味道",指的是我们品尝食物的时候味蕾的感觉,感觉"吃"到了"道"。试将"味道"的"味"作动词理解,如古人说"澄怀观道",其中"味道"的"味"就是如此。如此,"味道"就有了哲学的、美学的意义,是在感觉之中体会到超感觉的"形而上"的"道"。所以,我们中国人说的"味道",其实大抵是美学判断,比如说这个女人长得有味道,这个男人的诗有味道,等等。古代文论中,钟嵘著名的《诗品》提出"滋味说",如言某诗"是众作之有滋味者也",就是说在所有的作品中是最有滋味的,这是用吃来评价诗歌。用口腔的感觉、嘴巴的感觉来评价一切事物给我们的感觉。美即"味道",就是用嘴巴代表的感官直接体会到的形而上的"道"。

吃对我们太重要了,民以食为天。本来呢,我们换过来,民以"天"为食。大自然最早给我们羊,吃了羊,就觉得羊最美。婴儿最早吃母亲的乳汁,后来可以尝到各种各样的食品,这些食品都是大自然赋予给我们的。所以说吃这一行为,具有人类学、哲学、美学上的根本性的意义。孩子学会了"吃",尝试到了各种"味道",并且在相当长的一段时间,把任何物品都用嘴巴来品尝,倾向于用"吃"的方法判断一切事物,其中的美学意蕴,值得我们深思。

古老的《山海经》展开了一个奇异的、神奇的地理世界。它是我们先民心目之中的世界图景。我注意到，书中说到许多植物、动物，都是用"吃"来做根本性的判断。那些奇花异草，珍禽异兽，乃至珠玉金属，都是用我们"吃了它"会怎样来总结。当我们看到一种类似于人而又不同于人的"畸人"，想知道他们的生活世界时，得到的却是吃掉"他"我们可以怎样，例如可以防治什么病，这时心中未免忐忑。也许，先民的心性，和儿童刚学会"吃"时相似，一切都以"吃"为核心、为依归、为判断标准吧。

美国学者诺齐克，在反省人生种种方面的哲学意蕴时，专门研究了"日常生活的神圣性"，首先就谈到了"吃"。他对"吃"这种行为包含的深刻意义作出了哲学分析，虽然比较简单，却颇有启发性。诺齐克认为，"拥有意识的进食也带来强烈的情感：世界作为一种提供营养的场所，自己作为值得接受这样的营养、感受这样的激动、与提供营养的母亲进行原始接触的人，在茫茫世界中待在家里的安全感，信奉宗教的人还会补充一点——对创造的结果抱有的感激之情"[1]。也就是说，"吃"具有感觉到超出感觉的神圣意义，融入了复杂的情感内涵，从而铸造着心灵的感悟能力。吃的"味道"功能，是人类的共性。

确实，在吃东西之前，基督徒要做祷告，感谢上帝赐予我们的食品。这就把吃与"天"联系了起来。当儿童学会吃饭的时候，他们和母亲的母乳分离，开始领受整个大自然或者说上帝赐予我们的恩惠。

---

[1] 〔美〕诺齐克《经过省察的人生：哲学沉思录》，严忠志、欧阳亚丽译，商务印书馆，2007，第58页。

或者，母亲和我们的分离，让我们与超验的实体联系了起来——我们"吃"到了广阔的世界。我们吃食物的情感体验里面就包含了某种神圣的意思。这种神圣的意思，在中国古代指的是，我们在吃食物的时候，我们吃到的不仅是食品，而是我们从食品中品尝出了更多的东西，我们品尝到了形而上的"道"。"形而上"，形，是有形世界给身体的感觉，事物的感性特质作用于我们的感觉。也就是我们能感觉到的有形的东西。形，应当是中国古代所指的，能够真切可感的，具有真切可感性质的东西，我们把这叫做有形的东西。"形"是"井"加上三撇，从文字学的角度来说，有人认为，三撇相当于毫毛的意思，像毫毛一样毛茸茸地刺激我们能够感觉到的东西。那么在有形的世界之上的是无形的世界，基督教里指的是上帝，佛教或者其他宗教里指某种宗教的神灵。对中国文化来说，就是指某种形而上的抽象的东西。也就是说，当我们学会吃的时候，我们在品尝食物时，就能感觉到超出我们感觉的东西。这也是我以前说到的，美学就是感觉"超感觉"的学问。我们能够感觉到某种超出我们感觉的东西。这就是吃本身重要的意义。它使我们和大自然联系起来，使我们和人类发展最切身的东西联系起来，使我们和更大的生物链、产业链等等联系起来。经历了这样特殊的联系，人的心灵进入到新的阶段。

同时，这个时期对人精神产生的巨大影响是"断乳"，我们常常把人经历的某些特殊的时期称为"断乳期"，就是原来提供给我们的营养或是生存必备的东西被断掉了，这时候我们不得不依靠一些其他的东西。这样分离的过程，是一个小孩独立的过程。学会了吃东西的时候,首先完成了与母亲的某种分离。有些母亲给孩子断乳时把孩子送到亲戚家,被迫断乳。这样的过程是蛮残忍的,但这又是人生中必需的。有人断乳很迟,有人很早。很多人不想以母乳喂养,卢梭在《爱弥尔》中提到这是个很坏的事情。当然,卢梭说不出什么科学的依据,现代科学证明,小孩只有吃母乳才能有某种特别的抵抗力,再好的牛奶也不能提供。而吮吸母乳的情感意义,可能更加重要。当然,随着和母乳的分离,一种亲密的关系被割断。乳房本身具有的性的意义,使得儿童期后,这个提供最初食物的母亲身体,成为了特别的无意识的记忆。同时,嘴巴对嘴巴的亲吻,在断乳之后,逐渐从儿童的生活之中远离,也具有相当复杂的意义。对儿童心灵的冲击,很难评估。弗洛伊德的精神分析学说注意到了这些问题,但是,我们更需要从心灵美学的角度,作深入的探讨。

　　孩子在一岁多开始学会吃饭、走路、说话,这个时候是孩子最好的时候,也是一个小孩最差的时候。这个时候开始,小孩容易生病,要经常跑儿童医院了,因为此时从母腹里带来的抵抗力没了。此时对小孩来说,面临着人生至关重要的一个大的转折,这种转折从美学的角度说,首先,他“尝”到了“味道”。小孩感觉任何事物的时候,都倾向于把那东西拿过来放嘴里尝一尝。那个时候他是以吃,以口腔品尝作为一种极端重要的感觉方式。对味觉的发现,让他知道尝味道了。民以食为天,“吃”便是孩子的天,是感觉的最重要的一种方式。在美学中,中国文化的美感和“吃”联系在一起,西方文化的美感和“色”联系在一起。但即使在西方文化里,吃,也是美感的一个重要方面。莫泊桑小说名篇《羊脂球》，形容妓女很美，就把她称作"羊脂球"。小说中，对羊脂球面容的每个部分，都是用吃的东西来形容。因为"吃"对西方人来说也是美感的重要方面。所以一个小孩当他学会了吃之后，口腔对外在世界的感觉就显得非常重要。另外，"说"也与嘴巴相关，而"走"与人腿、身躯相关，走路完成了手脚的分离，这在人之成为人的道路上是非常重要的。

那么学会了吃饭、走路、说话，就是把感觉凝聚到某个方面的过程。感觉的凝聚，或者说感觉的集中，意义非常重要。感觉的集中也可以叫做注意力形成。当他本来吃母乳的时候，他只注意他的妈妈。现在，他品尝到各种滋味之后，注意力似乎便是一个分散的过程，但又是一个注意力转向的过程，转向更为广义的食物。小孩遇到什么都想用嘴巴来尝一尝。

我们的语言里有很多与"尝"相关的，胡适的诗集，也是我国最早的新诗集，就叫《尝试集》。所谓"尝试"，从语义上看，就是把探索甚至是探险的注意力，集中到一个感觉点上，即味道的探索上。尝试，无非是试着吃吃看，什么东西都拿来看看能不能吃。鲁迅说世界上最勇敢的人是第一个吃螃蟹的人。螃蟹看上去那么可怕，能把它吃下去，太不可思议了。有个著名的演员是北方人，在上海上学的时候，老师请他吃饭，饭后，他跟同学说，螃蟹最难吃了，怎么上海人这么喜欢吃。他同学问，怎么难吃了。原来他不知道怎么吃，把螃蟹连壳一起吃了下去。一个人能够吃螃蟹，就已经接受了更加细致的巧妙的复杂的文化。第一个吃螃蟹的人是勇敢的，喜欢吃螃蟹的人是耐心的，是有特别的技能的。因为吃螃蟹相比吃其他的东西，显然有巨大的不同，比较复杂。也就是说，以江南为代表的文化和北方文化有一定的差别。这样的差别，是吃的差别，但又不仅是吃的差别。南方的"浅斟低唱"，和《水浒传》之中的"大碗喝酒，大块吃肉"，吃的东西可能相同，吃的情调却大不同。这种差别，使人更加感觉到江南的文化具有某种弯弯曲曲的、细微、精妙、特别的心灵构成。吃凝聚了某种复杂的文化。

因此，"吃"就具有了深刻的心灵含义。断乳之后，生存的首要打击，就是吃的东西变化了。跟娘胎联系在一起，甚至可以说是娘胎里带来的食物，不再有了，新的食物，不接受也得接受。如此，儿童独立的感觉形成了；而一开始形成的感觉就是集中到了吃的上面。这种集中，在儿童一开始学会"吃"的时候有一个阶段，什么东西都想尝试。这种尝试，把感觉引向了注意。我们能够形成一种注意。注意，把"意"凝聚起来，黑格尔说过，注意是原始人和文明人相区分的标志。注意的更高境界可以叫做"凝神"。《庄子》里面说到邈姑射之山的仙人，"其神凝"。有人说"凝神"这两个字是庄子思想的核心。集中注意力，忽视其他的一切，才能将神凝聚起来。只有把精神凝聚在一个点上，我们的精神才进入更高的形态。就像庄子说的粘知了的老头，把所有的感觉都集中到竹竿的一个点上，就一粘一个准。为什么庄子要这么写？为什么要写"呆若木鸡"，集中了注意力，身体的外在表现就不重要？为什么要写真正的画家"解衣磅礴"，裸体而作画，不拘小节，得意忘形？因为他能把自己的精神全部集中起来，集中到某个点上。也就是说,注意力也好,凝神也好,就是使我们的感觉和我们内心的某个东西接通了,使我们的感觉心灵化,或者叫做精神化了,感觉本身精神化了。

小孩学会吃,就开始注意各种各样的食品,可以吃的他吃,不可以吃的,他也要"尝试":调羹拿来吃一吃,橡皮也吃一下,凳子也舔一下……他对事物的感觉,就这样用"味道"的方式来感觉。"味"作为动词,品尝,尝它的"道"。他就用这样的方式对食物进行探险,探索各种各样的东西能不能吃。有人说,人一开始也太粗俗了吧,什么都用吃来衡量。但正是在这种粗俗的感觉当中,我们的一切感觉随之发展。

吃是最根本的感觉。中国文化中很多东西都是用吃来形容,来品味。品味,便是用"吃"来形容我们感性判断、审美判断的方式。我们审美判断的方式,一开始就与对食物的需求紧密地联系在一起。我们一开始学会吃其他东西的时候,这个时候"食物"就很广泛,广泛到在孩子面前展开的广阔的整个世界对于孩子来说都是食物。也就是说他对世界上的任何东西,都是用对待食物的方式,看它能不能吃,用嘴巴来"尝""试"一下。在这个过程中,他的感觉由于始终与"吃"联系在一起,他加入了心灵判断的某种要素,来进行比较、利用、探索等等非常复杂的过程。小孩的牙齿还没长好,食品的粗糙、光滑细腻、坚硬度、柔软度等等,在口腔里全部靠感觉完成。考虑到这样复杂、奇妙的要素,这个时候确实是人的感觉得到特别提升的阶段。人与动物的区别就在于人的食物链非常的广泛,人在这个过程中养成的非常重要的感觉方式。

在人类学研究当中，人把生的东西做成熟的，再把熟的东西做各种各样的分类，对人来说，是非常重要的。而对于一个小孩来说，在这样的一个过程中，他有怎样复杂的体验呢？这里面包含的内容就非常丰富了。在人吃食物的过程当中，有很多要领。小孩吃东西，和父母接吻、说话，这些过程都是在口腔中进行的，这样来说，嘴巴对于我们的感性，或者说，对于人的审美的过程具有重要的意义。有时候小孩子吃东西是一个人吃，但更多的时候是一起吃。诺齐克说到，我们和谁一起吃饭，其实非常重要，与人一起进餐可以是一种深层次的社交方式。谈恋爱都要请人吃饭，在中国办什么事都要请人吃饭，在西方也是如此，我们国家领导人出访也都要参加宴会。为什么要请人吃饭？因为"吃"，这样一个看似简单的事情，把对于食品的分享、品味与人情感的共鸣紧密地联系在一起。当然，在中国请人吃饭大多是请人喝酒，又上升到另一个意义上了。在美学上有一个重要的概念叫做"醉"，尼采的"醉"，陶醉，沉醉，都是和醉有关。"醉"又是最早从吃、喝开始。也就是说一个人学会了吃东西，也就完成了一个人的感觉向精神化或者心灵化的方向发展的契机、可能。张承志在《热什哈尔》一书序里比较了几种饮料："小时代的人们和读者只需要水止渴；没有谁幻想水之外还有直觉和想象的奶、超感官的灵性寻求即蜜、以及超常和超验的神示——酒。"[1]这就是液体成为饮料之后，所具有的精神含义。更精细更复杂的吃，又和我们的文化联系在一起。"夫礼之

---

[1]  张承志《热什哈尔·序》，见《热什哈尔》，三联书店，1993，第1页。

初,始于饮食"。儒家文化里的"食不厌精""脍不厌细""割不正不食"等等,都是把吃东西这样一种行为和礼仪联系在一起。合卺之礼,交杯酒,亲切的行为,以饮食来表达。对待食物的态度,体现出一种审美的精神,一种道德感,一种哲学态度。把"吃"变成文化,变为精神修炼的重要方面。

那么,能否祛除"吃"所被附加的"文化"与审美呢? 能够把"味道"变得单纯么? 道家说"大味必淡",越淡的东西味道越好。我曾经听说过一个故事:淮扬菜的一位大师做过无数种菜,就想找到世界上最好的味道,后来他发现世界上最好的味道很简单,就是盐。什么食物最好吃? 直接用盐腌出来的食物最好吃。确实,我们许多地方都有一些直接用盐腌制的食物。很多人都喜欢吃只用盐腌的东西,觉得盐腌的东西吃着特别香,其他的东西都比不过它。为什么呢? 因为盐的味道是最朴素的味道,也是最强烈的味道,这就符合了道家的思想。在西方美学中,往往把"吃"的味觉当做一种低级的感觉,不放在美感的探讨中。但其实无论是纯粹形式也好,其他的感觉也好,在很深的层次上,或者在根源上,都与人以"吃"的感觉来感觉世界相关。比如我们说人长得漂亮:脸红得像红苹果。为什么像红苹果一样的红,就让我们认为好? 仅仅是视觉判断么? 我想,恐怕主要是因为苹果红了才成熟,红到某种程度最好吃,脸蛋像红苹果,应当是最好吃的那种"红"吧! 就因为它好吃,味道好,我们可以用来形容女孩子的美。普鲁斯特的《追忆似水年华》中有一个著名的段落,把主人公对往事的思念与一块小小的点心玛德莲娜联系起来,写得非常细致。一种味觉把"我"带回了对以往温柔的回忆当中。鲁迅笔下，记忆之中最好吃的罗汉豆，是和小时候的特殊经历融化在一起的，感觉以后再也吃不到那么好吃的豆子了。吃不到了，感觉变了。味道，成为我们最深刻的记忆，最内在的情感。所以，思乡，其实不过就是想吃了，想找寻自己熟悉的味道。也就是说，吃，与我们内心最深层的情感相关性太大了。我们小时候吃的东西，长大了永永远远忘不了。吃得习惯了的东西，它就和我们最隐秘、最深刻、最温柔、最复杂的各种各样的情感很深很深地联系在了一起。"吃"的提升，使我们的感觉向着美感走近了，成为我们美感的深刻根源和依凭。在中国文化中，味道是最高级的美感，是评判美感的美感。

## 二　说道

那么，学会了说话又意味着什么呢？这个过程是一个更为复杂的、更具有精神意义的过程。因为说话和嘴巴、耳朵紧密联系。学会说话和听话，是紧密联系着的过程。更因为，语言是人类独有的精神载体，甚至是"作为精神存在的精神"。人是语言的"动物"。现代西方哲学的"语言学转向"，更把语言的作用强调到前所未有的高度。所以，儿童语言能力的形成，对于心灵的建构具有的重要意义，是难以形容、难以估量的。当一个孩子第一次"开口"说话的时候，他发出的声音，成为具有意义的符号，成为可以"写"下来的文字；特别是，可以和别人开始交流了，他能够说出自己"心中"的所"想"，这不是一种奇迹吗？中国古代有仓颉造字，"天雨粟，鬼夜哭"的传说，诗人夸张"笔落惊风雨，诗成泣鬼神"，都是说语言和语言的创造"神奇"，甚至"超神奇"，能够触犯"神圣"，打败"神圣"的事物。或许，能够运用语言，人，才真正成为人；心，才真正具有了"灵"性。

中国古代文化中圣人的"聖"，由"耳"、"口"、"王"构成，具有文化人类学的蕴含。也就是说嘴巴、耳朵厉害的人才能成为圣人。这种对口和耳的崇拜，与声音崇拜有关。同样，西方也是声音中心，西方文字是拼音文字，声音很重要，"在场"的说话的声音最重要，文字是第二义。小孩一开始表达想吃东西会不会写个纸条："爸爸，我要吃饭。"当然不会，他会直接说"我要吃"，小孩先学会了说和听，所以声音对于人来说更为重要。为什么古代把"口""耳"和"圣"联系到一起？说明，"说"和"听"，是"圣"的基本条件。有人说，西方的逻各斯中心主义就是声音中心主义，声音假如和逻各斯相关的话就是和"形而上"的东西相关。声音，确实具有"形而上"的特质，它是声波的传动，我们看不见摸不着，只能听得见。听觉似乎比起其他的感觉来说更形而上一些，因为声音的来源我们很难弄清楚，能够听到某种特别的别人听不到的声音的人，能够听懂声音之中特别含义的人，这样的人就应当是圣人。我们都想听到上天的声音，别人听不到，只有通过某种神秘的特别的听觉才能听到。所以老子的耳朵特别大，其实就是说他具有某种特别的、神秘的、神奇的听力，能够听到别人听不到的东西。简单地说就是他有特别的媒介，就是"灵媒"，他能够听到上天的声音，能够和上天的某个神秘的实体进行交流，而我们一般人不行。

这样就强调了耳朵和嘴巴。

在西方基督教的《圣经》里，上帝"以言行事"，用说话创造了世界。上帝说，要有光，于是就有了光。"光"是应"声"而生的，这个过程神秘、神圣、神奇。声音，就具有了更根本的意义。上帝"天生"会说话。"说话"创造了世界。语言的创造力量，或者说语言崇拜、声音崇拜，在"创世纪"的时候，就充分体现了。那么试想，对于儿童来说，他"想"要一样东西，能够用"说话"来实现，其神奇，丝毫不亚于用语言来创造一个世界。呼风唤雨的能力，我们当然没有，不过，我们却用语言呼唤出一个"世界"。儿童"说话"了，就开始呼唤"爸爸""妈妈"，开始呼唤一切，他成为了用语言创造世界的诗人。

我们看不到上帝的形体，但有人能听到他的声音，而他的声音只有他选中的某个人才能听得到。这样一来，能够听到特别声音的人就具有某种超凡的能力，能够与某种形而上的东西打交道的能力。所以说，在任何文化当中，音乐都是最高的艺术。我们甚至可以说，音乐在中国文化中是一种"元艺术"，决定所有艺术的艺术，是所有艺术的根基，和评定所有艺术的标准。因此，中国文化里艺术的最高境界都有"神韵"。"韵"是声音的一种特殊效果。"韵"有两种含义，一种是音匀，声音均匀的搭配构成了韵，比方说中国的格律诗，上句平平仄仄，下句仄仄平平，搭配得很和谐；另一种含义是余音，好比敲钟，"凸~"一声后面的余音。神韵就是说某种特别的声音搭配出来的特殊的艺术效果。用"神韵"来形容诗歌、书法、绘画具有了音乐一样的神奇，既"通灵"，又具有音乐般的节奏与余音。所以，在中国文化中，音乐是最高艺术境界的标志。

神韵,神,就是某种形而上的东西,超出了语音世界能够听到的,"此曲只应天上有,人间能得几回闻",我们从中感觉到只有天上才具有的某种东西,渗透到了音乐结构里面,然后落实、凝聚在诗中、书法中、绘画中。帕斯卡说西方文化有两种精神,一种是几何学精神,一种是微妙的精神。我想,音乐精神,可说是几何学精神与微妙精神的结合,是西方文化之中的最高精神。大家知道,尼采的《悲剧的诞生》,原来的题目就是《诞生于音乐精神的悲剧》。尼采要回到古希腊,就是要回到古希腊的音乐精神。

那么,音乐精神就包括了一种形式化的努力,其中既有几何学的抽象,又有心灵的情感的微妙,更用看不见、摸不着的形式表现出来,所以,用音乐来表现一切艺术的境界,确实是精切不过。这与我们的"说"和"听",有着密切的关系。我们说小孩学会说话,首先他学会了听,他听懂了别人说的话,然后才能够说话。首先从耳朵开始,因此听觉作为最高的、与音乐相关、与中国文化中美感的最高境界相关的一种感觉,是从听懂别人的话开始的。有人以音乐作"胎教",那么,胎儿时期听到的音乐有用吗?这个不敢说。从出生到一岁,听到各种各样的声音,孩子又有什么样的感觉呢?不知道,只能作外部观察。但当他开始开口说话的时候,标志着他不仅能够听懂某种声音,而且能够发出某种声音,用它来表达一定的意思。也就是说,他开始把声音变成了符号,来表达自己的诉求、情感等很多东西。更重要的是,声音符号被组织起来,在一定的结构下发挥作用。

　　小孩刚学说话时，大人经常把单音的字重叠来教他："爸爸""妈妈""筷筷"……这个时候，孩子表达意思，既要靠语言，又要靠语气、语调。声音的重叠，更强调了语音的作用。语言学家说这样是不好的，会造成语言能力发展的障碍。小孩从声韵相同的叠词开始学习，其实是一个相当复杂的过程。声音的操练，自然具有某种特殊的情调，在同声韵的重叠之中，当然还不能说到音乐的美感，但是，确实是一种声韵的体会过程。牙牙学语，重叠的声音，起到的"永言"，即拉长字音的作用，以及声音的重叠带来的感觉的强调与和谐，都是儿童接受到声音与意义相连接的过程中的重要环节。声音构成的语言，对孩子来说就好认了，然后逐渐从简单变得复杂，而这种复杂是因为组织起来要遵循一定的结构。

　　孩子是怎样学会人类复杂的语言的？这是一个谜。从美学的角度看，把声音以及以后的文字，跟感性世界相联系、交融，是把感性与意义结合在一起的超级飞跃——感觉，与既诉诸感觉又超越感觉的符号融合为一体，正是审美精神成长的关键。小孩在一两岁的时候很多话都会说了，因为他已经掌握了语法的转换生成结构，他能够转换生成很多其他的句式，而且不会错。而中国的英语教学就很糟糕，注重语法，而忽视了语义结构。对于儿童来说，他既没学过语法学，也没学过语义学，更没学过语用学，但他说的每句话都是对的。英语国家的小孩说英语也不会出现我们出现的错误。为什么呢？不知道。只知道声音变成符号的时候，声音符号被组织起来，对于小孩来说，感觉世界的方式又发生了巨大的变化，甚至是革命性的变化。我们把这个过程倒回去想一想，即知道我们学语言是跟着感觉走的。假如我们把全身心的感觉投入到具体的情境（能使我们所有的感觉都被放进去的环境）中，我们需要它来应付各种各样的事情（事——情）的时候，我们的语言能力就会发生很大的变化。这时候小孩就开始把声音变为符号，使声音符号被组织成为语言，小孩有了说话的能力。说话，能说会"道"！在学习语言的过程之中，孩子已经"着了道儿"了，踏上了人类开辟的文化之"道"。语言成为儿童与世界发生关系的中介、媒体，因而进入了感觉的内部。在这个意义上，我们可以说，语言本身就是审美能力的象征。

陈寅恪说王国维的古文字考证，"凡解释一字即是作一部文化史"①。从起源上来看，也可以说，每个字是一段故事，一种浓缩的情感、特别的意念，每个字都是一首诗！儿童学习语言的过程，本身就是美学的，是情境化的，是在事情之中"以言行事""以言述事"的结果。这个学习"说"和"听"的过程是神奇的，神奇在它是人类运用表情和情境、事情等等一切手段达到的，然而最后却扫除了这个复杂的美学历程。语言，从感觉起，从美学起，却凝结成为一个符号体系，成为抽象的东西，把我们很多的感觉都磨没了。比如"杯子"，我的杯子和别人的杯子不一样，我们心里的杯子和手里的杯子不一样，古代的杯子和现代的玻璃杯完全不一样。我们说的词完全一样，但我们的感觉完全不一样，东西完全不一样。抽象的语言，把我们丰富复杂的感觉

---

① 陈寅恪《致沈兼士书》，见《书信集》，三联书店，2001，第172页。

都磨没了。但我们只能用抽象的东西表达具象的感觉的东西。我说，我要吃东西。"东西"就是一个抽象的概念，也就是说，在不得已的时候只能用"东西"这两个表示空间方位的词来表示我们要说的事物。这样，就使事物在语言当中被抽象，就失去了具象的东西，更深入一点说，就失去了我们原初的感觉。比如，现在我们说"癞蛤蟆"，我们不会想到自然界癞蛤蟆黏糊糊的、冷血、肮脏、满身疙瘩的，可怕、可恶、讨厌的样子。因为在这个词里面，已经没有"具体的"癞蛤蟆了。就好像我们说"红苹果"，是红富士苹果呢，红国光苹果呢，还是什么进口的苹果呢，都没有了。我们只是知道一种"东西"，而失去了对它的最原初的那种感觉。悖论就悖论在这里，我们必须用失去感觉的一种符号来表达我们的感觉，也就是说，小孩学会说话的时候，他同时也就已经把自己的某种感觉、情感、需要，自己所要表达的一切，用抽象的声音来表示。用抽象的声音符号来表示，这语言实际上就太贫乏了，不应该是抽"象"的，应该是"抽声""抽音"，把声音分门别类，某种声音表达某种意思。也就是说，是以很大程度的丧失来获得一种表达，以感觉的丧失来获得对感觉的表达——一个很悖反的过程。学会了说话，和听话表现在一起，这就和他对声音复杂的辨别能力结合在一起，而这一点又和人所能具有的美感境界联系到一起。而他学会说话时就是他会用抽象的符号来表达自己复杂、微妙的各种各样的诉求的时候，这就是说话。

　　嘴巴，既能吃又能说，还能干别的，比如亲吻。和嘴巴有关的人的感觉，对于美学来说显然有非常重要的意义。对于美感来说，味觉是奠基性的东西，人们赋予"吃"某种神圣的、特别的意味——某种"道"——就使我们的吃与审美联系在一起。甚至，我们生存的各种体会，都被"酸甜苦辣"这样的"味道"来形容。"味"和禅、道以及各种各样不同的文化联系在一起，所以日本的茶文化叫做"茶道"，而我们中国古代也具有这一类的茶道、茶禅等等。日本人把书法叫做"书道"，我觉得挺好的，比我们叫"书法"好很多，因为从"法"到"道"还有很大的距离呢。日本人把武术叫"武道"，把剑术叫"剑道"，比我们中国说"剑术"又要高一个层面。

从吃饭到说话，我们的嘴巴，"口"，就承担了审美精神的重要任务。不开玩笑地说，我们中国在表达人数多少的时候，统计的是"人口"——人"口"——不就是赋予嘴巴最重要的地位吗？

## 三　行道

在审美当中，需要把我们的感觉做某种提升，而这种提升的飞跃性的发展，其实就是从吃饭、说话这两个环节开始。孩子的成长还有一个重大的变化，是走路。走路，不妨把它称作"行道"，这样就把走路和某种抽象的东西联系在一起了。中国文化中说"道"，是以道路的"道"，来形容某种形而上的一种境界，或者说一种"虚体"。也就是说，道路之"道"，变为道理之"道"、终极之"道"。由实而虚，也是一种美学的抽象，哲学的慧解。儿童学"行道"，走路，身体行为的发展，当然是感性能力发展和精神世界发展的重要事件。虽然，这是人类进化过程在儿童身上的重演，但这种重演，岂止是人类行为的巨变，还有着深刻的美学意义。

儿童一岁多点学会走路，在这之前要学会站立。站起来，是一个非常艰难的过程，站立是双脚着地，而动物是四肢着地。小孩喜欢爬，站起来变成人的代价就大了。年纪大的人颈椎腰椎都容易出毛病，因为我们站起来了，医生会建议你去爬，这样就减轻了颈椎腰椎的压力，就恢复到了人的某种本来的正常的状态。而站起来可能不是人的正常状态。所以，"立"，或者说"站起来"，具有的不仅是人类学意义，而且有精神现象学的意义。"立"于社会，"中国人民站起来了"，固然是一种比喻，可是，这个比喻本身，就显示了"站起来"的精神意义。如果与爬、跪、躺等姿态相比较，我们更可以"体会"到其中的"感觉"和"情意"之间的关系。

当人站起来之后，学会了走路，而学走路的过程是值得好好分析的。我们看小孩学走路，其实是一个很复杂的过程，里面有很多艰辛。孩子开始容易摔倒，再慢慢会走。现在有学步器，但所有这些东西都要拆掉，最后还是要他一个人在路上慢慢走。我们都晓得，人直立为人，最重要的意义是把手和脚分开了。现在我们一般不肯用洗脚的水洗手，这是把脚贬低成一种更低层次的存在了。人体的价值等级，与审美精神之间，关系极大。这里我们不作深究。手脚分离，脚被贬低，而相对于脚来说，手则不一样，手"自由"了。脚要支撑行走，是"载体"，要载着我们到处跑。手自由了，能发展出特别的感觉，即"手感"。手感非常重要，好多东西我们都用手来感觉。比如我们买衣服要摸一下，试试手感好不好。我们很少用脚感觉物品，但脚在中医研究中很重要，我们所有的穴道在脚上都有。脚是人体的"全息器官"。也就是说，脚本来也可以和手一样有丰富复杂的感觉，脚上的穴位都可以和各种感觉联通。那么，为什么我们单单赋予手这么重要的感觉呢？因为我们不可能把身体的任何一个部位都解放，我们解放手，就牺牲了脚。我们把脚牺牲了作为载体，把手解放出来，发展出了手的自由的感觉。而手的这种感觉具有的伟大的意义，是怎样估量都不过分的，也是无论如何都很难研究透的。西方的绘画、雕塑也是用手来完成的。我们中国人用毛笔写字，使中国人对手的运用达到了某种登峰造极的地步。为什么书法能成为一种艺术？书法是写字达到的特别的艺术效果。从毛笔说起，毛笔的笔杆是硬的，笔头是毛，有狼毫，有羊毫，还有混杂的兼毫。毛笔的毫毛很多根，蘸上墨之后，无数根毫毛在很硬的笔杆下被运用——"写字"。这的确是世界上最难的艺术创造的工具。复杂在哪里？柔软。"柔软而千奇百怪生焉"——因为毛笔的毛是柔软的，所以它能创造出千奇百怪的各种复杂的字的形态来。我们拿硬的东西来运转柔软的东西，我们手的感觉就被高度地凸显、强调出来。也就是说手的感觉是高度复杂的，甚至是精妙的。所以，书法艺术在中国古代被当做最高的艺术，在日本甚至是"书道"，是一种哲学的艺术。书法，是以我们用某种特别的感觉创造出的抽象的文字作为载体的艺术，这在世界上是独一无二的。文字本身不是图画，文字本身是抽象的，我们看文字的形态，来判断作者的心态，乃至于神态、精神。这样，书法就达到了很高的艺术形态。而我们的美学研究往往是研究创造出来的东西，而不是创造根源的东西。我们是不是应该通过研究手感来研究书法的形态，来看绘画的形态，来看一切"手艺"的形态呢？这样的研究是不是更贴近它的根源呢？而这种根源又从哪里开始呢？我想，是从手脚分开开始。

"行道"，从蹒跚学步开始。手脚分开后，我们开始走路了，"手"在"脚"的"牺牲"下变得自由了。直立的"行走"，让人较之动物，可以有更为自由的空间体验，这对感觉的拓展又具有深刻的意义。具有了"行"的能力，自然需要对"道"的体察。与动物凭着本能寻找道路不同，人类的"道"，有着精神的内涵。那么，为什么中国文化里把最高的东西叫做"道"？当然因为它具有某种抽象的规则的意义，它说的，是存在一种无限的范围，道可以沿着它走。但"道可道，非常道"，不是常道，不是大道，不是终极的道。终极的道，是很难找到的，很难沿着现成的别人走过的道，走到真正的"道"上的。别人走过的路是可以走的，但它是不是最终的、最好的、最根本意义上的道呢？可能不是。中国文化上的"道"是一种向着无限，向着某种不可知、不确定，延伸、延展的无限拓展的东西。因此当一个人学会了走路，"行道"便使他觉得这样的世界为我们展开了无限的可能性，而这种可能性便是"非常"，不是经常不是通常，而是我们需要不断探索的东西。当一个小孩开始从婴儿状态进入幼儿状态，会走、会说、会吃的时候，他就开始掌握了某种规则，开始把自己的感觉凝聚到某种方向上，开始把自己的感觉向着精神化的方向提升，开始接受了人类文化给他提供的感性规则，开始开辟了身体上各个部分给他创造的潜能。所有的"道""可道","可"道而已,言下之意是,还是"非常道"。我们现在走着可以走的路,留下的是无限可能性的路。"道"的本质是"不确定"。"确定"好不好?确定,就消灭了"可能"。所以,还是不确定的好,有无穷的可能性。老子用否定的方式表达的就是不确定。一个人被永远确定了,除非死了,盖棺定论,死"定"了。

学会了走路,面对的是"路"的无限可能。人生的路刚刚开始,我们还有那么多未知的"道路",还有无限的世界,所以学会走路意味无穷。当然,孩子会走之后,有一段时间,反而更希望父母抱着走,不肯下地。这种依恋,这种"懒惰",虽有体力的原因,情感的原因当更重要——分离开始啦!"人猿相揖别"的直立行走,在人类生活之中,以与父母的身体分离的形式重现。心灵的美学历程,与"体道""行道"的过程息息相关。

一个人开始学会了这么多"道",开始"味道""言道""行道"的时候,这个人就开始进入了某种规则,同时也就留下了无限的广阔的东西。而这无限广阔的东西,我们把它叫做"道"——这才是真正的"道"。所以说,"道可道,非常道",就是通常不成立、不存在、不一样的"道",才是真正的"道"。审美的"道",正在"非常道"之中。

## 四　兴于诗

### (一)诗本"孩子话"

为什么每个民族都会唱歌?这是一个无法解开的人类之谜。歌,总是歌诗；诗，总是诗歌。诗、歌，原是不可分离的。与诗歌紧密结合的，是舞蹈。诗、乐、舞，原本三位一体。古人说，歌之不足，不觉手之舞之，足之蹈之。舞蹈，是诗歌的"加强版"，是诗歌的艺术延伸和精神扩展。那么，我们可以大致地判断，诗歌，是情感的强化和延伸。有人说，唱歌就是"不好好说话"，这很有意思。确实，我们不会像唱歌那样说话。为什么我们会有唱歌的需要和冲动呢？说明，我们不想"好好说话"了，我们需要换一种比说话更能够抒情的方式来"说话"。

儿童，在催眠曲中入睡，在儿歌中享受到语言的快乐，在"不好好说话"中学会了说话。有人说，儿童天生就是诗人。从心灵发展的角度看，这是说在儿童阶段我们的心灵都曾经是诗化的。许多人都记得，儿童在小时候说的话往往有不同寻常的表达，似乎有着"诗意"的精神，常常会引起父母的惊喜。

从人类学的观点看，诗歌和舞蹈都是巫术的产物，是由于人类敬神、媚神而创造出来的。这个观点当然具有深刻的依据，可是，倘然如此，为什么人类以艺术的方式对待神，为什么会发展出诗歌和舞蹈？仍然无法追问。只能说，那是人类童年的创造，那是原发和原生的精神探索，那是人类心灵偏离"常态"的遨游和飞翔。唱歌，或者说诗歌以及整个艺术，都是人之为人的本质需求，都是人成为人的必要方式。

我们前面说到，从儿童精神发展来看，在一岁半左右的时候，孩子学会了说话、走路、吃饭。学会说话，应当是"好好说话"呀。可是，在这个学会说话的阶段，孩子的话，"孩子话"，跟成人最大的不同，可以用天真无邪、童言无忌、无知无畏、烂漫多彩等来形容。总之，与诗歌的精神有着深刻的契合。因为无所顾忌，因为未受社会语言的规训，"孩子话"就更容易"诗化"。所以，小孩学会说话后，他的情感的抒发和激发就进入了一个崭新的阶段。借用《论语》上孔子的话，称这个阶段为"兴于诗"。兴，兴起的兴，这个字当然也能读"高兴"的"兴"，不过，读第四声可能不太妥当。读平声的"兴"更恰切一点。更重要的是，它具有动词的意义，我们说"兴"，指的是感发的意思，也可以直接说就是"感动"，因"感"而心有所"动"。"感动"这个词因为常用，我们已经难以体会其中的意味。"兴"，从广义上说，就是感性的、情性的激发。"兴于诗"，就是说，小孩子到了一个特定的阶段，要面对一个丰富多彩的世界，成人便用"诗"对他进行感化，通过某种情感、感觉的打动，对他心灵产生某种潜移默化的影响。对孔子来说，"兴于诗"的"诗"是特指《诗经》。说到"诗经"，其实它们就是"诗"，那么为什么要加一个"经"字？因为《诗经》里的诗能够经纬人们的思想感情，或者说作为人们行为的某种准则。"兴于诗"的主要含义是，在孩子很小的时候，我们先来用情感打动他，而运用的工具就是"诗"。

孔子说人生有三个阶段：兴于诗，立于礼，成于乐。诗、礼、乐，就是这样的三个阶段。孔子说的人生的三个重要的阶段：第一个诗的阶段，应当是审美的阶段；第二个礼的阶段，应当是伦理的阶段；第三个乐的阶段，很玄妙，超越了前两个阶段。乐，"大乐与天地同和"，乐的境界，也就是"天地境界"，可能也相当于西方人的宗教境界。也就是说，在"兴于诗"这句话里，就包含了某种人生阶段论、等级论，或者是某种人生过程论。

人生发展的过程，是从诗开始的，也就是说从审美开始。人最先开始陶冶的是人的情性。如何陶冶？用诗来陶冶。在全世界各个地方最早的阶段，诗都是作为"经"的，中国的《诗经》，古希腊最早的代表作《荷马史诗》，有人说这是古希腊人精神生活当中的《圣经》，也就是说古希腊人的生活就是按照《荷马史诗》所提供的准则进行的。在西方的文化中，由于最早的源头是从《荷马史诗》开始，它就形成了一个著名的"诗与哲学之争"。这在西方文化史、思想史、哲学史、美学史中都非常重要。应当是诗占人类生活的主宰地位，还是哲学占人类生活的主宰地位？柏拉图认为，以往是以《荷马史诗》作为人类生活的主宰，而他认为应当把诗对人类生活的统治取消，把诗人从他的理想国里驱逐出去，而让哲学来统治。由此，我们看到古希腊文明最早也是强调诗是最重要的。

从人类童年的角度来看，中国有《诗经》，古希腊有《荷马史诗》，在《圣经·旧约》中，也有大量的诗篇。是不是所有的人类智慧最初的形态都应当是一种诗的形态呢？或者说就像维科在《新科学》中说的，它都应当是一种诗性智慧呢？人类最早的智慧是不是诗性智慧？文化人类学研究人类起源的各种文明后发现，最早的智慧形态都和诗相关。而个体的人，其最早的智慧形态也与诗相关。所以孔子说应当是"兴于诗"，应当从诗开始感动、感化、感发，或者说来激发人们的情感、意志、精神。

儿童的话，排列起来就是诗歌。除了在口齿的锻炼中，常用双声叠韵，还由于真切地表达自己的感受和欲望而具有根本的诗性。比如：妈妈,我冷/妈妈,我饿/妈妈,我要吃奶/妈妈,带我回家……妈妈,天黑了/我怕/妈妈,猫咪睡了/我也睡……这不就是本真的诗歌吗?切己的诉说,在今后或许很难再如此"直白",往往也失去了单纯、坦诚和直接的表达。诗歌,在儿童的语言之中最浓烈;儿童,把我们带回真正的诗歌之中。在这个意义上,可以说儿童天生就是诗人,也说明最早的语言具有诗性,甚至可以说,语言自始就是诗性的。维科在《新科学》中强调了这个观点。

朱光潜先生晚年下决心把《新科学》这本书翻译出来,翻译的难度极大。为什么下如此大的功夫翻译这一本书呢?因为对整个西方文化来说,甚至对审美以及其他的文化研究来说,它太重要了。表面上看这本书里包含了形象思维与抽象思维的问题,但实质上它涉及了人类文化的源头问题。我们知道在现代西方的叙事学、文化研究中,维科的《新科学》里提到的东西都非常的重要。比方说,他认为人类的儿童态的语言的发展也是从比喻的思维开始。我们中国人说"首领""首脑"简称为"头儿",这就是拿身体来作比喻。而其他语言学中的,如"窗口""门口",这也是拿人身体的某部分作比喻——拿嘴巴作的比喻。所以说语言都是从近到远,以比喻的方式,从切身的身体感觉出发,向外推延,构成一个很大的语言系统。而这样的系统是逐渐逐渐地变化的。

本来所有的语言都是比喻性的,比方说哲学里的"观念""观点""看法""视野"等一些重要的概念,对于西方人来说都是用视觉作比喻的。而这样的比喻被长时间运用以后,我们就看不到它的比喻意味了。比如"观点""视野"，这里面"看"的比喻已经被我们忽视了。如果我们追根溯源，找到它的比喻意义，找到它的本体、喻体，我们会发现我们已经把喻体和本体混为一谈，逐渐的忘"本"了。这就是语言的发展标志，逐渐走向抽象、确定。法国哲学家德里达打比方，说我们的语言之中，许多看似抽象的概念，都是由比喻而来，就好像一枚硬币我们用的时间长了，上面的花纹被磨得看不见了，我们以为它原来就没有花纹。语言被长期运用以后，把其比喻的色彩磨没了。在比喻色彩被磨没了的时候，我们就觉得我们得到了哲学。请注意，当很多比喻在语言中被淡化到看不出来的时候，我们觉得我们得到了哲学的抽象的思维。而我们反过来研究，它其实最早还是比喻，而这种比喻正是诗性的智慧的产物。因此，我们对哲学成果的研究，同样也能用对文学的读解来读解它。因为它不过也是比喻嘛，只不过被磨没了，我们再追根溯源把它找出来。找出来以后发现它的含义其实并不简单。比方说"观念"，它就包含了"观"和"念"。这种情况下，很多的文本我们都可以用文学的方法进行解读。这样，在哲学和诗的争斗中，诗重新又夺回了它的主宰地位。

诗和哲学之争，在晚近西方文化中仍然是一个十分重要的线索，我们现在依然重视这两者的争斗，因为我们研究文学、文化、哲学等其他一切的文本，如果我们用文学的方式来解读，得到的结果就大不一样了。这就是我们说的，最早的人类智慧是诗性智慧，它构成了人类生活的一个庞大的体系。所以说维科认为人类最早的政治是诗性政治，最早的地理是诗性地理，最早的经济是诗性经济……也就是说，我们人类生活最早的一切组织形式，都是按照诗性的形式构成的。我们是不是也可以这样想，我们人类最早的语言、政治、地理等等都是用感觉、想象、情感、激情构成的世界。也就是说，"兴于诗"，提示了一种源头的东西——我们人类最最重要的开头是从情感被激发开始，从我们能够被某种感情感动开始。我们人生也是如此开始。"孩子话"才是本真的诗，也才是本真的思。这就叫"兴于诗"。

### （二）"兴"也风流

我们来看"兴"。汉人的《毛诗序》，也叫做《诗大序》，其中提出诗有"六义"，也写作"六艺"。它的顺序是风、赋、比、兴、雅、颂。它把"风"放在第一位。《诗大序》说了好多好多关于"风"的。那么我们看来，似乎是风、雅、颂、赋、比、兴，这样排才顺畅，因为《诗经》里就是这样的。现在把"风"放在开头，赋予"风"以更深刻的意义。风者，风也（第二个"风"读去声，作动词用）。"风"是用来感染人，打动人，影响人的，像风一样流动、激发、感动人的。这样，"风"就是一种美学，一种特殊的政治美学：上以风下，下以风上，统治者与被统治者的权力关系和思想意识，用美学的方式表达出来。所谓"风俗""风尚"，都是以美学的方式，实现政治教化和伦理教化的目的。那么，什么叫"风"呢？现在的自然科学说"风"就是气的流动，气流形成风。

而"气"在中国文化中又是一个非常重要的概念。我们说一个人有气质、有气度、有气韵，说一个人生气了，一个人断气了，死了。"生气"，"九州生气恃风雷"，古代绘画里又说"气韵生动"，说的主要还是"生气"，"气韵"生动了起来，就是说画面上流动着无形的、有韵致的"生气"。那么，"气"在中国文化中相当于什么样的概念呢？我们中国古代有着一个"气化宇宙"观，宇宙当中所有的一切都是气化而成的。"气"，清轻者上浮而为天，重浊者下沉而为地，自然界里的一切东西都是气化成的。那么我们人呢？"人活一口气"，人也是"气"化成的，我们一旦"断气"了，我们就完蛋了；我们"虎虎有生气"，说明我们还挺好的。《诗大序》中把"风"放在开头，是表明了一种生命的力量，是流动而形成的感动、感染、感化的力量。既然如此，"风"和人的心灵就有着某种内在的关联。因为，我们的精神力量同样可以用"气"来表达。例如"有志气""有朝气""稚气""暮气"等等。《庄子·齐物论》里说到，"大块噫气，其名为风"，用现代汉语来说就是大地打嗝，嗝出来的气叫做"风"。他主要强调这个风不知道从哪里而起，到哪里消失。一切都是"气化"而成，"通天下者一气耳"，所以，才可以"齐物论"，万物平等，在"道"的眼光下等量齐观。

我们古代人形容"形""容"的难处，就是我们要把一个东西的"形""容"描绘出来，就像"系风捕影"，把风系起来，把影捕过来，成语里说"捕风捉影"，这是很难的。也就是说，风是一个流动的，很难知道它从何处发端、又去往何处的东西。恰好，诗里面的"兴"也是如此。朱熹说"诗兴全无巴鼻"，我不知道"巴鼻"是什么意思，可能是当时的方言，就是说诗里面的"兴"是找不出什么确定性的东西，无法把它确定下来。它开头说的一句和后面的一句，联系似乎不大。许多童谣里就是这样的，"一二三四五，上山打老虎"，前句和后句没什么关系。而《诗经》里面，"关关雎鸠，在河之洲"和"窈窕淑女，君子好逑"有什么关系呢？你要是硬说有关系可能也有关系，但是关系微弱。还有好多诗句更松散，更加找不到内在关联，他们把所有的这些叫做兴。说的是这件事，而其实要说的又是另一件事，叫做"先言他物以引起所咏之辞"。所以他先说的事和后来的诗句之间的关系就非常的模糊。在童谣儿歌、顺口溜里面，这样的现象就表现得特别的突出。而童谣儿歌正好就是诗歌的儿童态，是儿童态的诗歌。儿童态的诗歌采取的艺术手法往往就是"兴"的手法，它往往注重的是一种感性的激发。"一二三四五"和"上山打老虎"之间是没关系，那么，"一二三四五"和"上山打老虎"之间为什么形成了这样的一种关联呢？因为"五"和"虎"之间押韵。而"高老师高老师高，高老师高老师高乐高，高老师被我们气得发高烧"，这里面也是"高""烧""乐""高"之间的押韵，听上去蛮好玩的，但其实是相互之间不搭界的东西，被放在了一起。有的则是莫名荒谬，无法知道什么意思，却似饶有意味。例如，"两只老虎、两只老虎，跑得快、跑得快，一只没有眼睛，一直没有耳朵，真奇怪，真奇怪！"——真奇怪呀！我们不晓得他要说什么，可是其中似乎有无穷的魅力。

"兴"所触及的事物之间，怎样形成关系？西方人从维科《新科学》开始，就特别注重比喻的研究，甚至要寻求"我们赖以生存的隐喻"。总的来说，他们把比喻分为四种：隐喻、转喻、提喻、讽喻。不过，用这四种比喻，恐怕还很难找到"兴"的两种事物之间的关系，但却达到一种"感动"的效果。通过调动某种感觉，让我们的某个方面动起来，它流动了，把各种不搭界的东西、不同的观念在流动中牵扯起来，所以就像风一样流动，风流。我们说一个人很"风流"，就是说他具有一种灵动的、浪漫的、超越了物质的限定的气质。当然不同于我们现在说的"风流"，现在的风流好似是下流的意思。

"兴"不是可以落实的比喻。起兴的事物，和它所引起的事物之间，是一种特殊的诗性关系。这种关系，可以说包含了比喻的四种形式，可是又更加灵动，更加不确定。因此，我们也不妨"美学"地说，"兴"是一种风流的比喻。

比喻，将两个事物之间的内在相似性找到，并用一种事物代替另一种事物进行表现，是非常神奇的。我们通常认为越是有智慧的人越会运用比喻，他的比喻也更为丰富和精彩，所以说第一个将姑娘比作鲜花的人是个天才。而在许多儿童态的艺术形式中，通常也包含着非常丰富的比喻。或许，我们可以说，诗歌的本质就是比喻。

从叙事学的观点看，每一个比喻都隐含着一个故事。比喻的结构决定着故事的结构。每一个故事的背后都是一个意味深长的比喻，只是它像硬币的花纹一样被磨去了，留下一个模糊的影子。这个话题很值得深入探讨，比如我们的歌词："东方红，太阳升，中国出了个毛泽东。"这里面就有一个很恰切的比喻。将毛泽东比作太阳，太阳是万物之首，主宰着万物的生命，就好像我们古代说的"天无二日"，古代的帝王也时常将自己比作太阳。而"升"和"出"两个字将太阳上升的形态和领袖出现的形态相比喻，这两个字用得非常有意味，学文学的人应当时常注意这些看似细枝末节的文字，这些最重要的"一点点"，其中包含着许多深层的东西。"东方红"又有着驱散寒冷带来温暖的感觉,用它来比喻人民领袖的作用也非常神奇。"东方红"堪称灵妙地改造了传统帝王的"天日"之喻,用一种大俗的方式,表达了大雅。所以说,每个比喻背后都隐含着一个故事,这是非常值得探究的。

### (三)展开的世界

前文说"兴于诗",诗里面用的最多的是比喻。每一个比喻都是一个故事。那么,反过来,每一个故事都是生活的比喻。为什么《荷马史诗》能够成为古希腊人生活中的《圣经》呢?为什么包括《圣经》在内的很多宗教典籍都是说故事呢?其实它们在用故事的形式向我们宣说生活的某种道理。可以说,故事就是人生的某种比喻。小孩最早读到的也是童话、寓言等故事,所有的这些故事也都向孩子们宣说了某些道理。比如乌鸦和狐狸,狐狸想骗乌鸦嘴巴里的肉,就夸乌鸦唱歌好听,乌鸦听了很开心,一开口,结果……我们也都知道了。像这样的一些故事,它把对世界的理解,通过比较简单的故事说解出来给小孩听,这样一来,孩子学会了分辨好人坏人,他也开始趋向于做一个好人或者坏人。卢梭在《爱弥尔》中分析了列那狐的故事对孩子教育的不良影响。因为寓言很早就把很多道德观念灌输给了孩子,那个列那狐是个狡猾的家伙,干坏事,但为什么这样一个狡猾的家伙在寓言里会那么受欢迎呢?卢梭做了很多分析。我们现在做更进一步的分析。所有的小孩听到的所有的故事,其中都包含着某种比喻,无论是以寓言的形式写,还是以童话的形式写,还是以其他的民间传说的形式写。这些故事都包含了某种寓意，或者说，都为小孩提供了分析生活观察生活的一种样式，一种可能性。小孩子在小时候睡觉前总会吵着说："再说一个故事吧，再说一个就睡觉。"小孩子为什么要听那么多故事？不好说。那么我们大人呢，大人还需要故事么？当然要，长篇小说、电视剧、电影都是故事。我有一天处理一件事，听故事听了一夜没睡觉，各人说各人的故事，从不同的角度说，像《罗生门》一样。最后实在没办法弄清它的真相，只能把共同点都拼凑在一起作为结论。所以说，我们所有人都需要故事——说故事，听故事，解故事。

故事的意义，对于我们成人来说，和儿童可能有点不同，但基本上相差无几。我们通过反省自己听故事可以来观察、想象、反思小孩听故事会是怎样。比方说《红楼梦》里有个著名的段子，贾宝玉和林黛玉一起看《西厢记》，还有一段是林黛玉有一次听隔壁院子里唱《牡丹亭》，听得心有点醉了，有点碎了，有点不一样了，感觉到一种奇怪的"不安"。小孩一到这样的年纪就有了少年维特之烦恼，女孩子开始怀春，开始钟情。这个阶段我们以后还会说到。这里我要强调的是，贾宝玉和林黛玉之间的爱情的产生，和他们听到的戏文、看到的《西厢记》有关系么？有很大的关系。粗俗一点说，她看到《西厢记》之后，就看到了一种可能：一男一女，不经过父母之命、媒妁之言可以先把恋爱谈起来。可以说，看《西厢记》对他们最大的启发莫过于此吧。这样的一个故事给他提供了一种生活的样式，提供了一种生活的可能性。这种知识我们把它叫做叙事知识。叙事知识是法国的哲学家利奥塔在《后现代状况》中提出来的，就是以说故事的方式给我们的知识。这种知识是其他的自然科学知识形式等不能代替的。自然科学知识是按照逻辑推理一步一步推出来的,自然科学的知识能不能用叙事的方式表达? 完全可以。但是,自然科学的知识形态,是严密的逻辑推理。

　　叙事知识这个概念里包含的东西很多,利奥塔的《后现代状况》写了一个关于知识的报告,他做了这样的划分。但我觉得,我们对叙事知识的研究还应当深入下去,因为这里面包含的东西太多了。比方说,我们每个人的人生目标的设定,就是从我们小时候听的童话故事开始,一个白雪公主和一个白马王子在一起,从此以后过上了幸福的生活。唉,我就想如果我可以娶一个白雪公主就好了,女孩子就想我要是能嫁个白马王子就好了。是童话故事告诉孩子,我们的人生怎么样才算是美满。嫁得好就算是美满了,或者是娶得好就算是美满了。打败了妖怪、大灰狼,打败了对立面,实施了报复,一切就可以如意。这简直就"很黄很暴力"啊,怎么在孩子这么小的时候就给他(她)灌输这些东西呢? 童话的来源很多都是出自民间故事,比方说《小红帽》的原型确确实实是"很黄很暴力",而现在的故事虽然好一点,但也还是存在着原来民间故事的痕迹。我们看米老鼠与唐老鸭,猫和老鼠,里面有很多"限制级"的内容,可怕极了,暴力的东西太多太多了,其实它是最不宜儿童看的,而它却又是最适宜儿童的。这里面就有某种悖论出现了。也就是说它用一种叙事的方式,用一种看起来无害的方式来宣说暴力。我们看那些动画片里面的猫可怜极了,被什么东西一压,压成一张皮,然后又被开水烫等等,经历了各种各样可怕的磨难。但这些都是兴高采烈的，这种暴力叫做兴高采烈的暴力，天真无邪的暴力，我们看得开心极了，但我们忘记了它其实是暴力的。当然有的卡通片里也有很"黄"的，两个人追来追去，追得一塌糊涂。对于这些东西，我们应当怎么看待？我们不知道。但是它作为一种叙事知识，就是一种预备知识。让我们从那样早的时候，就知道这世界上有各种各样的事情，我们在心理上开始为将来长大成人做准备，再潜移默化地为将来的生活编故事。当贾宝玉和林黛玉读《西厢记》的时候，他们就已经为自己的将来编了故事，这种叫"角色自居"。贾宝玉自居为张生，把林黛玉当做崔莺莺了。我们每个人都有这样的角色自居，我们读小说、看电影的时候，无论你自觉还是不自觉的，你总是不知不觉间进行某种角色的自居。所以说，男人看《鹿鼎记》看得特别开心。

　　回过头来，最早的诗性知识，最早的"兴于诗"，就是给我们提供了无数种生活可能性的"样式"。我们可以娶一个白雪公主，或者有一个白马王子会将我们带走。这些样式激发了我们的生活热情，对未来的生活充满了憧憬、渴望、激情、热爱，这样就叫做"兴于诗"。我们的想象、感情、感觉等等都被诗激发出来，被诗里展现出来的这样的世界激发出来了。所以说小孩最早的启蒙是诗，是感性的启蒙，是情性的启蒙，是想象力的启蒙，是对未来生活可能性的探索的启蒙。而对于未来生活可能性的启蒙是最考验想象力的，想象力能达到什么样的地方，他的生活的可能性就能扩展到什么样的地方。

　　人类的天才都很会编故事写诗，雪莱说诗人是世界上最早的立法

　　者。因为诗人是最早的为人类生活提供准则的人,提供情感的准则。这样我们就涉及关于诗歌本身对情感的控制问题。这方面儒家说得特别的多,最主要的是孔子说《关雎》的,"乐而不淫,哀而不伤"。"乐而淫"("淫"是过度的意思),就是西方的狂欢精神;"哀而伤",就是西方的悲剧精神。所以说,中国人既缺乏狂欢精神也缺乏悲剧精神。

　　在我们古代汉语中时常出现"而……不"的结构,实际上代表了中国人思维的一种类型,指的是向一个方向上发展而不能到顶点。到哪为好呢? 到"中",其实就是射箭射中的"中",恰好的意思。快乐可以,但不要过分,但到什么地方不过分呢? 这就是一种智慧,一种感情控制。悲哀也可以,但不能伤心。这个"点"很难找,这个"点"就到诗里找吧。所有的诗都"无邪",当然不是天真无邪的"无邪"。天真无邪,在很大程度上是说,因为天真,所以无邪。孔夫子说《诗经》的"思无邪",则是说其思想感情"无邪"。《诗经》给我们的情感确定了某种准则。如果从小读《诗》,我们的情感经过它的陶冶,就不可能过度。不会有过度的快乐,也不会有过度的悲伤。这样,《诗》就有了一种诗教的作用。诗教,温柔敦厚,可以叫人慢慢地体会。小孩的情感启蒙应该由诗开始,广义的诗包括故事,给我们提供了各种生活的样式以及未来生活的可能性,激发孩子的想象,探索丰富复杂的世界。而诗进行诗教的时候,既拓展了想象,又限制了我们情感流动的方向和渠道,做了些"规定",这是儒家的做法。世界上对孩子进行教育的方式可能都是如此。

　　我们不妨再展开来说一下,孔子要求用诗来进行教育,作为情感的启蒙，他提出了诗的四个功用，四个"可以"。可"以"，可用来。王夫之解释"可以"，"所以而皆可也"①，诗可以兴，可以观，可以群，可以怨——"兴观群怨"说。王夫之的解释有他自己的发挥，是一种创造性的解读。他把"可以"拆开，即随便拿它干什么都可。他说"兴观群怨"是四种情感的方式，或者说是四种基本的情感。诗可以兴，诗可以来感动打动我们的情感。前文说得已经够多了。诗可以观，儒家的解释是"可以观风俗之得失"，我觉得这个解释非常的狭隘，它做了个相当道德化、政治化的解释。我赞同王夫之把它当做基本的"情"来解释。我觉得"观"就是观看，就是观察，就是可以从诗里面观察。"兴观群怨"指的是诗所达到的效果。所以说这个"观"不是指我们观察的过程，而是我们观察的结果，是指我们通过读诗学会了"观"——指的是一种能力，一种方式。诗歌提供了一种我们观察世界的方式。王夫之说"事情"，就是说观察需要冷静的、理性的、感觉的情感，就是在观察世界中"观中有兴，兴中有观"，"观中有兴其观也审"。也就是说"观"里面，如果带有的感情特别多的话，这种观察才更仔细，更明晰。因此此处的"观"相当于一种能力。可能是诗教会我们观察世界，教会我们对世界进行诗意的观察。但"观风俗之得失"就狭隘了，把原来丰富复杂的内容狭隘化了。我们就把它作为一个引申的发挥吧，就是诗养成我们观察世界的能力，我们用诗里面的观察方式来观察世界。

① 王夫之《姜斋诗话》。

　　诗培养了我们的观察力。所以王夫之说当"观中有兴"的时候，才特别的具有心灵美学的意蕴，特别的清晰而丰富。这就是"观"，也就是说小孩子从诗中最早养成的对世界的观察能力。所以我一再强调，文学院的同学要能够从所读的所有的文学作品中掌握作家式的"文学的洞察力"，也可以叫做"审美的洞察力"。我们要有巴尔扎克、托尔斯泰、莎士比亚、曹雪芹、罗贯中他们的眼光。从前从我们中文系毕业的一个人，已经当了副厅长，和我们老师吃饭发牢骚说，老师你看，你教我们的东西都无用，在现实中用不上。我混迹官场上到现在还是个副厅长，而有些人怎么升得那么快啊？老师就回答他，你《三国演义》《红楼梦》读得太不行了。《红楼梦》把人心观察得多么深啊，《三国演义》里把政治的权谋说得多么透啊！所以说好多官员看《康熙王朝》来学习官场的运作方式。他们把一些电视剧叫做"官场教科书"。我们的"官场教科书"最好的就是《红楼梦》和《三国演义》。我把《红楼梦》放在前面，是因为《红楼梦》把人的心思观察得更仔细更深入，"葫芦僧判断葫芦案"一小段，就比现在的许多官场小说要透彻得多，更不用说那些家中的风云变幻所投射的政治权谋。

　　所以说诗可以"观"，读诗可以养成我们对世事人心的洞察力，"世事洞明皆学问"，我们强调的正相反——具有童心的诗性的眼睛，才能洞明世界。这里，有着复杂的因由。所以，诗能培养我们的洞察力——看穿的能力。那么，小孩读了乌鸦与狐狸，就知道恭维我的人未必好，他想要的是我嘴上的这块肉。小孩从表面的行为能看到人内心的想法，这就是"观"。

关于"群"，正统的解释是"群居相切磋"，我不同意。我想，"诗可以群"，是指找到了共同的感觉，比如小孩想发泄对老师的不满，但又不能明目张胆，于是对老师的诅咒从对老师的表扬开始，如我们刚刚提到的那个"高老师"的儿歌，很有意思。实际上"群"，用康德的概念来说，就是养成我们的"共通感"，指的是所有人对美的判断有某种共通的感觉。走来一个女孩，我们一看，好美啊！这个女孩和我没关系，我也不认识她，也没有特别的情感，在判断她的美的时候出以"公心"。这就是"共通感"，或者叫做审美的公心，审美的道德心。在审查美的时候，我们也有某种道德感。康德把美学当做从自然到自由，或者说从知识学到伦理学过渡的环节，因此他把道德的东西引入审美中。也就是说，在诗当中，我们体会到大家相沟通的感觉。这就叫做"诗可以群"。

小孩在读诗的时候，一方面诗让大家把感情都凝聚到某种相同的模式上，另一方面，小孩读诗的活动使他在交往中达到了某种沟通。而这种"共通感"用弗洛伊德的学术来解释，与人类的无意识相关。再深层次的，就是荣格的集体无意识。就是说，所有人具有的某种共有意识，借着某一个诗人的嘴巴唱出来了。我曾经打过一个比方，说"集体无意识"就像中央电视台的一个栏目的名称一样，叫"同一首歌"。就是说我们大家每个人心里都有"同一首歌"，只是某个诗人把它唱出来而已。也就是说"诗可以群"，就是我们能够找到我们所有人心里面的同一首歌。

诗、歌、舞，原来都是三位一体的，"情动于中而形于言，言之不足

故嗟叹之，嗟叹之不足故永歌之，永歌之不足，不知手之舞之、足之蹈
之也"。"情动于中而形于言"，心中有感情在流动了，就想用语言把它
表达出来。而语言是抽象的，很难表达我们内心的情感。所以"言之
不足故嗟叹之"。《诗经》都是一唱三叹的。"嗟叹之不足故永歌之"，
永，是拉长的意思，拉长声音使它更能表现出我们心中说不清、道不明
的感情。可以引申为永远的意思，就是使这样的诗长久地流传下去。

"永歌之不足，不知手之舞之、足之蹈之也"——这里就用身体了——
用舞蹈来表达，而这样说来，诗乐舞中，舞蹈就是最重要的艺术了。其
实舞蹈的自由是人身体能达到的自由，使人身体的每个部分都能"表
情"。到了"手之舞之、足之蹈之"再没法表达的话，就确实没法表达
了，我们人表达的功力就到这里了。这就是"群"。所有的小孩从这样
兴高采烈的暴力当中，从这样天真无邪的童谣当中，从非常复杂的传
说故事当中，找到了某种共通感，同时也被铸造出了某种共通感。这
似乎是一种寻找与被找到、寻找与被限制的过程。这样我们的情感与
其他人之间达到了某种沟通，这就是"诗可以群"。

那么"诗可以怨"呢？"怨"的解释是"怨刺上政"，就是说老百姓
有极度的冤屈无处发，就用诗的形式鸣发，这样"言之者无罪，闻之者
足以戒"。为什么呢？为什么用诗能这样呢？我们学《西方美学史》，
西方人说诗或者说文学、文艺，与科学相对，是一个自治或者自律的领
域，只能按照自身的轨道来发展，政治权利不能来干涉它。因此在诗
里发牢骚，冲破政治道德准则，基本上问题都不大。在西方，艺术是可
以冲破世俗生活的一些准则的。中国可能不行，但在中国最早有这种

想法,比如"诗可以怨",诗里面可以表达怨气,怨恨。诗里面可以表达
"怨"这种情感。那么为什么是"怨"? 为什么不是"诗可以乐"? 西
方弗洛伊德说得很多了,艺术其实是苦闷的象征,痛苦愤怒出诗人。
"怨"达到了一定激情高度的时候,就成就了诗人。"怨"指的是适度
的愤怒,"怨而不怒"符合温柔敦厚的标准。"诗可以怨"指的是诗里
面可以表达不满的情绪。假如在"怨"的基础上建立起来的"群",这种
"群"起于"挚",大家的共通感就更真挚更深层。所以说小孩子唱起骂
老师的歌谣就更带劲,为什么? 诗可以怨,通过"怨"而达到了"群"。

　　孔子还说学诗还可以多知道草木鸟兽之名,这是什么意思呢?
《诗经》里很多地方写到大自然,动物、植物很多。研究《诗经》里面
所有的动植物,可能是自然科学的事情,但是,如果能够把其中的动植
物都找出来,绘画成图谱,我们就可以在心灵世界亲近那个时候的大
自然。所以我想,孔子这个说法,其实说的是诗和语言展开的世界,我
们通过读诗,知道了很多名,很多词,很多字。大自然里的生命体,草
木是植物,鸟兽是动物,加在一起就是大自然。孔子说读诗可以知道
这些生命体的名称,当然孔子不会蠢到说让我们读诗多识点字,我想,
他更想说的可能是,诗能够通过草木鸟兽,在我们面前展开了一个很
大的世界,一个自然世界。海德格尔说,语言是存在的家园,诗歌的语
言,展开了存在的家园。诗,在展开自然世界的时候,通过生命的多样
性,显现了存在的无限性。所以说,外国的童话故事里面,海的女儿、
森林的巨人、姜饼人,还有其他的东西都很有趣,让我们知道世界上还
有这么多东西,这么多的东西构成的一个有生命的有活力的世界。也

就是说,诗可以兴,可以让我们掌握人生的各种各样的形式,可以让小孩做好各种各样的准备,可以在他面前展开一个世界,可以让他展开很大很大的幻想,可以使他的情感进入某些特定的轨道。

# 第四章　卑微视角

## 一　傻与疯

"七岁八岁狗也嫌"，调皮捣蛋的儿童期，无法无天的儿童期，容易被以后的人生经历消灭的儿童期，正是一个人最为卑微的时期——这个时候，你不像婴幼儿那样"可爱"，又没有像长大的孩子那样"懂事"，所以，就处在一种容易被忽视又容易被讨厌的年龄。某次听到两个妇女聊天，一个妇女埋怨她丈夫凶暴打孩子，说："孩子这个时候就是个小畜生嘛，这样打他，多残忍啊！"听她的话，我很震惊。原来，孩子在一个时期，是不被当做人看的！这大约就是七八岁到十一二岁的时候吧。说是"畜生"，那就把这个年龄段的孩子看作"没人性"了。这个母亲她心疼孩子，可是在心里却鄙视这个时候孩子的心灵。这是一种颇有意味的悖论。

难怪，《红楼梦》中贾宝玉的母亲王夫人刚见到林黛玉就告诉她，自己的儿子是个"混世魔王"。那时的宝玉，正是"七岁八岁狗也嫌"的年纪，所谓"无故寻愁觅恨，有时似傻如狂"。虽然这是描绘他的总体性格，可是这样的性格，正奠基于宝、黛初见的这个年龄段。傻和狂，和"无故寻愁觅恨"，有着内在的美学关联，是特殊的心灵现象，也是这个年龄心性的美学基调。

傻，或者痴、迷、呆，是相对于聪明、"懂事"而言的。是"智商"不高、"弱智"的表现。狂，或者疯狂、疯魔，则是敢于超越社会生活规范，超出"正常人"的心灵特征，具有和"正常人"不同的思维和情感。从社会的角度看，"狂人"乃是精神"有病"之人。那个把儿子叫做"小畜生"的女人，当然不是在诋毁、侮辱自己的孩子，这和王夫人说宝玉是"混世魔王"时的感情一样，不过是表达了一种"正常"的看法，一种社会的"常识"。那就是：这个年龄的孩子有着暂时可以原谅和接受的"傻"与"狂"，所以，可以"无故"地"寻愁觅恨"，表现出一种特别强烈的审美精神。调皮，是机"灵"、激"灵"的游戏，是"准审美"的心态，也是审美精神的外化。无法无天的"捣蛋鬼"们，以无知无畏的精神，打破了成人世界的种种规矩和准则，让心灵"放假""放松""放逸"，在无意之中，解放了似乎不可能解放的东西。所以，我们往往向往这样的时刻，往往以放松的心态"原谅"这个年龄的孩子，正如"原谅"自己内心的冲动。傻和疯，是理由，也是内在的缘由。从根底上说，则击中了审美精神的内核。

所以，我们可以由此寻找一种视角，一种独特的观念，一种眼光的养成。要追寻的是，一个人从什么时候开始具有了审美的眼光？西方美学有一种观点认为，人类应该拥有一种超出通常感官以外的审美感官。一般的书籍也常说，我们有的时候除了通常的感官之外拥有"第六感官"，例如在热恋之中，尽管没有看到，我们却能够以一种近乎神奇的"通灵"方式，感觉到恋爱对象的那个"他（她）""在那儿"。那么,不妨想想,人什么时候开始在通常的感觉之外产生了特别的、与审美有关的"感官"? 中国古典美学常讲"象外之象""味外之味""言外之意"等等,它们指的都是我们感觉到的超出于我们直接感觉的东西,在我们感觉到的东西之外我们似乎还"感觉"到了其他的内容。这些内容不是直接呈献给我们的感觉,而是包含在这些感觉之中,但是又指向这些感觉之外的感觉。这是审美的直觉,是感觉到了"超感觉"。当然,它还是一种感觉,但这种感觉不是直接的感应刺激所给我们的。我想,研究美学,关键就应该注重这个问题——我们什么时候有了一种比较复杂的眼光。在一般人觉得简单的东西里,我们看出了双重的、多重的甚至是无穷重的内涵意蕴,或者是"超感觉"。

我们在此要特别注意的,是"卑微视角"。什么是"卑微视角"? 后现代主义特别重视卑微现象,比如,福柯注重疯子、同性恋者、罪犯等"不正常的人",利奥塔注重"小叙事",德里达注重"延异",等等,他们都是从以往被鄙视的现象之中,发现了人类知识、人类精神的"大问题"。其实,从弗洛伊德开始,就对儿童的精神现象有了特别的重视,以为它关系到精神成长的根源。这种关注,引向了深刻的方面,如"无意识""集体无意识",皮亚杰的"发生认识论",乃至拉康的"镜像"理论等。无疑,这些理论探索把儿童的精神现象提升到了很高的哲学层面,从而在美学之中占据了重要地位。后现代思想的这种观念,是说在社会结构中处于卑微的、边缘的、不起眼的、比较渺小的这样一些人,他们会拥有一种一般人不具有的眼光。那么,七八岁的儿童,则可看做是人生历程之中的"卑微者"。是由于年龄而"卑微"。在文学研究中,常说的是"童年视角"。从叙事学的角度看,"童年视角"讲的是儿童的"观点"(point of view),一个"小人"、小孩、"小毛头"的视角。女儿还很小的时候,有一次我抱着她到一个幼儿园门口玩,幼儿园里的小孩看到她,隔着大门很鄙视地指着她喊"小毛头",我很生气,说:你才是小毛头呢!——这让我认识到,那么小的孩子,他就已经意识到比他更小的小孩是"小毛头",令他产生了心理上的优越感。反省一下,我们是否都有过这样的经验呢?我们在二年级看不起一年级的小孩,五年级的更看不起一年级的,甚至有高年级的大孩子就喜欢欺负低年级的小孩。孩子的世界之中,同样具有成人世界的悲欢。一、二年级的小孩,正是七岁、八岁的时候,可以说是人生中比较卑微的阶段。

有人会说,孩子不是"小皇帝""小太阳",不是全家的中心么?我想,这个时候的孩子,正如前文谈到的,从心智上,大人把他看作"不可爱"又"不懂事"的特殊的调皮捣蛋"鬼"。并且,尽管这时候成人在生活上重视他们,但是小孩的眼光是怎样的,小孩怎么看待事物的,小孩怎么看待成人世界的,小孩怎么观察,小孩心里在想什么,小孩有什么样的感觉……有几个成人会真的注意、真的关心呢!小孩的精神成长我们大人知道么?当他某些时候看到了一些事情、某个时候看穿了一些事情、某个时候看透了一些事情、某个时候看破了一些事情,我们大人都很难知道。

在很多文学作品、影视作品中,都存在着这样的视角,让一个孩子进入到某个社会当中,这个时候通过小孩的眼睛来看,发现这个世界不大一样。张艺谋有一部电影叫做《摇啊摇,摇到外婆桥》。当时看到电影名字觉得很好,以为电影是以一个孩子的眼光来看待这个成人世界,但张艺谋实际上没有这样的眼光,他选了一个孩子贯穿其中,大部分角度却是成人世界的。电影最后把孩子吊起来,吊在船上,倒过来看眼前的世界。这样做有些过火了:小孩的眼光是不是就是把成人的眼光颠倒过来?不会吧,我想不会,起码不是简单的颠倒。那么他选这样一个小孩来看这样一个世界,为什么要叫做"摇啊摇,摇到外婆桥"?按我们的理解,"摇啊摇,摇到外婆桥",应当写的是孩子的童年,小孩不肯睡觉,把他摇睡着了,摇啊摇啊摇,摇到外婆桥。外婆是母亲的母亲,代表了一种很温馨的感觉,是母体的母体。我很赞赏电影的名字,但拍摄出来的内容并不是一个真正的童年视角。这也说明了拍摄童年视角对中国的艺术家来说还是比较陌生的。西方电影中有好多童年视角的作品,这些电影各有千秋,也不在此评价了。我想说的是,为什么很多艺术家会重视用孩子的卑微的眼光来打量我们眼前的世界?这和我们审美感觉的发生很有关系:因为"傻"——傻乎乎的眼睛。孩子的眼睛是最纯真的。明朝李贽写了一篇《童心说》,说童心是"绝假纯真,最初一念之本心"[1]。童心是心里一开始冒上来的念头,是本真的东西。而我们再三考虑之后的想法,往往与一开始大相径庭,加入了种种思索的结果。所以,我们成了大人以后就有了计较,有了盘算,有了复杂的种种,这个时候就不是"最初一念之本心"。比如我爱一个人,很爱她,但我要想想,我的父母容许么?我的单位容许

① 李贽《焚书·卷三》,中华书局,1974。

么？年龄容许么？等等，好多容易被想到的。这不是"绝假纯真"了，它已经是很"假"了，是加入了很多外在的、"后来"的心思了。傻乎乎的童心最纯真，最少功利性计较，所以是审美的基底。所谓"绘事后素"（《论语·八佾》），就是要有"一张白纸，好画最新最美的图画"，审美的"一张白纸"，就是看似"白痴"似的"傻乎乎"。

"傻乎乎"，导致"疯癫癫"。毫无心机的儿童，"缺心眼儿"的表现，其实是不明了人间世界的规则，伦理观念、道德观念尚未形成。孩子看图画书、电影、电视等，最喜欢问：谁是好人、谁是坏人？就是一种自觉，自觉到成人世界、人间世界的道德分野。但是，人间伦理、道德，往往是与"人"的"天性"相对立的。按照"天性"，我们更愿意"无法无天"，得到完全的"自由"。儿童，是追求自由的典范。在社会的结构之中，儿童其实很卑微，尽管他有时受到了我们特别的重视、照顾、关心、呵护等等，但是，小孩怎么看待事物、怎么思考问题，至少在中国文化传统中不是很受重视。因此对于儿童来讲，这是很不利的条件。因为他提的很多要求，我们会觉得是无理要求；他描述的很多东西，我们会觉得很不对头——觉得很不对头，是因为我们太"对头"了；觉得很不正常，是因为我们太"正常"了。而我们的"正常"本身正不正常？很少有人会反省它。但是，我们却不假思索地判断孩子的想法和做法，乃至那样的活法，是"疯"，是"疯魔"，是顽皮，是无法无天的"大闹天宫"。"傻"和"顽"，就这样以看似盲目的冲力，对成人的规矩和潜规矩发起了游戏般的进攻。

《西游记》中的孙猴子，是"心猿"，我们每个人心里揣着的"猴子"，一个筋斗十万八千里，是心灵的翻跃腾挪，是心灵能力的表现，也是心灵活跃的想象、思维和意志的象征。猴子成为了人，人成为了圣（齐天大圣），成为了佛，是一个"进化"和"驯化"的过程。孙猴子"大闹天宫"，表现了一种对"天"的秩序的反抗。可是，这不是成人世界的社会历史意义上的反抗，也不是个体精神成熟后对社会秩序的冲击，而是带着疯魔性质的儿童的反抗。他上天、下海，偷桃、偷仙丹，不断地触犯社会的禁忌，可是，由于他是个"猴头"，还是可以被"招安"、被管制。这个"猴子"没有自己的政治主张，也没有什么宏伟理想，只是要自己无限扩张，按照自己的心性，做任何事情。无疑，这在任何社会都不可能。可是，他象征了我们每个人心中那种自由的欲望。大闹天宫，是我们心里无法无天的疯狂欲望的替代性表现。所以，不管他是否合理，是否道德，是否有好结果，这样的"闹"，都令我们开心。开心，打开的是心灵之中的"猴子"，是审美自由，是席勒所谓的游戏冲动。所以，只有那种不顾一切的"傻乎乎"的冲动，才能有这种"疯癫癫"的快乐。傻，是不懂得社会的"规矩"；疯，则是肆无忌惮地打破社会的"规矩"。无知者无畏。孩子的调皮捣蛋和蛮野冲撞，恰好还原到审美需要的"无知"，从而彰显了"自由"。

或曰：天才都是疯子。如果从天才必然在某些方面打破既有的规则这个角度来看，这种说法自有深刻之处。更不必说，柏拉图把艺术创造的灵感状态叫做"迷狂"，德里达说只有疯狂能守护一种思想[1]。在社会强大的规范下，我们往往不知不觉地丧失了"调皮"，丧失了

---

[1] 〔法〕德里达《一种疯狂守护着思想》，何佩群译，上海人民出版社，1997。

"疯狂",从而也丧失了自由思想和灵感的迷狂。此时,重新回归到那个无法无天的心性状态,或许,我们能够找回自己的"天才"。须知,康德认为,天才是只在审美领域才具有的,在狂奔、腾跳、舞蹈的冲动中,在无善无恶的心体的恢复之中。成人只是在偶尔的狂欢之中,得到"狗也嫌"的审美快乐,偏偏,这种"激动""激烈"的审美,在中国文化之中是比较缺乏的。

所以,儿童卑微的傻与疯,就具有深刻的审美意义。它们既是心性美学,又是行动的美学;既包含着审美眼光,又催发着审美创造。

## 二　第三只眼

审美的眼光固然要恢复"天真",有点傻,有点疯狂,可是,审美的眼睛自有其蕴涵,自有其深度。审美的天才,应当是洞察力的天才。仅有儿童的天真是不够的,儿童还当有另外的眼睛,观照人世情伪和心灵隐微,乃至人心之深与险、世事之复杂与艰难。也就是说,在傻与疯之外,还要有"第三只眼"。

朱苏进写的一部小说叫做《第三只眼》。什么是"第三只眼"呢?小说中指的是阴暗的眼睛,或者说,是幽暗意识支配下的眼睛,幽暗意识即对人性之恶的意识。我们这里所说的"第三只眼"也是如此;但是,更强调其初次睁开了眼看世界的惊悸之感。孩子的"第三只眼"何时打开? 肯定各不相同。以孩童的视角去观察这个世界,用简单的视角去看待这个不简单的世界,突然获得一种穿透力,令人心寒地清醒了。鲁迅曾经在家世败落的冷眼之中,突然意识到世态炎凉,他的"第三只眼"是由那些"冷眼"打开的。鲁迅终身都注意"眼睛",从"看客"们的眼睛之中,看到了"国民性"的"病态"。那么,我们所有人,是否都是在童年被打开了"第三只眼"呢? 不得而知。但能肯定的是,或多或少,童年都受到"恶"的刺激,都曾具有负面的、幽暗的惊悚。一个朱苏进的访谈中说起他"第三只眼"的由来。他小时候曾经有一段时间得了肝炎。那个时候肝炎是很严重的病,家里人就把他送进了军区医院。在那时,肝炎都是要隔离的,一个小孩住在那个传染病医院,完全不能和外人接触。他当时很孤单,我们也可以想象到一个小孩子在一个陌生的环境下的那种孤独感,这种孤独感一直影响着他的写作。但住在医院里也有好的方面,比如可以看到漂亮的护士。当时他和一个中年军人一起住一个病房,每次那个漂亮的护士一来,他们就会觉得很开心。有一天,那个护士又来了,小孩就对那个护士讲,"这个叔叔喜欢你,因为你每次来他都会很开心"。孩子不懂成人世界的规则,也不知道这样的喜欢是不能讲出来的。在那样一个年代,在一个军区的医院里,那个中年军人喜欢小护士,这种事情讲出来就麻烦了,似乎要上升到一种思想道德问题了。但是孩子哪里知道呢,他就这么讲了,结果,他还没讲完就被那个军人抽了一个耳光,"啪"一下,他感觉一下子就被打通了。原来大人的世界里有这么多的规则,原来心里想的是不能被讲出来的,原来很多事情讲出来是要遭殃的。一下子他就懂了,他就成长了。我们成长的过程恐怕都是这样的吧,我们了解这个世界的规则的过程恐怕也都是这样的吧。一个巴掌,小孩的"第三只眼"被"打"开了,他的感情变得复杂了,他的世界不再单纯……成人固然容易看到"恶",甚至安于"平庸的恶",但是诗人却永远保留着幼年时的记忆和感觉,拥有三重的眼睛,体现出一种不同于常人的洞察力。这也就是审美的眼睛,审美的洞察力。诗人能够和孩子一样从世事之中看到简单的一面,但不同的是,诗人的洞察力能够从复杂的东西中看到简单,也能够从看似平常的事情之中透视到复杂的人性。这就是审美眼睛的独特之处。

"第三只眼"是成人的"巴掌""打"开的——各式各样的"巴掌"曾经抽打过我们的心灵,让我们长出了"心眼",从此对待世界不再那么单纯。许多人原有的天真也就在"巴掌"中被打掉。这是审美沦丧的开始,也是人性的悲剧。特别是,"第三只眼"长出后,很容易遮蔽了童心之眼。所以,《红楼梦》里的贾宝玉,才会那么讨厌现在往往当做箴言的对联:"世事洞明皆学问,人情练达即文章。"就因为其中透出一种庸俗的智慧,一种消灭童真的市侩精神。审美精神更珍视的是永恒的赤子之心,童心。

童心,就是真心;天真,就是天然之真。这些保持了我们的"天性"。如果说审美也是人的天性的话,那么,审美最重要的无过于天真。孩子一开始看世界的眼光是真切的,他能够看到被重重世俗习惯、文化纱幕所遮挡住的东西。文化就像人类春蚕吐丝结的茧,固然是伟大的创造,可是,文化被创造到了一定程度,那么多层丝丝缕缕,反而有了遮蔽。因而,把那么多文化的纱幕拿掉,我们的感觉可以更加真切。所以说,小孩的眼睛为什么能"绝假存真"呢? 在文学理论里面,俄罗斯的形式主义者提到作家的眼光是"陌生化"的。对于小孩子来说,世界恰好是陌生的,很多东西都是第一次看到或经历,而第一次的感觉往往最直接、最强烈。对于小孩子来说,很多东西都是新奇的、新鲜的、新颖的,因此用小孩的眼光来看世界,在某种程度上恢复了我们眼前世界的某种本来的面貌。也就是说,童心作为某种本心,可以使小孩的眼睛看到相对来讲很真切的世界。从感觉的角度来讲,孩子的感性没有被重重的文化所遮蔽,能直接接触到世界上的很多东西。或许有人要说,在没有任何文化因素参与下看到的世界的确是真切,但也可能没有内涵,没有复杂的意蕴——这样的眼光难道就是审美的眼光么?我想确实很难说这就是审美的眼光。其实审美的眼光恰好相反,它需要我们在看到的、感觉到的世界之外,感觉到另外的感觉,看到另外的世界,这样才是审美。那么,为什么儿童恢复本来的形象、本来的感觉,可以作为一种审美的表现,或者当做一种审美的眼光呢?

首先,审美的感觉涤除种种文化的浸染,恢复来自本能的、本然的感觉。成人经过文化的熏陶,经过了历史与现实世界的种种观念、知识体系、风俗习惯的"规训"之后,看待世界时已经戴上了很多先入为主的框架,具有了"先见之明"。就像俄国形式主义所认为的那样,我们看待事物的时候,已经有了某种"惯性"。如此"惯性"的结果就是使得我们对很多事物具有了判断的本能。因为按照我们的观念来看待事物的时候,我们都会不由自主按照我们的某种知识来判断。假如我们不具有这些知识或种种观念,那么我们看到的就是事物本来的样子,我们感觉的是对事物本来的感觉。这意味着什么呢? 当我们成人有了种种观念之后,作为对象的事物就在我们的观念框架之中被我们观察。"观念",观察的时候我们心中就有某种念头,某种想法,某种现成的思想的框架。用它来对待事物取舍的时候,我们就把很多事情,很多事物的原本的感觉过滤掉了。我们有了选择,有了偏向,有了先入为主的想法。这种"先见之明",当然是我们人类发展所需要的,否则我们的感觉不可能"人化""文化"。可是,"先见之明"也是"先见之昧",文化的蒙昧。审美帮助我们回归感觉本身。在审美的时候,在美学当中,我们怎样恢复对世界原来具有的感觉,这也是非常重要的一环。因为原来的感觉才是最丰富、最复杂、最充分的。现在经过我们成人取舍之后,很多东西已经经过了重重的变形。儿童的眼光,卑微的视角,能从我们成人习以为常的世界中看出种种反常。所以在文学作品、影视作品当中,常常用儿童的眼光来打量世界,因为在我们的世界中很多的不正常已经被大家习以为常了。而当我们用儿童的眼光来打量一下,我们就可以发现很多问题。儿童的眼光是"绝假纯真"的,是出于"最初一念之本心",也可以借用现象学的口号,是"让感觉回到事情本身"。假如不能回到感觉本身,那么审美就不可能回到事情本身;人就不可能回到人本身。审美的重要意义,正在于此。儿童的眼光则可以直观事情本身,把外加给我们的重重文化栅栏、纱幕撤离,这样的眼光是本然的审美之眼。

　　这种本然的审美之眼和透视邪恶的"第三只眼"一起,构成了审美深邃复杂的眼睛。童真的感觉为什么能形成审美的感觉呢? 因为我们越成长,丢掉的感觉就越多,很难再找回原来的纯真的感觉,就没法与我们后来产生的感觉之间构成某种关系,所以形不成一种复杂的感情。世俗的感觉覆盖了童真的眼睛。而处于卑微状态的儿童,一旦被打开了"第三只眼",具有了观察人情世故的眼睛,他就会在拥有"冷眼"的同时,想要得到原初的爱感,想要得到未受玷污的原初的感性世界。所以,在大人眼中,他们才显得那么"傻"与"疯"。可是,他们想要得到各种感觉、各种感情的时候,已经很难得到了。他渴望抚摸的时候,或许他自己都不知道自己需要的是抚摸,很多时候只是一种意识的需要,或则说是一种本能的渴求。在情感的成长发展当中,他需要父母的爱,需要各种各样的人的爱,而这样的需要所得到的只有部分的回应,其中一部分得到了错误的回应,一部分得到的是反面的回应,一部分得到的是错位的回应,等等。这样一来,他本心所需要的情感,与给予他的情感之间就构成了一种复杂的关系。为什么在这里形成了一种审美的感觉呢? 就是因为给予他的感觉和他用他的本心、本性、情性感觉到的内容之间存在着一定的错位,或者说,交错。交错,有的是相交了,所要的获得了;有的没有得到,错开了。而这样的错开使他实际的感觉和他需要的感觉不一样,这样,感觉就有了层次,就变得复杂了。"复杂","复"是双重甚至多重,是感觉到的世界在心中形成了双重以上的内容,而不再是单一一个。成年人的问题是我们丢掉了本来的东西,而孩子的问题是把他不想要的那一重加给他了,这样他就有了两重或者多重的东西;"杂"就是混合在了一起,不单纯了。由此我们可以看出儿童的"卑微视角",儿童的情感需求,他的感觉、感受，从某种角度来看并非单纯的简单，它出自本心，但却又那样丰富奇妙，有着重重的感觉层次，这是一种简单的视角，但从这样的简单之中透出的又是我们很难说清的复杂，在这样相互冲撞的需求与给予之中体现的视角，值得我们仔细探讨。而美感，是一种单纯的感觉么？康德所说的"纯粹的形式美"①可能并不确切，美感恰恰不是这样。反之，意味越多越美，美感非但不是一种单纯简单的感觉，而恰巧是一种复杂的感觉，是一种拥有了许多层次交错的感觉。

　　美感不是单纯的感觉，它是一种复杂的感觉，感觉里面还有感觉，层层叠叠。而感觉的层次、感觉的内容越是丰富越是复杂，美感才能通向某种无限的境界。也就是说，在美感当中具有一些复杂的战略纵深。就似敌对双方对阵，在双方之间的重重设置，构成了以双方战线为核心的一系列战略防线，层层铺开，形成了一个类似辐射的区域。而美感，也同样是以这样的核心感觉铺展开来的一系列感觉。美感并不是一种单纯的感觉，而是一种具有意味的复杂感，这种复杂感可以以一种单纯的形式表现出来。就好像一个人，我们第一眼看上去并不觉得美，但她长得有某种意味在其中，我们就越看越美；一首歌，开始时觉得平淡，但越听越觉得好听。美感正是如此，是单纯的"杂多"。具有美感的事物，总是值得多听、值得多看的，而每次听每次看所得到的感觉又是不同的，似乎是感受到了从核心辐射出来的某种层次的一层，每次听、每次看都能收获不同层次的感觉。

---

① 〔德〕康德《判断力批判》，邓晓芒译、杨祖陶校，人民出版社，2002，第58页。

儿童的感觉，主要还是一种"绝假纯真"的感觉，它表现了对于一件事物最本初最纯真的看法，抛弃了成人世界文化的重重帷幕。但加上了"第三只眼"，纯真的感觉不再单一。可是，正是纯真的眼睛，才有"第三只眼"。俗世的污染，不仅会使我们失去"傻"与"疯"，也会蒙蔽我们的"第三只眼"——我们很容易变得只有世俗之眼，日常生活之眼，失去了透视"恶"的眼睛。而具有童真的眼睛和"第三只眼"的交织，也会使得儿童的眼睛发生错位和迷惘。儿童感觉的错位形成了审美感官所特有的复杂性。这是一种核心感觉的交错，还原本心与直观给予之间的交错。从现象学的角度看，形成了意识结构之中一重一重的辐射和交错。儿童的感觉的错位，是一种具有核心感觉的错位——而成人呢？成人的感觉也是多重的，但成人丢掉了"核"，丢掉了"绝假纯真"的核心感觉，于是成人的感觉往往浮于感觉的外层，就像我们平常说的"随波逐流"，失去了本真的感觉，就只能在感觉外层飘荡了。如此，就像海德格尔说的那样，就混同于"常人"了[①]。这就是感性的沉沦，美感的沉沦。变成了在时间之流中飘荡的庸俗之人，其标志是"随大流"，浑浑噩噩，庸庸碌碌。因为失去了"天真"之眼，失去了"天眼"，失去了新鲜的活力，生活的意义就隐晦不彰，世界就失去了美感。

所以，卑微视角实为天才的视角。来自"天生"的童心，得自"天性"的感性。所以，与儿童一样，还有一种人同样也具有"卑微视角"，

---

① 〔德〕海德格尔《存在与时间》，陈嘉映、王庆节译，三联书店，1987。

是什么人呢？艺术家，也就是那些怀有赤子之心的人。王国维在《人间词话》里提到的："客观之诗人，不可不多阅世，阅世愈深，则材料愈丰富，愈变化，《水浒》《红楼梦》之作者是也。主观之诗人，不必多阅世。阅世愈浅，则性情愈真，李后主是也。"①主观之诗人，就好像李煜之类；客观之诗人，就像杜甫、鲁迅之类。我们说，客观之诗人，是"第三只眼"尤其明亮的诗人；主观之诗人，同样具有"第三只眼"。李煜历经了亡国之痛，才能够写出那样清澈透明的哀伤，承担了属于全人类的罪恶。而拥有"第三只眼"的诗人，也必定拥有天真的童心。像李煜那样的"不失其赤子之心""生于深宫，长于妇人之手"的诗人，并非浅于"阅世"，而是拥有了"第三只眼"后，童真之眼反而更加开启，更加向往那种纯粹的情感。相反，犀利的"第三只眼"，更来自赤子，来自能够保持童心的人。某种意义上，"诗心"就是"童心"，"诗人"就是具有某种感性的穿透力、洞察力的人，是能以纯真的孩童之眼看透这个世界的人。

## 三　幻视力

在对世界无限好奇的童年，有谁，未曾被幻想和迷茫所萦绕呢？"没有人能够告诉我，山里面有没有住着神仙"，是疑问，更是莫名的憧憬。"在那山的那边，海的那边，有一群蓝精灵"，"可爱的蓝精灵！

---

① 王国维《人间词话》，中华书局，2012，第11页。

他们齐心协力开动脑筋斗败了格格巫,他们唱歌跳舞快乐又欢欣"。中国的神仙妖魔,西方的蓝精灵、格格巫,在山的那边、海的那边,在那遥远的地方,也在现实的世界之中,在日常的感觉之中,栩栩而生,呼之欲出……儿童的美感,带着童话般的幻想和迷梦,神奇而灵性,不仅可以亲近世界,承接世界诗意的感性微笑,而且能够通向可能的世界,具有神奇的开拓性和飞升力。这种成人往往失去了的审美力,可以称之为"幻视力",即在现实世界中看到奇幻世界的能力。

瑞典电影大师伯格曼在晚年拍了一部童年题材的《芬妮与亚历山大》,他在自传中说:"在童年,我的想象变得丰富,感官变得敏锐——在记忆之中,我不曾感到无聊厌倦。相反的,生活中时时刻刻都充满奇幻与惊喜……儿时所拥有的特权就是,能够在魔术与燕麦粥间、恐惧与欢乐间,畅行无阻,来回跃动。除了深不可测的禁区之外,孩童的世界并无界限。"①奇幻和惊喜、真假虚实之间界限的消失,魔幻力量的唤醒,正是儿童的童话般感受力和幻视力的活跃。这时的儿童世界,正如人类童年期经历的神话巫术世界。在鸿蒙初启的时代,人类把自然想象为受超自然的力量控制,人类社会本身也与魔幻的世界没有边界,由此产生了巫术和神话,世界充满了神奇的魅力。美学,就与这种超感性的神奇相关——我们透过眼前的世界,看到了无限的神奇的"美"。西方神学美学把美说成是上帝之光,而在原始世界中,美则是超自然的神秘力量之光。儿童的幻视力,正是人类原初审美力的

① 〔瑞典〕英格玛·伯格曼《伯格曼论电影》,韩良忆等译,广西师范大学出版社,2003,第264页。

复归。

　　现代社会经历了马克斯·韦伯所说的理性化的"祛魅",科学思维、计算性的思维消除了超自然的魅力。科学的图景之中很难有美的位置。可是,没有魅力的世界是恐怖的。何况,科学的发展本身,也需要魅力的牵引。那是对宇宙无尽神秘的探索。不过,世俗的势利计较,再加上冷冰冰的理性思维,却扼杀着我们人类本有的幻视力:由想象、梦、情感构成的特殊的审美力量。

　　儿童的幻想和迷梦,则引发心灵的解放,唤醒我们的另一种视力。儿童的卑微视角,使得他可以在不被大人重视的情况下,自由地观察世界。相比成人,儿童的眼光也更自由。这种自由,能够使他超越现象,抵达幻象。鲁迅在《故乡》中写到闰土,脑海里闪出神异的图画:"深蓝的天空中挂着一轮金黄的圆月,下面是海边的沙地,都种着一望无际的碧绿的西瓜,其间有一个十一二岁的少年,项带银圈,手捏一柄钢叉,向一匹猹尽力的刺去,那猹却将身一扭,反从他的胯下逃走了。""金黄的圆月"下的景象,来自一种诗意的童话般的幻想,这自然有闰土的叙述提供的"由头",可是,这种"看到"神异图景的能力,却是从童年的印象之中生发出来的。这里的描绘有着强烈的色彩感觉,可是这种过于鲜明的色彩,恰好说明了目光梦幻性。这是深墙之中孩子梦想的目光。童年之所以会成为人的心灵故乡,正是因为那些五光十色的梦。饶有意味的是,在《故乡》的结尾,鲁迅又一次写道:"我在朦胧中,眼前展开一片海边碧绿的沙地来,上面深蓝色的天空中挂着一轮金黄的圆月。"由此,鲁迅展开关于希望的哲思。童话般的景象或曰幻象,竟是哲思的固执的根柢。梦境,牢牢地牵系着人生的意境。

这种童话般的梦境,催生着儿童超越现实的幻视力。当代作家莫言写过一篇很精彩的中篇小说,叫做《透明的红萝卜》,主人公叫做"黑孩"。小说也是通过一个孩子的眼光去看待世界。莫言说这个小说的灵感起源于他的一个梦:"有一天凌晨,我梦见一块红萝卜地,阳光灿烂,照着萝卜地里一个弯腰劳动的老头;又来了一个手持鱼叉的姑娘,她叉出一个红萝卜,举起来,迎着阳光走去。红萝卜在阳光下闪烁着奇异的光彩。我觉得这个场面特别美,很像一段电影。那种色彩、那种神秘的情调,使我感到很振奋。其他的人物、情节都是由此生酵出来的。"[1]莫言的这个梦,虽然和鲁迅《故乡》中的幻象情景不同,可是,我们还是可以看出其相似之处。都是鲜明的色彩,都有叉子的意象,都是对别样生活境界的憧憬,都有强烈的梦幻感。不过,莫言在小说中写出了更为神异的景象:"黑孩的眼睛原本大而亮,这时更变得如同电光源。他看到了一幅奇特美丽的图画:光滑的铁砧子。泛着青幽幽蓝幽幽的光。泛着青蓝幽幽光的铁砧子上,有一个金色的红萝卜。红萝卜的形状和大小都像一个大个阳梨,还拖着一条长尾巴,尾巴上的根根须须像金色的羊毛。红萝卜晶莹透明,玲珑剔透。透明的、金色的外壳里苞孕着活泼的银色液体。红萝卜的线条流畅优美,从美丽的弧线上泛出一圈金色的光芒。光芒有长有短,长的如麦芒,

---

① 莫言《有追求才有特色》,《中国作家》1985年第2期。

短的如睫毛,全是金色……"金色的红萝卜,灿烂的超现实感觉之中,带着幻觉的强大力量。那种纯粹儿童的感觉被恢复了。幻视力在此得到充分的展现。

这种幻视,当然与卑微带来的孤独、敏感和对爱的渴求相关。儿童的孤独,是还无法"融入"成人主宰的世界、与人之间无法沟通而造成的。如此,儿童就容易耽溺于自己的感觉世界,在感性的丰富之中,寻找心灵的慰藉。一方面,是儿童对大千世界的好奇和探索,还处在新生的阶段;另一方面,孩童是在别样的感性世界之中寻求想象力和幻想的满足,是此时段审美欲求和审美能力的源头。鲁迅笔下著名的百草园,就是"三味书屋"之外的无穷天地——尽管实际上只是一个小小的园子,可是在儿童的眼睛之中,却幻化为万千景象。

儿童的"小世界"为什么如此广博? 一花一世界,是"卑微"者才能发现"微观"世界的丰富复杂的美? 我们成人何时失去了那种从"细节"之中见"魔鬼"的审美能力? 儿童的卑微,让他们获得了更自由的"眼睛"。"更自由"是指,他的观察角度和成人不一样,还没有固化和定向化,能从多重多样的角度来观察这个共同的世界。很多文学作品中表现了儿童的观察角度,这种角度更重视感情。"感情"应当分开来看:一个是感觉,一个是情感。在儿童的世界当中,很多东西是靠他自己直接的感觉来进行判断的,因此他对世界还具有多重多变、多姿多彩的感觉。我们不妨反省自己的经验,回想小时候的感觉。我曾试图回忆起小时候的事情,可是,突然发现小时候有很多的"空白",好多事情都被沉沦到了"忘川"之中,只剩下感觉的碎片。有人说,年纪越大,小时候的事情记得越清楚,眼前的事情记得越模糊。那么,记得的是"小"到什么时候的事呢? 我想,很可能,就是这个感觉力、幻视力最活跃的时候。人生之中,有一个可怕的"无记忆期",我们无法回忆,湮灭在童蒙的混沌之中。我们的反省也是如此,总是感觉到小时候有的记忆已经不复存在,只有某些事情变得特别的清晰,但所有的事情都连不成片段,只剩下一块一块的碎片。我想,每个人都不妨躺在床上来反省反思一下自己童年的记忆,看看还剩下什么……我记得有一次我生病的时候躺在外婆家的厨房里面,厨房是草房子,从窗户射进来的阳光一直照到厨房里的柴草上,我就一直看着这光线,以及光线里面的微尘。当时的感觉不知为何如此强烈,又迷离惝恍。生病时躺着的感觉就是这样朦朦胧胧,却又如此强烈。我不明白为什么这种感觉直到现在还十分清晰。还有更小的时候,家长把我放在乡下亲戚家里,把我放在那里很长时间,但期间发生过什么事情,我全都记不清了。我努力地想啊想啊,我似乎和老头老太在一起,但是他们的样子我已全然记不清。我似乎能想起他们拿东西的姿势,或者周围庄稼蔬菜绿油油的样子,以及还有房子的形状,到底是不是这个样子,现在也不可知了,且无法考证。生命、心灵、感觉,都是无法考证的。只能这样想啊想,发现很多的碎片。也就是这样的一种感觉,直接刺激了儿童。首先,对于儿童来说,他接受的观念还非常少,很多时候只剩直接的感觉留在了心里。第二,"回到事情本身"中非常重要的是情感。因为孩子特别重视周围的人对待他的方式,前文提到,孩子的哭、笑、任何表情,最初都是从大人那里反馈回来的。当他到了一定年龄的时候,情感的需要就变得非常重要。所有有经验的人时常劝年轻的父母,在孩子三五岁的时候,千万别把他送到别人家照顾生活,否则孩子和你就不会有很深的感情了。现在很多孩子从两三岁起就送进幼儿园,有的还是全托,一周才接回家一次。我认为这对孩子的情感发展其实是很不好的,因为小孩子在这个阶段特别需要各种各样的情感的保护。甚至从生理学上说,两三岁的孩子会有"皮肤饥渴",他会常常哭,常常感到不舒服,他其实就是需要大人的抚摸、爱抚。在普鲁斯特的《追忆似水年华》中曾写到,在他童年时,晚上睡觉睡不着,就妈妈的一个吻。他想了很多方法来让他妈妈吻他一下,否则他就无法入睡。而他爸爸对于他的这种行为很愤怒,认为他已经长大了,不该还有这种柔弱的情感①。我认为我们每个人童年的时候都会有这种需求。我记得在我小时候某个夏天的晚上,其他人都在院子里乘凉,只有我一个人躺在屋子里睡觉,我就感觉到特别的孤单。我很害怕,就喊大人来,跟他们说我老是听到有人敲墙,我说有鬼。他们进来一看,没有人敲墙,没有任何问题。可是等他们出去以后,我又听到有敲墙声。恐惧产生的幻觉,当然会是来自大人的暗示;可是,为什么会有这样的幻听呢? 为何孩子尤其会有对鬼怪的幻觉呢? 因为孤单——卑微所带来的孤单、孤独。孩子对爱的情感有强烈的渴望与渴求,在这个年龄段却要经历爱的断裂,即切断更小时候的来自父母和亲人的爱抚、抚摸,所以,爱的敏感带来感性的幻变,也是儿童产生幻视力的

---

① 〔法国〕M·普鲁斯特《追忆似水年华 I 在斯万家那边》,李恒基、徐继曾译,译林出版社,1989。

因由。情感的渴求导致的心灵敏锐，使得人际的亲密、疏远和事物的变化，都影响到他的感性世界。可以说，爱，是幻视力最重要的根源。

真纯的感性力量"傻"与"疯"，透视恶的"第三只眼"，渴求爱和无限的幻视力，是童年到少年之间这个特殊阶段的心灵特质。从哪儿沦丧的，我们应当从那儿打捞。审美心灵的奥秘，即在于我们总是返回，总是要复归"故乡"。回不去的故乡，夕拾时候已然是凋零的朝花，正如生命本身的无法回转。可是，心灵的回返却是可能的，可能性的探求却是永恒的。审美心灵的力量，就在这样的"反动"之中显现出来。

说到卑微视角，说到孩子从童年到少年过渡期的眼光，说到"不正常的人"，说到诗人，都是"人"的眼光。可是，扩展视角，卑微视角还可能包含着被我们忽视的生物的视角。动物的审美我们无法探求，但是，从卑微动物的眼光来看世界，我们可以更深地理解卑微视角。有个朋友拍了一部蚂蚁的录像，配上音乐，形成了一个艺术品。蚂蚁在阳光下奔忙，在同伴的支持下搬运食物，可是，一场大雷雨，就对它们造成了灭顶之灾——蚂蚁离散了，在小小的激流之中无助地挣扎。蚂蚁之间也发生着战争，战争过后，尸横遍野。你看，在成堆的蚂蚁尸体里，一只小小的蚂蚁爬了出来，踏上了寻求之旅，看他颤颤巍巍的步履，他会走到何方？蚂蚁的世界里也有"神曲"般的地狱、炼狱和天堂世界，有"人（蚂蚁）间喜剧"，有伊利亚特，有奥德赛，有战争与和平，有《水浒传》……有没有缠绵悱恻的爱情事件？这个就无从得知了，不知道蚂蚁的世界里是否有这样复杂的感情纠葛。但在蚂蚁的眼睛中,或者说,在蚂蚁的世界中,我确实发现了很多与人类世界共通的内容。这些发现让我感到很惊异。我们多久没有观察过在地上慢慢爬行的蚂蚁了？除了孩子,还会蹲在地上看蚂蚁搬家？我们大人还有谁会关注这些卑微的生命？还有谁会知道这些卑微的生命里也包含着我们共同经历的悲欢离合？

　　如此,卑微视角也就有了生命的意味,哲学的意味,宗教的意味。

# 第五章　少年情怀

## 一　偶像

从儿童期到青春期之前的一个阶段,现在人们把它叫做"少年"。而古人说的"少年",其实是我们现在所说的青年。《少年维特之烦恼》,其实就属于"青年"。我们现在所说的"少年",在到达青年之前,接近了青春,具有懵懂的纯情,却又还拥有儿童期的纯真,是一个富有诗意的"过渡期"——我们整个人生,从某个角度看,都是"向死而在"的"过渡",总是在"此岸"与"彼岸"间匆匆忙忙又悠悠忽忽地"渡过"。但是,少年的情怀特别富于诗意,富于美学的意蕴,也逐渐超越了童真的幻想,具有了越来越切近现实的意识。

在少年时期,有一个重要的现象,就是一个人开始有了自己的偶像。偶像,实际上就是我所想成为的那个形象;但是,它却又是一种理想的、超越的形象,甚至是神秘、神圣的,所以,似乎是不可企及的形象。中国语言当中的最早的"偶",指的是用木头或泥土等制成的人形。原本指的是没有生命的形象,后来才被看做是有生命的,并且为人所崇拜对象。

在早期,无论是神话,还是原始的巫术等等当中,都开始出现了偶像。从图腾,到某些神像等等,都被赋予了某种神性——一种超越世间的精神力量。黑格尔说,美是理念的感性显现。黑格尔的说法,实际上有很强的神学价值。当一个人有了偶像,他就在偶像身上,倾注了对理念的看法。理念的显现,最早就在偶像当中显示出来。按照基督教的思路,理念的感性显现的最完美的形态,就应当是耶稣。有了理念的感性显现,就有了人间性。而他同时又具有神性,是神(耶和华)之子和人之子两者的结合。圣父圣子圣灵,三位一体。在这样的三位一体当中,隐含着很深的矛盾。

　　一个具有神性的凡人,应当具有一个确定的形象。而耶和华,作为全知全能的神,本来是没有形象的。而且基督教一开始是很反对偶像及偶像崇拜的。后来西方的十字架上、教堂里,都有了耶稣形象——基督教也逐渐改变了对偶像崇拜的僵化的看法。原来的神,应当是无限的。所谓无限,即没有一个有限的感性形式。一旦把它固定成为一个有限的感性形式,就不再具有超出人类所有想象的、无所不能、全知全能的性质。反对偶像崇拜,也就是反对一个具体的形象有着无限的性质。

　　这可就与美学敌对了。美学,就是要在有限当中显现无限。而基督教就认为,无限本身只能是无限,不能将它有限化。但耶稣的出现,就把无限有限化了。这样的宗教性,就跟黑格尔的美学——所谓"美是理念的感性显现"——这样的想法有所不同。当然,后来黑格尔也说,如果理念成为纯粹的理念的话,就不许有感性了,美学、文化、艺术就会消失。

少年时期,是感性对于一个人来说非常重要的时期,跟纯理念之间有着相当的敌对。我们无法想象一个少年人,就已经沉浸在无限的理念当中。在人生最初的阶段,在确认人生的时候,可能每一个人都会需要确定某种偶像,要确定某个人来作为自己人生的标准,作为自己人生的倾慕对象——确实,偶像成为对象,被对象化了。偶像,本身就含有对象化的意思。

不言而喻,在这个时候,偶像就具有某种神像的意思。他远远地超出了作为少年的"我"。他的一切,都可以成为我模仿的对象。他甚至为我展示出一个我所要成为、也很难成为的某种人生的图景。在各种各样的小说里,都有这样的描写。《钢铁是怎样炼成的》,作为少年的柯察金。是一个叫朱赫来的革命者。还有我小时候看过的一部描写抗日战争的书《小马倌和大皮靴叔叔》。

"小"马倌与"大"皮靴叔叔,一个小,一个大,"偶像大于我们自己",就显示了出来。到底多大才是"大"?才是一个少年会达到的心灵世界的高度?这很抽象。我们想描述他,也不想描述他。因为他对我们来说非常神圣。他做的一切,在"我"看来都极具"魅力"——偶像,很大程度上指的是有魅力的、有很强的审美力量的形象。所谓魅力,就是一种无可抵挡的吸引力。这种吸引力,让人沉迷其中。魅力的源泉是神秘的。眼下关于"魅力"的研究,还远远不足。

这种审美的力量,让偶像成为偶像。既可以是具体的人,例如各个领域的明星,或是我们身边的人,也可以只是一种图像,没有一个固定的模式。但是他之所以能够成为偶像,就是他有了某种特殊的魅力。而这种魅力，是基于"我"而言的。说到偶像，我们常会觉得他似乎是一种格式化的、没有生命力的形象。在我看来，正好相反。我们少年时的偶像，倾注了我们的情感，让我们的情感有了依附——似乎是超出我们的梦想的梦想、超出我们的希望的希望、超出我们的感性的感性。

我们熟知，超感性的感性就是美。少年时期我们心中的美，太多超出我们的感性能力范围了。她把我们带到憧憬当中。有了偶像，我们的憧憬就有了具体的对象。而可能我们后来发现，这个具体，只是成人世界在我们眼中制造的幻象。当我们自己成人之后，我们就会感觉到，自己的偶像破灭了——原来，人都是一样的。这是一个自然的否定偶像的阶段，乃至于像尼采说的，到了"偶像的黄昏"。这个时候，你已经不需要偶像了，就会觉得从前的自己很可笑。

但是，即便那样的形象仅仅是成人阶段的社会规则、社会规律帮他塑造出来的，他还是会把我们带到另外的精神境界、另外的生存当中，让我们感觉到非常神奇——我的人生，要是将来像"他"那样，就完美了。

这主要就是源于感性的魅力。感性魅力，显示在一个人的一颦一笑中，在他的思考中、痛苦中……他的痛苦，似乎比我们的更加深刻；他的思考，似乎比我们的更加深沉；他的姿态，优美得让我们难以企及。对一个偶像来说，感性魅力非常重要。为什么好多小姑娘把刘德华这类明星当做偶像？最直接的原因是，他是一个审美的形象。但这种审美的形象，很容易破灭。随着少年在人情世态以及学识修养等各方面的提高,将来有一天他会突然觉得,这些曾经的偶像好浅薄,他就会发现,自己的偶像不再是那个人了。

马克思说,美就是人的本质力量的对象化。在偶像的身上,我们看到了我们希望看到的东西。当然,这个时候的偶像也有一定的嘲讽性——木偶一样的形象——正因为是木偶式的,我们才容易把自己的一些本质性的力量投射到这个对象身上。当然,这是两面性的。在他身上,我们也确实看到了超出我们,并让我们沉迷的气质、风度、风神、性灵等等。

西方美学说,灵感,指的是一种灵性。这种灵性通过看不见的链条,传到了我们的身上[1]。我感觉到这种灵性的力量,然后在创作的时候,“如有神助”,以一种我自己也不能克制的力量,神奇地创造出非常好的艺术作品。在我、偶像和灵性三者之间,存在着很复杂、奇妙的关系。偶像,似乎连接到了神秘的、超感性的灵性的世界。我感觉到在他身上有着超出他本身的灵性。而通过他,似乎也能让我接触到灵性的世界。这便是我们少年时期沉迷某个人的时候会产生的感觉。似乎在我的偶像身上,寄托着我的一切人生。多么奇妙的追求! 这种追求,无关乎所谓的功利,不是看他成功与否,不是看他社会地位等等怎样。他在我的心目当中,就是英雄。所谓的英雄,就是超出了同辈,超出了常人。所谓聪明秀出谓之英。我那样崇拜的英雄,如何成为了英雄? 在他的灵性、神性当中,他似乎不再是他自己了。耶稣,是

---

① 〔古希腊〕柏拉图《文艺对话集》,朱光潜译,人民文学出版社,1959,第7—8页。

圣父圣子圣灵三者的合一。也就是说,他本来是人之子,但我们觉得他是神之子。在他身上,虽然还有人性,但更多的是神性。偶像,也就是这样。

可亲可敬的人性,感性地吸引着我们。随即,人间感迅速转化成超出人间的宗教性的美感。神性的方面,把我们带向另外的世界。这样的美感,让我们心甘情愿地把自己交到了他的手中,我们的心灵,任他主宰。这才是偶像之所以成为偶像。

当然,在所有人的所有阶段,都可能存在偶像。那么为什么要强调少年阶段? 进入青年、中年、老年之后,我们人都还可以有选择地信仰宗教。但是,少年时期的心性,本身就具有宗教性。在我们以后的人生岁月里,很难再有那样水乳交融的、如胶似漆的、沉迷的、像信念一样坚定的人生阶段。在这样的阶段里,上帝是不会死的。因为我们的上帝,在我们的偶像身上。偶像多变、多样、从不匮乏。审美,真是复杂。在少年时期,我们的偶像,用宗教的语言来说,是多神教的,甚至可以说是泛神论的。我在很多人身上,都可以看到我心目中的神。

小马倌、柯察金等等,都是革命者。在我少年的时候,写革命者的书籍很多。为什么写的都是少年? 为什么都是革命者? 在少年时期,我们有着叛逆感,有着对秩序的无穷反感,认为秩序就应该被破坏。摇滚歌星之所以那么受青少年的崇拜,是因为他们的这些文艺范,即展现的文艺的"模样"。在他们身上,能够更浓缩地展现对现存的秩序的疯狂、激情的破坏。同时,在音乐的节奏和优美的风度当中,显示出人生的韵律、人生的音乐境界。

诗人、画家等等,也都是这样。在他们身上,我们看到了无可抵挡的魅力。这种魅力,实际上就是我们自己本质力量的对象化。这就是失恋之所以让我们如此痛苦的原因。对象化的对象对我的否定,对我来言,会格外深刻。我就会痛苦,就会感觉到很深的绝望。所以,失恋了,我就感觉到自己的人生失去意义了。我们在偶像身上也是如此。他是我们心灵的对象化,是我们对自己的力量的确认。因此,我们在偶像身上看到的,不只有他,更多的是我们自己。他的魅力中,还融入了我们自身的希望,和对未来的美好想象。好多家长,对自己子女崇拜的偶像感觉到不解。其实他们忘记了,我们每个人从少年时期开始,都有自己的偶像。在他们身上,积淀了我们内心神圣的梦想。说它神圣,体现在它是不容玷污的,被小心掖藏在我们内心隐秘的角落,甚至不容许其他人窥见。有点像初恋,有点像单相思。确实,这样的单相思,就是我们人生的理想当中的初恋。在他身上,我们迷恋的是我们自己的理想,外加上他所展示出来的风情、风度、风韵、风神。偶像,指出了某种神性的方向和人生目标——做人要做这样子的人——这个"样子",就是柏拉图所说的"理型"。基督教说,美就是上帝的光。总而言之,在偶像身上,显示出了神性的光、人生的形式化的光芒。

偶像,与美学里面以前极为常用,以至于让人有所厌恶的一个词"典型",或典型形象,有着相当的联系。后来经过进一步"高大全"的提炼而为人们所熟知。在很大程度上,偶像也是高、大、全的形象。"高",即从象征的意义上说,我们的心灵,达到了一定的高度。"大",

即我们眼前的天地无法被范围所捆住。就像电视广告里面说的,"心有多大,舞台就有多大",是那样的境界。所谓"全",在基督教里面,上帝全知全能、无所不知、无所不能,是这样的对象。英雄人物,就是"高大全""三突出"。这也是偶像的特征。在我们心里面,偶像已然被我们用心灵的剪刀,剪裁成这样的典型人物。

当然,这种内心的偶像,受到后来好多人的批判。一旦一个人成为了这样的偶像,立刻就缺少生命了。任何人一旦高、大、全,就难免假、大、空,就显出一副"死相",再也没办法活灵活现。而这就是审美的两个相反的方面。全世界的文学,在它的初期阶段,都有着史诗式的英雄人物。换言之,都有神的形象。各种各样的文学当中,有各种各样的神,各种各样的高大全。

有人说,神灵是千面的。反过来说,千面的神灵,具有的特质难道不是相同的吗? 有人发现,全世界的各种神灵,有好多种面孔。反过来说,有着好多种面孔的神灵,其实他们具有同样的理念,它们具有的内在的神性是相似的。那么,明明是同样的特质,为什么却还要有千面的神灵? 就是因为,我们每个人、每个民族所设想的审美的偶像,不会是完全相同的。每个人的感性的欲望,在不同的地域、文化、历史和不同的社会当中,伸展出了不同的模样。这使偶像们有了千变万化的形象。歌德有一句诗:"任凭你在千种形式里隐身,可是,最亲爱的,我立即认识你。"(《任凭你在千种形式里隐身》)歌德写的是情诗,是写给恋人的。前面我也写到,恋人,在某种程度上,也跟我们的偶像相同。我们现在说"女神""男神",不也是指我们的偶像吗? 我的女神,是指我的内心里面恋爱的对象。其实也说明了,成为我的恋爱对象,在相当大的程度上,就成了我的神,所以才叫"我的女神"。

成为恋爱对象,也就是成了我的偶像。他的身上,就有了神的形象。他的身上,不仅有梦想,还有我的理想。因为他是理念的感性显现。而在这千变万化的形式的引申当中,我看到了"她",同一个"她"。这"同一",就呈现为某一种具有社会性的理念,成了我们人所设计的某种理想类型。甚至在很大程度上,有了意识形态性。意识形态很大程度上,也是要塑造偶像来展示愿景,也要塑造高大全式的意识形态英雄。它所塑造的政治英雄,就容易成为我们一代人的理想、偶像。

我们小时候被灌输进脑海里的那些英雄人物,是否真的能够承担起积极的功用,姑且不谈。总而言之,我们少年时期看到的被塑造的形象、榜样,很容易就为我们规定了少年时的偶像。也就是说,我们少年时的偶像,可以带着政治、经济、文化、科学等等任何一方面的这种理性的特质,同时又可以具有千变万化的感性形式。让我们在这样的无穷魅力当中,心甘情愿地迷失了自己,交付出了自己。在这样的形式当中,我们的审美,一方面崇高化,另一方面,似乎有一些空洞,有一点理想化。但是,在那个时候,我们每个人心中对偶像的确认,是不存在任何假大空的形式的。因为那个时候,我们的理想本身,就跟真实的未来是有距离的。

当然,对每个人来说,这样的理想主义色彩很可能到某个时候都会褪色。但是可以肯定,人类当中还存在着不少这样不屈不挠、百折不弯的人,有着理想主义与少年情怀。他们就是我们当中的英雄,也成了自己的偶像。这样的人可以说就是审美式的人。人们常说一个人唯美主义。一个具有理想主义的人,往往就是唯美主义的人。我觉得这样说是合适的。理想主义,很大程度上,指的就是心灵上的唯美主义。他也许经历了很多的折磨,但是他始终不改初衷。这种所谓的初衷,恐怕指的就是少年时的理想主义情怀。

在对偶像的发现当中,一方面,显示了我们人身上体现的对理想主义精神的内心深处的崇拜与倾慕。另一方面,跟我们对现有秩序的叛逆也很相关。在这样的两种心态当中,我们每个人都发现了各种各样的英雄主义。又因为人类社会已经发展出"三百六十行,行行出状元"状况,我们在各种各样的人身上,都发现了它具有的神性和神性的品质。

基督教很有意思,基督诞生在马厩里。这样的一个神,有着一种很低微的甚至可以说是卑微的、屈辱的开始。圣母玛利亚怀孕的时候,是处女怀孕。《圣经》上没有说她的丈夫如何不满。但是作为一个人,这样的出生,会让我们浮想联翩,让我们预感他将要经历种种磨难。类似的,陀思妥耶夫斯基的《被侮辱与被损害的》,也是在卑微的背景当中,展示其深刻的精神历程。所以,"天将降大任于斯人也"——所谓的苦难美学——在苦难当中成为英雄的这些人物,会更加让我们崇拜、敬仰,令我们以他为偶像。这是因为,他能够更多地激发我们少年的情感。

在少年时期,我们在很大程度上还是弱者,属于没有成长起来的人。这个时候，如果一个人饱经磨难、挫折后成为了英雄，他的事例就可以驱除我对困难甚至是未来的未知的种种恐惧，在一定程度上克服内心的软弱、低能。实际上是一个励志的功能。假如他是一个现实的人的话，那么他用他某种意义上的成功告诉我，我也可以成为这样的人。假如他不是现实的人的话，我也得到了暗示：我凭借着跟他相似的精神力量，苦其心志劳其筋骨，将来也有可能达到他的境界。

马克斯·韦伯说，现代世界已经丧失了魅力，就是因为，我们用自然科学去除了魅力——"祛魅"。而政治上的祛魅，使一些所谓的英雄无法吸引我们。在少年时期，我们在偶像身上附加了魅力。这个人具有强烈的感性的美，也即，有一种神秘的审美的吸引力，于是，成为了我们的光和电。否则，无论他多么理想，都不可爱，不能成为我们的偶像。这就是用意识形态树立起来的英雄人物不一定能够成功的原因。

很难把一个神，跟一个一点神都没有的世界分离开来。一个有着很多神性的世界，就不是一个冰冷的、世俗的、无趣的、冷漠的，单单自然科学图景的、技术性的世界，而是一个充满灵性、神性的，可爱的，对我们来说有无穷的可能性的世界。通过一个神，我们看到了这个世界的许多神，看到了万事万物的神性和灵性，看到了我们生命本身无穷的力量，看到了我们自己具有的无限的未来。这就是一种美的魅力。

## 二　憧憬

前面提到，少年时期，是一个充满幻想的时候，是一个有很强的美学气质的时候。说他有很强的美学气质，主要是还没有青年时期的真正的情欲冲动，与人生重要的利益也没有直接关系。应当说，是一种带有某种宗教情怀的时期。少年阶段的美学特点，用宗教的语言来说，有一种信仰，有一种希望，有一种挚爱。也就是基督教说的"信、望、爱"。这样的时期在人生当中是很特殊的。

有人认为，人就应当有宗教性。克尔凯郭尔甚至把人生道路的最后一环划为宗教性。我认为，其实少年阶段跟宗教里面盲目的、懵懂的、深刻的，同时充满幻想的要求，更加契合。

少年时期可以总结为这样的几个阶段，这样的几种情感。第一种，是"憧憬"。憧憬，具有很强的美学性质。所谓憧憬，指的是对某种未知的、不确定的未来所产生的沉迷，或者叫沉溺、耽溺。这是少年时期所特有的、美学当中很高的境界，或者说，是我们所期望的一种境界。说是"言有尽而意无穷"也好，说是"言外之意，味外之味、象外之象"也好。总而言之，是"之外"的。这个"之外"，表现在从现在向未来的眺望的过程当中，感觉到未来无比的美好，但又说不清楚未来是什么样。大概就像"夕阳山外山"那样，属于山外山的境界。这个"外"，是少年时期最发达的想象。我认为，应当有一种离我非常遥远，但又是我生命当中必然会达到的境界。这个境界，为什么指向了"外"？因为对自己眼前的世界不满足。

我们都经过少年时候的憧憬，这个时候的憧憬，十分复杂。首先，是基于对自己的现状有所了解。他觉得自己可以希望的、可以想象的东西，是无穷的多，因为他所获得的一切，都是刚刚开始。这种开始，是打开了整个世界的各种由头的开始,让我们掌握了眼前世界的很多东西。我说的眼前,指的是人生一开始到少年期间所经历的一切。这个时候,我们对世界有了很多的了解,包括人与人之间的关系,和人生里面所经历的各种境界。这些了解,包含着很多的猜测和惘然。种种猜测、种种迷惘搅动着他的心,让他感觉到无法被满足——这个世界,一切都还有待于某种特别的未来。这未来,特别,但不特定。但是可以肯定,是他所希望的未来。

康德把人对未来的希望,列入宗教的范畴。我们可以希望什么?这是康德的大哉问。宗教性的、乌托邦的想象,遵循什么原则呢?有人把它叫做"希望原理"。这个原理很难把握。我喜欢台湾《盛夏光年》的一句歌词"让定律更简单,让秩序更混乱"。我觉得,希望原理,作为原理来说,就应当包含这两个方面。一方面,让秩序更混乱;另一方面,让规律更简单。

从美学的角度来说,"让秩序更混乱"就是对我们所处的世界的一切感性的秩序非常不满。或者,至少可以说,希望它改变一个模样。我们在少年时期常常会觉得,我们所处的这个世界,实在是一个不值得如此这般存在的世界。我们感觉到,所"有"的秩序,跟我们所"要"的秩序,完全不一样。如果一切都能重新开始、从头来过就好了。重新来过的秩序,到底会是一个什么样的秩序?其实没有人能够说出来。正因为不知道,所以才充满了美学的性质。只是我不希望未来像我现在所处的世界这样,给我确定的秩序。这样就是一种特别的审美精神。宗教上之所以说"希望原理",就是因为它很容易产生某种乌托邦的幻想。

对一个少年来说，还不存在一个确定的乌托邦。这个乌托邦，实际上是一个很朦胧的、很不确定的、迷惘的幻想。这种幻想，用现在的话来说，只是一种愿景——愿望当中的景象。一个人的愿望，其实是很难确定的。有人说，愿望应当叫做梦想。所谓的梦想，跟我们的理想，其实是两码事。理想，是基于理性而确定的对未来的向往。实际上，既然是基于理性，就会产生一致性，很多时候就跟其他人趋同。这也是现代主义、后现代主义非常反对的统一的向往，统一的愿望。

而我们说，梦想，跟理想的最大的不同，就在于它是非理性的，是出于我们很深很深的欲望。平时，我们的欲望往往已经被理性化、社会化了，往往被别人的向往主宰了。所以有人说，所谓欲望，其实就是我们对别人的欲望的欲望。我们常把别人喜欢的、别人想要的，当成是自己喜欢的、想要的——欲望着别人的欲望。这样，久而久之，我们的向往和要求就已经经过了别人特别的灌输。而梦想是什么？用弗洛伊德的想法来说，当我们在做梦的时候，原来压在我们心底的，原先可能都没有意识到的某种特殊的欲望，会突然冒头，突然显现，会让我猛然意识到，这就是我小时候的想法，起初的真实的梦想。当我们年纪比较大的时候，会发现，自己已经离这个梦很久很远了。龚自珍有一句诗"少年来复梦中身"。少年时候在梦中的我，回来了。我们发现，其实我少年时代的幻想、梦、对未来的期望，还没有被世俗世界改变，尤其是，还没有被别人的梦想和欲望所置换。当我们的想法被别人置换之后，就会按照别人的欲望来过活。所以说，能够回到少年时候的这种梦想当中,也就找回了人生最美好的审美心灵,回到了最纯真的、最本真的心灵状态——人生就回到了原初的梦。

这种憧憬,刚刚说了,是一个让秩序更混乱的时期。我们想要用希望去撞击这个世界,去跟这个世界相对照。从我已经有的"言""意"出发,去冲击一下"之外"的言和意。现有的资源有限、匮乏,但生活、知识、情感、灵性已经比童年更丰富。对社会也有了某种成熟的观察,乃至于对人生有了一定的感悟。这个丰富,便有了很多的提示性。提示,让我飞出了我眼前的世界,去到另外的境界。在另外的世界当中,人生的复杂、丰富,或者说它的混乱,对我们充满了吸引力。一种宗教性的希望滋生。很难假想一个人在少年的时候,就已经满眼尽是失望。所谓的希望原理,就是"相信未来"。想象的未来,是一个美丽的新世界,有一定的乌托邦的性质。这里再强调一下,那不是一个经过理性设计的美丽新世界,而是非理性的、充满着幻想的彼岸世界。这个彼岸世界是怎么样的呢? 其实也就是说,我们憧憬的这个对象,是什么样的呢? 是一个意向性的图景。现象学说的情感,其实是非意向性的。因为根据我们的情感,是很难构想出一个明确的对象出来的。但是这种憧憬,又确实有一定的意向性——懵懵懂懂地看到了未来的景象。于是还得把它叫愿景。但政治家说的愿景,指的是一个确定的情景。

对于少年时候来说,我们对未来只有一种懵懂的观望,一种幻想,就像印象派的画一样。印象派的画,只能远看,不能近观。近看的话,所见的就只是一团很乱的油彩。印象派的画,必须要远一点看。远一点看,就明确了。他的所有风景,分明都安排得很好。憧憬这幅印象派的画,还依然不是一个清晰的图景。但是我们对人生充满着梦想之上的欲望。这样的欲望,其实也是一种渴望。我们感觉到,"现在"依然贫乏,贫瘠得让人很难忍受。而我自己眼前的能力,不是自己的真正的能力——自己还会是无限"大"、无限"重"的。用通俗的话来说,这个时候,他不了解自己的能力,不知道自己"几斤几两"。他觉得自己无所不能,能够搅动整个的世界。在这样的憧憬下所设想的关于未来的图景,具有很强的奇幻性,当然超越了自己眼前的世界。所以说,我们强调那是一个不确定的未来。没有确定的方向,就能够把他确定为多种多样的方向;没有确定的图像,就能把他确定为任何图像。这就是所谓的憧憬,在自己有限的生活经验、生活场景、生活资源上面,所建立的一个幻想的世界的样貌。

这样的世界,在文学作品、美术作品、影视作品当中,都有很多的表现。在文学当中,比如《西游记》。西游记展示的是一个翻江倒海的未来。所谓翻江倒海,就是说,下到阎王殿,上到玉皇大帝的宫殿,都不合理。眼前的世界根本不是一个合理的世界,需要被改变。而这改变本身,也没有一个法则,没有一种明确的打算。只是想,我应当无限,应当在任何领域,都达到一种极端,变为极致。所以,把自己原来的寿命,一笔勾销,才符合自己的想法。把一切价值、珍宝,都能归自己所有才好。于是,大闹天宫,就是让秩序更混乱。他不愿意要眼前这样一个井然有序的世界。可他的未来的世界,只有一个迷蒙的想法。他还会想在花果山过简单快乐的日子?他的眼界已经打开了,已经学了仙。学仙本身就是中国人的一种幻想,我们不可能长生不老。但是他已经学习了长生不老,有了人的意识,就已经可以感觉到未来是无限的,就不想恪守任何的规则。于是,他要七十二变,要一个跟头十万八千里。他想当玉皇大帝,"皇帝轮流做,明年到我家"。让他做一次皇帝,是不是就可以了呢? 其实他是对整个的秩序感觉到一种直觉的痛苦。叫他做玉皇大帝,他还是不会满足的。玉皇大帝之后,还有如来佛呢,还有别种奇妙的世界呢。在他眼前,还有更多元的形貌。我们过去说,《西游记》是包含着所谓的"三教合一"的思想。不妨大胆地推测一下,就《西游记》的逻辑,再打开眼界,可不可以再加上基督教,加上伊斯兰教,加上其他的宗教? 其实,任何宗教到了孙悟空这样的人那里,都不能让他满足。因为不满足,才很混乱地搅到了一起。

这样的幻想,或者说这样的幻象,只属于少年时期。对于少年的心性来说,它会看出一切希望。在搅乱秩序当中,建立起自己欲望的图景。所以少年时期,是一个有很强的叛逆意识的阶段。这种叛逆,还不像青年和青年以后有确定的指向和对象,而是一种蠢蠢欲动的、充满渴望的、有很深的幻想性的阶段。

人的感性,可以分为内外两个方面,内在感性是我们的情感。外在的感性,是我们外在所能接触到的一切。而憧憬,就是我们的外在的感性远远不能满足我们内在的感性欲求,所以,我们就要用内在的感性,来幻想出、创造出种种对象。

憧憬,是我们对彼岸世界(不是宗教式的彼岸世界,而是审美式的彼岸世界）的那样的一种向往。向往是什么意思？就是我们内在的深刻的希望。所以说，憧憬，它的美学意义就是我们少年时期的希望原理。少年的憧憬是一个很漫长的期盼，具有很强的美感。这种美感，不是像审美距离说的那样，跟我们眼前的利害、欲望、处境，处于一种漠不关心的、可以从容欣赏的状态。少年时的审美距离，与此恰好相反，是跟我们的人生，跟我们的欲望和愿望，有着前所未有的急迫感、紧迫感、渴望感。在这样急迫的渴盼当中，我们所看到的未来的图景，才显得那样的色彩斑斓。这就是我为什么说它像印象派的画——连空气都是彩色的。在这样的空气中，在这样的图景、幻梦当中，未来无限美好。这个图景也是由内及外的。内在的感性激发、生发出一种外在的感性，把我们的人生一下子照亮。

憧憬带来的希望，给了我们很大的动力，牵引着我们往前。无论现在我所有的成绩是好是坏，已有的人生有缺陷还是很圆满，我的现有人生是得到外界的肯定还是否定，所有的这一切，都刺激、激发着心灵向一个新的境界去升华，推动着我们的人生向更远的境界出发。

这就是美学里面所说的"之外"，我眼前的图景之外的图景，是一副全然不同的样子。眼前的感性体验实在贫乏，我还渴望将来的更加丰富的、复杂的感性世界。当然，我们可以说，我们的人生，此时此刻，也就具有一种最高度的不确定性。萨特的哲学里面，也体现了这种不确定性。其实从海德格尔的哲学里面，就已经开始说，我们的未来，它就是不确定的。为什么我说美学应当是一种更高的哲学呢？或者说，是最高的哲学呢？因为美学里面最强调的，就是不确定。而认识论，乃至于伦理学,强调的都是确定性。所以说,西方哲学很大程度上是关于确定性的寻求。而美学是关于不确定性的寻求,并且指向了更高的不确定性,因为,它指向的是"未来"。所以,憧憬,也是一种深层次的美学特质。

## 三 挚爱

少年时期的小孩,他的性别意识对于他审美的关系来说,显得特别的重要。在这样的阶段,无论男孩还是女孩,他们的性别意识既清晰又模糊。为什么清晰呢?就是他已经知道自己是男孩还是女孩。但是,他对男女之间的区分又存在着一定的模糊性。这种模糊性主要是由什么造成的呢?我想最重要的是他本身男女的情欲还没有被发现。也就是说,男孩女孩的情怀是一种性别意识还比较模糊的产物。这种性别意识模糊,叫做"超性别",或者叫做"超越性别"。同时,另一方面,他又有着男女两性兼而有之的情感特征。什么叫"男女两性兼而有之"呢?我们知道,在男女发育成熟之前的这样的一个阶段,从生理上说,男孩唱歌说话在变声期之前,男孩发出的声音也有女孩的声音特征。这个时候的声音是非常美妙的。在意大利教堂里面,唱诗大多是由小孩来唱的。为了让嗓音保持在这样美妙的阶段,从前甚至把男孩阉割,这样他就能保持变声期之前的嗓音。这个问题就促使我们意识到,为什么在变声期之前的嗓音会如此优美呢?这有没有一定美学上的依据呢?从生理学上说,这段时间表现出来的特殊性,肯定和他性别尚未发育成熟有关。至少,从生理的层面,一个人在发育成熟之前的生理构造,一定和他的美感能力,或者说创造美的能力十分相关。这个问题我们很难深入去探讨它。从生理的角度来说,处于这样的一种特殊的阶段,他的声音、身体官能、感觉、精神、意识,都和他发育成熟、具有明确性别之后的不大相同。

而这样一个特殊的阶段,更重要的,应当从人的精神层面上来看。从精神层面上说,性别意识的模糊,首先表现为一个人兼有男、女双性的特征——是不是也可以叫做"双性同体"? 他既有男性的某种心态特征,又有女性的某种心态特征。从表面上看,在这样的阶段,一个男孩可以和一个女孩发展出一种十分纯洁的关系。一个男孩也可能交很多的男朋友。我就记得我在小时候的那段时间里,非常依恋男人。女孩可能也是会特别喜欢某个(种)女性。如果继续发展,持续到性别发育成熟之后,这样的性别意识可能就埋下了同性恋的苗头。也就是说,在这样一个特殊的阶段,我们每个人都是双性恋。当然这也谈不上"恋爱",只是说,在这样一个阶段,我们可以有超越性别的情感。所以把它叫做"少年情怀",也就是指的这一种超越性别的情感。

我们不妨回想一下,体会一下,自己是不是也是这样。我想,假如说有这样的情况的话,在人生的这个阶段,是最容易发生这样的情感的。这是一种超越性别的情感,既对男性,也是对女性,男女双性,叫做"双性恋"——"双性无恋",无恋之恋——对双性都可以产生某种特别的温柔、依恋,一种还不是爱情的"爱情",或者可以定位为纯洁的友谊。可是说是友谊似乎又弱了一点,因为成人之间也可以有友谊。

而这个阶段的孩子之间,似乎是友谊而又超越了友谊。在这样的特殊的阶段里,这种特殊的情感,首先它是超越了性欲的。就是说,它与性欲是有一定关系的,但又没有发展成为基于性欲之上的情感关系。

在西方的美学理论中,尤其是影响非常深刻的弗洛伊德的美学理论,它强调人的所有审美意识都是人的原欲的升华。他把这种原欲归结为两种,一种是生本能,就是性本能;第二种是死本能。美国电影《本能》就把这两种本能放在一起演绎,把生死放在一起演绎。我想,他所说的这种本能是对的。

但是,是不是有这样一种情怀,即能够和这种本能相关,但又没有发展到那样明确、尖锐的激烈程度的,一种还停留在情感层面的情怀? 因为一旦到达了欲望层面,或者说和性欲相关的层面,我们认为,很可能在美学上它就不再是审美了。因为它已经有强烈的欲望在里面了。而审美是与欲望有关,但又超越了欲望的精神状态和情怀。也就是说,他处于一种懵懵懂懂的天真无邪的状态。但是和儿童又不一样了——一种特殊的情窦未开的状态。以往说的“情窦初开”,应当是朦胧的、与性欲有关的情感的开放。而在这之前,他还是停留在比较纯粹的情感阶段。可能有这样一种本能,它还没有发展成为欲望——当它没有发展成为欲望的时候,我们从表面上看,它是双性同体,也即,他对于同性也有相当强烈的依恋。倘若从审美的角度来分析,这个时候的人的感性结构、情感结构,是不是处在更高层面上呢? 它是不是既有某种男性的特征,又有某种女性的特征,还有一种超越了男女两性眼光的、总体的“人性”的眼光呢?

　　法国女作家、萨特一辈子的女朋友波伏娃写过一本书叫做《第二性》。所谓男人是第一性,女人是第二性。其实男人的一半是女人。女人的一半呢,是男人。如何确定第一性,也就如何来确定第二性。男性发展的程度和女性发展的程度相辅相成。如果说,女性是被制造出来的第二性,在一生当中不断地受到男性意识,或者说男权观念,或者说社会体制扭曲的改变——这样来成长为一个女人的话,那么,男人也是这个社会不断塑造而成的产物。你是一个男人,你就必须具有一个男人应有的气质。这样一来,男性的眼光、女性的眼光很不相同,男性女性的不同眼光,使得我们以后对事物的感受、理解,对事物的种种精神的体验都大相径庭了。

　　但在此之前,是不是有人性的某种浑融一体的观念? 有着一种人性的眼光?

　　在我们现在的少年阶段,至少应当有这样的一个契机,使男女之间缺少界限。当一个男孩进入青春期之后,就更加认同自己是一个男人,会有一个阶段羞于和女生在一起。女生也不好意思和男生在一起。这时男人的男朋友多,女人的女朋友多。过了这样一个阶段,就是男人的女朋友多,女人的男朋友多了,而这个时候在西方,如果看到两个男人一直走在一起,大家就会觉得他们不太“正常”,有同性恋的嫌疑。在中国,男生们可能在坐车时不愿意和漂亮的女生坐在一起,虽然心里是渴望着,表面却推拒着。

　　总而言之,在这个时候,孩子们的性别意识已经非常强烈了。而这样强烈的性别意识是怎样影响到审美的,我们姑且先不谈。我们要研究的是,在这之前,是不是有一个人性的、男女两性特征兼而有之的阶段。这个阶段如果存在的话,那它就是一个人的人性发展得比较好的阶段。这就是因为男女在相处的时候没有欲望的观念。审美,和欲望的超越有着密切的关系吗?按照康德的观念,美,就是超功利的。超功利,说白了就是超欲望。我们欣赏齐白石画的大虾,不是看了以后感觉"爱它就要吃掉它",而是不带欲望地看,看到大虾的美。他画的大白菜,我也不是为了要吃它才去看它,而是因为它美。看花也不是为了吃它,同样也是因为它美。在这样的阶段,人性和审美之间就有了内在的契合。所以我说,男女双性兼而有之,才有了人性。

我们从以后的文艺作品上可以明显地看到,凡是比较伟大的作家,比如曹雪芹,我们就能感觉到他有某种女性的气质,而像写《简·爱》的夏洛蒂·勃朗特,她就似乎有某种男性的气质。也就是说,一些伟大的艺术家、伟大的艺术作品,他(它)们都有某种双性同体的特征。为什么我们喜欢张国荣、梁朝伟?很大程度上,就是因为他们在某些气质上都比较具有双性的特征。至于张国荣的同性恋身份,这是另一个问题,但他的身上肯定具有女性的某种温柔的特点。

而从人性的角度来看,一个人如果只崇尚男性的阳刚气质,"刚"到一定的地步,就变成了类似钢铁战士的素质。而这在英语里就叫"cool"。将"cool"翻译成"酷",这样的翻译很好,一来它其中包含了"冷"——但冷还没有到"酷"的地步;二来中国汉字"酷",其实就有一种寒意,给了我们一种恐惧感。我们形容一个人很可怕,人们对他又畏惧又尊敬的时候,就说他为"威风凛凛"。"凛"的意思大致就是

　　寒风凛冽，是我们对于冷的一种感觉。"心中一凛"就是心里被冷的东西刺激一下所产生的感觉。所以说，男性的气质中包含着"酷"这样的因素。当然，不只是男性。章子怡也很酷，很多人喜欢章子怡，就因为她的酷，一副"凶"相。章子怡、巩俐都有一股"凶"相。说白了，看来，张艺谋就喜欢有点"酷"的女人。

　　为什么人们也喜欢女性身上有这种"酷"？ 男性的阳刚推到极点就是酷，是钢铁一样的硬、冷峻、不可摧毁———一种刚强。它对应的应当是"柔弱"。老子说"柔弱胜刚强"[①]，就是某种温柔的、柔软的东西，它恰恰是生命的标志。有生命的东西，一开始都是非常柔软、柔弱、柔嫩的。春天很多绿叶生长出来，嫩草吐芽，所有的枝条变得柔弱、柔软，所以叫"柔条"，"春风杨柳万千条"，披散下来就好像女孩子的长发一样，在我们心里唤起了有生机的、喜悦的、新鲜的感觉。相反地，秋冬是酷的，大多数的植物都显示出坚硬刚强的一面。古人形容秋天为"劲秋"[②]，歌颂秋天的称之为"有力"，所以以前说，对待敌人要像秋风扫落叶一样冷酷无情。

　　那么是刚强好还是柔弱好呢？ 老子说"柔弱胜刚强"，但其实绝对的柔弱与绝对的刚强都不好。绝对的柔弱就变成了文弱、脆弱、软弱。中国古代有一个朝代，西方人形容它是最斯文的朝代，就是宋代。称宋代"斯文"，我觉得非常精彩。因为"斯文"是从《论语》上来的，是说文化里面最好的一种传统。到了宋代，中华文明登峰造极。

---

① 《老子》三十六章。
② 晋·陆机《长安有狭邪行》："烈心厉劲秋，丽服鲜芳春。"

而这个时候,中国文化是处于一种最柔弱、最无力的阶段。蒙古的铁蹄将一切都踏平了。

在少年的这个阶段,由于我们每个人兼具雌、雄两性的特征,我们就有了超越简单的崇高与优美、优美与尊严等美学范畴的美学特征。西方人谈审美好似优美与崇高对立得很清楚,其实应该有一种更加浑然的,更加融为一体的,更加复杂、混沌的状态,这才是一种更高的审美状态。超越了阳刚与阴柔,超越了崇高与优美,超越了所有这"两者"之上的一种审美心态。应当有这样的审美状态、审美精神、审美感觉。是不是这样才是一种更好的感觉呢? 很难说明白。

我想,人类有了这样的一个阶段,首先他是从单纯的欲望当中解脱出来。这个时候,我们一切的情感都开始萌发,我们对感情有了更深的感受,对人与人之间关系的扩大有了更深的感受,对大自然有了更深的感受……这个时候,按照中国古代的说法,我们对一切事物的情感都是一个圆圈向外推的结果。儒家把它称为"爱有差等"。道家或者佛教都有一种"生命共感"的观念。也即,我的生命与别人的生命、与大自然的生命息息相关。用一句经常来形容军民鱼水情的话来说,叫做"同呼吸、共命运、心连心"。实际上,它就是说了所有的人都是"同呼吸、共命运、心连心"——这就叫"仁",就是儒家说的"仁者爱人"。这是有两个人组成的。哪两个人呢? 最早的两个人就是男人和女人。当然儒家里没有这么说,但最早的两个人的情感就是男人和女人的情感,就是阴阳两性。儒家就是这么开始推,有天地然后有阴阳,有阴阳然后有男女,有男女然后有夫妻,有夫妻然后有父子,有父子然后有君臣……当然这么说似乎有些绝对,但是,如果我们仔细地考察,靠男女两性的情感维系在一起的人与人之间的情感,是不是儒家所说的"仁"呢？可能不是。"仁者爱人",是不分男女的。不分男女的爱,就不能从阴阳二气开始往外推,而应当从一个更加根本的东西上来推。因此,我选择了人类发展的这样一段时间——人还没有成人的阶段来探讨。成人,就是"他"已经成为一个男性,"她"已经发育成为一个女性,性别上生理上发育成熟。

而在成人之前,我们其实才是"人"。因为这个时候,我们的性别还没有发育成熟,我们还没有成为一个单纯的男人或者是一个单纯的女人。这样的阶段,可能是我们人性最成熟的一个阶段。这样来看,我们的人性与我们的审美有着非常密切的关系。

我说"少年情怀",这个时候我们发展出来的,确实是情性,甚至可以说是灵性。此时,我们的欲望意识还比较淡漠,人与人之间的情感比较单纯美好。我就很想念我小时候的一个同桌女同学,常常帮我抄作文。她的字特别好,我每次写的作文她都帮我抄。可惜现在已经没有联系了。那个时候没有爱情,也没有其他的复杂情感,只是一种比较真挚的情感。说是友情也不太对,因为友情是针对爱情区分而言的……总而言之,它是一种比较纯洁的情感。这样的情感对男性、女性都是同等有效的,因此这是一种无差别的境界。

"无差别"的境界,庄子《齐物论》中把它叫做"齐物"的境界。"齐物",就是平等地对待所有事物的境界。章太炎总结说,《庄子》里面,《逍遥游》说的是自由,《齐物论》说的是平等,所以说《庄子》的核心就是四个字——自由平等[①]。有没有博爱呢？庄子说的是无情，不是博爱。庄子的无情和我前面说的无性是不是一样呢？——既然这个时候强调平等地看待，那么，也就没有两性的差别。反推一下，当我们没有两性差别的时候，我们就能平等地对待男人、女人；既然能够平等地对待男人、女人，就能平等地对待万事万物；既然能够平等地对待万事万物，那么我们跟所有人之间的关系就是逍遥的，或者说是自由的。

　　无情，并不是没有感情，相忘于江湖。从人性的角度来看，这个时候，对人关系的选择是凭着某种纯粹的情感的。"纯粹"的"情感"。张国荣和袁咏仪演过一部电影《金枝玉叶》。袁咏仪演的那个女孩女扮男装，结果和张国荣相爱了。张国荣以为她就是一个男孩，以为这是两个男人之间的感情，就和他女友分手了。袁咏仪听说他们分手以后，就换了女装跑啊跑，去见张国荣。终于在电梯口遇到张国荣了，袁咏仪对他说，我是女的！以为他会很高兴，结果张国荣说了一句很可怕的话："男也好女也好，我只知道我喜欢你。"

　　我们什么时候有过"男也好女也好，我只知道我喜欢你"这样的阶段？正是少年的阶段。在这个阶段，不管他是男是女，我们都可以爱上他。因为这个时候我们怀有的是某种纯粹的情感，而不是出于某种欲望的实现与达到，这种情感更接近于审美的情感。对对象的一往情深的追求，并不加任何欲望的因素。它是一种情性。这种情性甚至

---

① 章太炎《章太炎国学讲义》，海潮出版社，2007，第30页。

可以发展为一种灵性,上升到更高的阶段。什么叫灵性? 就是超出了两个人的形而下的阶段,超出了身体层面,达到了精神上的纯粹的沟通。所以这个时候,我们不管自己喜欢的人是男是女,年龄多大,这个时候,我们与对方是一种心灵上的关系。就像《钢铁是怎样炼成的》里的保尔·柯察金和朱赫来,他们之间的关系是革命者之间的关系,崇拜与被崇拜的关系。而保尔·柯察金和冬妮娅,他们两个小孩其实还没有达到后来所谓的爱情的关系,在那个时候,他们之间的感情,仍旧是一种特别纯洁的关系。这在很多文艺作品里,很多现实生活的例子上,屡见不鲜。

这种暧昧的美好,在审美上有着深刻的表现。例如,佛学中一些人物模糊两性的处理,像观世音菩萨,乃至如来佛祖,都以一种兼具两性的美,给人间以丰富的情怀启示。我们于此,可以感受到少女情怀在美学上的深刻意味。

# 第六章　青春美学

## 一　怒而飞

这一章我们讲到了青春岁月。对于这样的一个题目,我本来以为会有很多话要说——但当我真的涉及这个主题的时候,却感到一下子失语了,无话可说了。所以我想了一个招,请我的学生写一下所有关于青春的词语。大家写了很多我想到的和没有想到的词语,但所有这些大家想到的用以形容青春的词语,通通都和诗意、审美相关。所有的形容词、名词、动词等等,都诉诸感性、情性、心境、希望……

青春,大致和学生们写下的词语相关。某天中午,有个学生为了毕业论文来找我,我就请她把所有关于青春的词都想出来告诉我。她正在青春期,却想不出多少来。而她自己感慨,说青春已经没有了。她才二十来岁,正在青春之中,却说自己青春没有了。青春好像永远不是一个正在进行时,好像永远都是比较容易消逝的、永远都把握不住的,而我们似乎永远都不知道自己哪一段是青春,可是等以后回想起来又感觉到很后悔,再以后又会对自己的后悔感觉到后悔的岁月。有人为了自己在青春期犯了错误感到后悔,有人为了自己没有"犯错误"而感到后悔,等等,很有意思。

青春,让我想到在美学中存在两种情况。一种是与青春的格调、特征相为悖反的美学,比如后来的康德美学,叔本华的美学,亚里士多德的美学,他们的美学并不十分青春,多强调静观,甚至像黑格尔强调的是理性。这些美学的归属处和我们青春期的审美就不大相似;另外一种美学是迷狂的、叛逆的、梦想的、醉意的、激情的。这样的美学就和人的心理特征中比较青春的心理特征比较相似,比方说西方美学中柏拉图的迷狂,尼采的梦与醉,以及两者归结到一起的"力",是"力"的美学;还有唯美主义的、弗洛伊德主义的,那种不可遏止的堕落的欲望……那个说自己没有青春的女孩子与我说,她之所以觉得自己没有青春,是因为她感觉到自己没有活力。我说你这不就说对了么,青春就是与活力相关,与力相关,与生命力相关。美学中也有这么两种美学,一种是比较成熟的、成年的、理性的、看透一切的美学,另一种是青春的美学。比如李泽厚形容李白为"青春李白"[1],因为在李白的诗歌里面显示出来的是一种青春期的症候与特点。而杜甫代表了诗歌中的另一种风格。其实杜甫和李白差不多生活在同一时期,但大家都叫他"老杜",因为他诗歌中包含了很深的人生感慨,比如"人生不相见,动如参与商"(《赠卫八处士》),比如"落花时节又逢君"(《江南逢李龟年》),等等。杜甫的诗表现出来的是一种老年人的特征,尽管他也想写狂放,也想写青春,但他即使是写春天的诗歌,也不青春。"两个黄鹂鸣翠柳,一行白鹭上青天"(《绝句》),好像翠柳青

---

① 李泽厚《美的历程》,文物出版社,1981,第125页。

天,十分美好,白鹭上青天,把我们的心引向很高很远的地方——但下面呢?"窗含西岭千秋雪,门泊东吴万里船",千秋、万里,表现的不正是一种沧桑、浩渺之感! 又如他的"无边落木萧萧下,不尽长江滚滚来","百年多病独登台",我们一读杜甫就会觉得这个人好老! 他写的诗歌弥漫着一种沧桑感和衰飒感,缺少青春的气息。而李白呢,倒像是对什么都不在乎似的,"天生我材必有用,千金散尽还复来"(《将进酒》),颇有满不在乎的青春气息。即使是他临死时写的"大鹏一日同风起,扶摇直上九万里"(《上李邕》),还是有一种青春期的狂飙突进的气概。"狂飙突进"运动是当时德国歌德等人倡导的运动,体现的是一种青春期的、积极的、向上的、奋发的、不顾一切的率性的精神,这在李白的诗歌里有很好的表达,但在杜甫的诗歌里就完全不同。杜诗似乎是一种少年老成,年纪轻轻的就有很深的人生感慨。

在哲学领域中,一些才华横溢的哲学家和一些头脑缜密严肃的哲学家就完全不一样。比如美国写过《正义论》的罗尔斯,与和他同时期的、写作《无政府、国家与乌托邦》的诺奇克相比,我认为诺奇克的思想较有青春期的征兆。他们两个人是齐名的,但思想却截然不同。罗尔斯是从理性开始推导,一步一步推导出一个社会应当怎么样才能走向正义;而诺奇克则认为这样的思想是压抑人性的,他提出了相反的原则,这些原则具有一种狂飙突进的精神。诺奇克写的著作不注重论证。他说,好多人写的专著打磨得光光滑滑,圆圆润润,无懈可击,好像自一出生便是如此。难道在写作的时候没有灵感么,没有想象么,没有犹豫不决么? ——能不能把这一切都保存在著作里呢? 我怎么想的,就怎么写出来。这就是青春期的特点呵!诺奇克把发育、生长的过程也放在著作里,我认为这样的学术著作就体现出某种青春期的特征。科学哲学里写有《反对方法》①,正面的理解就是"怎么都行",体现出某种青春的特质:青春期我们就是"怎么都行"的。这就是所谓"年轻,没有什么不可以"!青春期就是叛逆的,因此它也是残酷的。《还珠格格》中的小燕子说"有一点叛逆还有一点疯狂,有一点个性还有一点嚣张",歌词写得很好,歌名叫做《有一个姑娘》——当然不是一个姑娘这样,每一个在青春期的人都应当是这样的。而"反对方法"也就是这样一种叛逆。反对方法就是反对规则,反对规则也就是无政府。这里所说的"政府"代表了各种规则、体例、条例、方法、管理、统治、纪律……既然反对这些,就是怎样都行。这就是青春期的特点。法伊尔阿本德和诺奇克的思想,一定程度上都体现了这个"无政府"的特点。自然科学看起来都很严密,但自然科学实际上就是起源于各种巫术、炼金术,是不是一定要用自然科学的语言来讲问题呢?不是的,怎么都行,只要能得出合理的结论。"怎么都行",就是青春期的想法。青春的美学,就包涵着这样两个方面:反对方法,怎么都行。

正如前文所说,不分时代、不分种类,在所有文化所有领域中都可能存在着某种青春的精神。这种青春的精神的存在,也就是活力所在。什么叫活力呢?就是有生命的力——"生命力"。什么叫"青春"呢?不知道。学生用了这么多词来形容它,我还是不知道什么

---

① 〔美〕保罗·法伊尔阿本德《反对方法:无政府主义知识论纲要》,周昌忠译,上海译文出版社,2007。

叫做青春。但中国古人实在了不起，在季节上加了一个形容词，然后移用到了人生上。童年、壮年、老年，都是纯粹的时间描述，只有青春这个年代是用形容词来描述的。"青"的基本颜色是绿。形容绿的颜色还有很多，"翠""碧"……为什么偏偏选择了"青"呢？正如"春风又绿江南岸"里面只能用"绿"，用"青""碧""翠"，都不对头了，"绿"就是最好最佳的，因为"绿"可以包括所有和绿相关的颜色，它所指更广。那么为什么形容人生的"青春"这个阶段就只能用一个"青"？我曾将这个问题抛给学生，有的学生认为，"青"没有"绿"那样浓重，是一种植物刚刚成长起来时候的颜色，是春天植物初生的色彩，贴近萌发的状态。植物发芽生长，保持在"青"的时间会很短暂，很快就"绿"了，"绿"了相对较长的时间后又"黄"了。用青来形容青春，就是因为青色很短暂，很不容易把握，是一个很容易消逝的过程。还有学生认为，因为"青"是一种比较稚嫩的颜色，它少了一种像翠、碧的凝重，用青来形容一种比较幼小、比较新鲜的东西，会比较合适。而且青和蓝有关系，古代有一种瓷器叫做青花瓷，古人非常喜欢青，喜欢青的气质，用青来表示对美好事物的喜爱，这可能是用"青"的原因。

对于"青春"中的"青"，我们可以做何猜测与探究呢？在国画中，我们称松树为"青松"，此外好多东西我们都用"青"来形容，比如"常青树"，等等，令人感觉到"青"里面包含着许多内容。用这样一种颜色来形容生命中这样一段特别的过程，是比较合适的。还有"青涩"这样的形容词，都以"青"来形容某个比较短暂、比较难得、比较珍贵、比较容易消逝的生命阶段。"青春"，很可能就是指春天开始的阶段，正如杜甫诗歌中的"青春作伴好还乡"。古诗词中用到"青春"这个词的地方都很多,所有这些都是形容在这样的一段春天般的岁月里,我们最具有生命活力的阶段。如何来分析青春精神? 可以从多种多样的角度来讲。所有的文化中都有"青春"的阶段,或者说气质、精神。青春,我们可以说一个老年人很青春,也可以说一个青年人老气横秋。所以说青春既是一个人生阶段,也是一种特定的精神气质。作为一种精神气质,可以说美学与青春有关,分析这些美学理论,容易让我们把握住青春的特点。当然我们可以不去分析别人的理论,只好好分析青春的特点,把我们所能想到的青春特点都写下来,把它们不断地提炼、归纳,做某种聚焦,找出它某种最根本性的特点,做深入的探求。

青春,是春天刚刚来到的时候,时间不长,万物复苏。以大自然的这种状态来对应我们人生的这个阶段的状态,是非常合适的。春天一到,万物开始生长,所有的植物发芽生长。小时候我写作文,写到"积雪消融,嫩草抽芽",十分得意,这是我从报纸上抄来的,结果老师说我乱写,怎么会"积雪消融"以后"嫩草"就"抽芽"呢? 哪有这么快,雪要下很多场的! ——这个老师蛮不讲道理,这是形容冬天结束、春天来了,就好像电影镜头里的蒙太奇。可是以这个阶段来形容人生,让我们感觉不对劲 : 春天是四季之初,是一个季节周期最开始的那段时间 ; 而我们的生命从一出生就开始了,那为什么要过了这么久,到了十几岁的时候之后才进入了青春期呢? 积雪消融,嫩草抽芽,春天来了——为什么用春来形容的不是出生,而是十几岁的人生阶段? 所以我觉得青春恐怕是春天从初春往后来过渡的一个阶段——还不是嫩草抽芽的阶段,不是刚刚变绿的阶段。它是由嫩绿、鹅黄色,向比较成熟的阶段发展的那个阶段。草芽一开始是淡黄的、嫩绿的,然后逐渐成长为青色。青色中有蓝、绿、黑三种颜色,是比较深的一种绿,是比嫩绿更绿的一个阶段。我们说"青松",似乎是比较老的一种绿。为什么青花瓷的颜色有些向蓝色或者说是黑色过渡的颜色呢? 可能青色并不是最初的色彩阶段。浮士德想回到年轻的时候,结果一下子回到了青春期,而不是回到刚出生的时候,青春之前的时期似乎也没多大意思,所以要回到青春期,可以恋爱,可以做很多的事情。

青春期是有生命力的阶段。生命力意味着生机、生气,似乎都和"生"有关。弗洛伊德把生本能归结为人类再生产的性本能。少年阶段的时候是男女双性,性别模糊;待到青春期,人作为男性女性的性别发育成熟,性别分明了。这个时候开始真正地产生了"少年"维特之烦恼,人的某种莫名的欲望产生了。有人形容说,好似多了点什么,又好似少了点什么。欲望是什么? 欲望便是那句话:一个是少了点什么,一个是多了点什么。少了点什么呢? 感觉到有某种需要;多了点什么呢? 多了点想法。所以很多人想到青春的时候联想到梦想、幻象、惆怅、迷惘⋯⋯这是我们开始发育成为一个男人女人之后产生的某种想法。西方人把它称为需求need和欲求want之别,在这个阶段,我们既有了需求,又有了欲求,于是我们就有了迷惘,有了某种冲动,有了懵懵懂懂⋯⋯有人认为这个阶段很美好,也有人说它很残酷。姜文导演的电影《阳光灿烂的日子》,改编自王朔的小说《动物凶猛》。青春时期正像"阳光灿烂",可是却又像王朔形容的一样,"动物凶猛"。开始有了生机,有了生气,有了活力,有了生命力——想要干点什么,这个时候我们就感觉到人有了某种盲动性。有了冲动,而这种冲动是盲目的,是盲动。有了盲动性就特别容易叛逆和疯狂,或者说,迷狂。所谓叛逆,就是不讲规则,是反对方法。"方法"代表了一切的规则,一切的纪律,一切的统治。如何理解这一时期的盲动呢?就是欲望没有眼睛。眼睛看到前面的目标,那个就是"目的";没有眼睛的欲望,就是无目的的欲望。欲望没找到目的的时候,我们就容易盲动。欲望为何会没有目的呢?在中国古代文论里面,有两大相互对抗的传统。一个是"诗言志",一个是"诗缘情"。什么是"诗缘情"?陆机《文赋》里提出来"诗缘情而绮靡","缘情"就是"因情",即诗是跟着情感走的。假如说诗是跟着"志"走的,首先"志"是什么?"志者,心之所之",也就是心所指向的目标,有目标的心事、心力就是志,通常和"向"联系在一起——志向。"志"指的就是特定规则下的一种特定的目标,所以我们说"诗言志"的时候,就意味着我们的诗是和某种道德准则、精神规则或者说跟某种特定的"理想"联系在一起的。经过实际思考过的想法,就是"理想"。青春期的想法不叫理想,应该是胡思乱想,是不受限制的。假如在青春期就一直按照理想行进,这样的人未免也太可怕了,也挺没有滋味的。这个时候应该是"缘情",没有目标,服从于一种内在的冲动。这种冲动就是一种盲动,像是歌里面唱的一样,是"跟着感觉走,拉着梦的手"。

　　古希腊柏拉图的美学中就讲到,这种不受控制的、感性的力量是一种可怕的力量。不受控制就容易走向反叛,走向叛逆,走向对秩序的损害。柏拉图之所以最终要求把诗人驱逐出境，是因为在他的心目中，诗是人凭着感性的冲动来支配人的精神力量。所以他认为，在一个人的政治当中，就像我们中国古代所讲的那样，先得正心诚意，修身养性，然后才能齐家治国平天下。也就是说，若要把天下国家治理好，首先要治理好自己的精神。柏拉图发现我们最难治理的，就是我们的感性的欲望，它把我们带到种种冲动当中，容易走向叛逆。我们在青春的时候，就像李白写道："俱怀逸兴壮思飞，欲上青天揽明月"，我们感觉到自己有无穷的力量，而且怎么用都用不完，"天生我材必有用，千金散尽还复来"。诗中并非是指作为财产的千金散尽还复来，而是自己的才能，怎么挥霍都用不完。一个人只有在心态比较青春的时候才会如此狂妄，觉得有大把的才华和大把的时间供自己挥霍，感觉世间一切都握在自己手里，自己可以任意地来消耗它。因此，处于这样一个特殊的阶段，我们感觉到自己充斥着无穷的生命力，倾向于冲破一切束缚和规矩，按照我们自己的心愿来做事。

在这个时候，孩子处于某种心理叛逆期，不愿意听家长的话。他们虽然没有说出来，甚至没有意识到，但他们心里有种潜在的意识："你们老了，你们理解不了我。虽然你们也经历过这一时期，但还是理解不了我。"青春期具有充盈的、洋溢的生命活力。我们在青春期会有这样一种体会，并不是说这一时期具有了某种创造力，或者某种特殊的才能，而是我们只有在青春期才感觉到我们有用不完的力量，感觉很多事物都处于轻快的、飘忽的、顺畅的、奔涌的状态。我记得自己也曾经感受过青春带给我们的这种状态。有一次我骑在自行车上，感觉自己春风得意，骑车一点都不费力，自行车像在马路上飞，有一种飞翔感。这种飞翔感，就近似于美感。所以说庄子在《逍遥游》里有一句话叫"怒而飞"。有人说庄子的精神在这里体现得非常好，因为庄子的文章就是飞翔的文章。我们读庄子的时候，感觉他从一个意念到另一个意念，一下子就起飞了。他讲自己做梦，梦到自己变成蝴蝶，然后他忽然恍惚了："是我庄周变成了蝴蝶，还是蝴蝶变成了我？"此之谓"物化"，他把这一刹那的迷惘飞翔到了一个高度，飞翔到了一个哲学的高度。我们说审美其实就是一种飞翔。我们处在一种感觉中，这种感觉把我们带动起来。"怒"不是"愤怒"的怒，我曲解一下，它是心的努力，是心的一种迸发，是心灵的力量的喷薄。这是一种心理能量，一种心理能量的突破使他感受到一种飞翔的感觉，所以说"怒而飞"，其中积攒了很多很多的力量，在此基础之上"飞"了起来。我曾经把庄子的《逍遥游》总结为物理学上的三级宇宙速度，第一宇宙速度能使物体绕地球做匀速圆周运动；第二宇宙速度能使物体摆脱地球引力，绕太阳运行；三级宇宙速度能摆脱太阳引力。每一次加速到一定的地步，就使它上升到某种新的境界。三个逍遥之境，"至人无己，圣人无名，神人无功"，就提示了三个宇宙速度。

青春的原则应当是庄子所说的"怒而飞"——"心花怒放"的"怒"，"怒放的生命"的"怒"，用以形容万事万物在春天具有的生命迸发式的力量。汉语用"怒"表示生气。"生气"换做最通常的意思并非是人在不高兴地生气，而是万事万物都有了一种"生气"，是生命的力量。"飞"指的是飞翔，要越过世俗的力量，是王国维说的"偶开天眼看红尘"。这是西方哲学里的观念——从天上来看眼前的这个世界。所以"飞"实际上是指人在身体上已经越过了大地，用一种超过世界的眼睛来看这个世界。因此，"怒而飞"是青春期的一个重要的原则，能够表达青春很美妙的生命力的爆发，是一种美学境界。

青春期，我们的人生境界是怎样的呢？谈"境界"似乎无所着落。青春期恰好是我们的生命活力特别强盛的时候，是我们的精神能够激发起来"怒而飞"的时期。从这样的一种叛逆可以升华为一种梦幻，我们会产生像尼采说的那种生命力在极度充盈下所产生的梦与醉的状态。后来弗洛伊德在尼采的思想上进一步发挥，认为在梦境中，对我们所有的意识的抑制作用被解除、突破了。在梦中，我们的欲望偷偷地突破了意识的看守，冲破了我们日常情况下清醒的东西的看守，悄悄地露头了，头脑中一下子演绎出各种各样的想法、景象，这些想法其实是人心当中最真诚、最真实、最可贵的东西。有一段时间我总是浑浑噩噩地看书过日子，有一天夜里做了一个梦，而我梦境中的东西才是我真心想要的，我感觉到我再也不能这样活下去。我在生活中所拥有的东西，都是别人想的，或者别人说这是你该想要的，或者所有人都说你要这个挺好的——而只有像梦里那样子去过一阵，一生才没有白过。这就是为什么我们要特别珍惜青春，因为青春的时候我们有"梦"想，这种梦想最靠近我们内心深处最真诚的东西，而这种东西在往后的人生里我们逐渐就失去了。尼采在《悲剧的诞生》中形容了这样的一种状态：很多人在早上醒来时说："唉，只不过是一个梦。"言下之意是，忘掉它吧，只不过是一个梦。很少有人说："这是一个梦,我要把它做下去。"我们在什么时候会把梦做下去呢? ——在青春期,我们会想,这是一个梦,我要把它做下去。这是一个梦想的时代,或者说幻象的时代、迷狂的时代。这里,"迷狂"的概念有点不同于柏拉图的说法,在柏拉图看来,迷狂是被神灵的力量所控制。我们反过来想想,我们感觉被一个神秘的世界、一个神秘的力量所控制,这样叫做迷狂。迷狂相当于灵感,我们似乎着迷了,被我们无法控制的力量控制着。

春天来了,万物复苏,生机勃勃,我们无法控制事物不停地长啊长啊,花开了,树绿了,在这样的一个时期,我们整个人就不一样了。中国古人讲究天人合一。古人认为春天到来的时候,我们伴随着大自然的节奏,伴随着万物生长,内心有些东西也在蠢蠢欲动。春天,我们变"蠢",变得盲动、盲目了,变得迷狂了,变得痴了。"菜花黄,痴子忙",所有的人心当中某种模糊的、蠢动的、盲动的东西开始活跃起来了。因此在青春时期,我们开始有了一种将生活、生命本身跟万物相融合的力量,一种看起来盲目的、特别的、神秘的与大自然相融合的力量。这就是"梦"的力量。这个"梦"不是中国古代所说的"人生如梦"的"梦",是"梦想"的"梦",我们在青春的时期,我们内在的生命力帮我们打开了一个梦想的眼睛,我们带着梦想来观察万事万物——这就是尼采所讲的梦。当然,尼采讲的是一种日神精神,把万事万物看作现象、图像、形象。日神精神在尼采的语境里是一种清醒的精神:阿波罗精神,能够把一切都看清楚的精神。其实,我们看正好相反,由"梦"衍生来出来的精神,难道不是致幻的、迷狂的、不清醒的吗？由于梦的精神出于一种欲望，出于一种生命，是一种生命精神的体现。怎么体现的呢？假如按照弗洛伊德的理论推理，我们所有的梦都是和性相关的，我们所有的眼光都带着欲望。带着欲望看事物，事物在我们的眼中就恢复了生命，我是带着一种生命共感的眼光来观察万事万物。推到极致的状态，也就是像劳伦斯所认为的那样，所有的审美都和性相关。因为我们有了一种正常的内在的生命力，所以我们看万事万物才恢复了事物的美。假如一个人没有任何欲望，他看到的事物将全部是冷淡的、冷漠的、没有生命的，这是不可能会美的。这样的说法很有道理，我们不能像劳伦斯与弗洛伊德，把性欲狭隘化，但可以把性欲推广为生命的欲望，生命的精神。只有带着生命的眼光去观照事物，把事物看成是有生命的，对象才会具有美感。所以，在一些诗歌当中，都赋予没有生命的事物以生命。钱锺书曾经分析宋诗中有"数峰无语立斜阳"①，几座山峰，默默无语地立在斜阳当中。山峰当然是无语的，它不可能开口说话，但是这样写，"数峰无语"，就是假定它可以说话却没有说话。诗人把山看作了一个有生命的对象。再比如李白写"相看两不厌"，我看山，山也看我，我们与事物之间的关系，

---

① 钱锺书《宋诗选注》曰："按逻辑说来，'反'包含先有'正'，否定命题总预先假设着肯定命题。诗人常常运用这个道理。山峰本来是不能语而'无语'的，王禹偁说它们'无语'，或如龚自珍《己亥杂诗》说：'送我摇鞭竟东去，此山不语看中原'，并不违反事实；但是同时也仿佛表示它们原先能语、有语、欲语而此刻忽然'无语'。这样，'数峰无语''此山不语'才不是一句不消说得的废话。改用正面的说法，例如'数峰毕静'，就削减了意味，除非那种正面字眼强烈暗示山峰也有生命或心灵，像李商隐《楚宫》：'暮雨自归山悄悄'。有人说，秦观《满庭芳》词：'凭栏久，疏烟淡日，寂寞下芜城'，比不上张升《离亭燕》词：'怅望倚层楼，寒日无言西下'，也许正是这个缘故。"人民文学出版社，1958，第8页。

变成了"我与你"的关系。《我与你》是现代哲学家马丁·布伯写的一部著作，写得非常精彩，他认为人和其他事物之间的关系有两种：一种是"我—你"关系；一种是"我—他"关系。"我—他"关系就是把其他人客观化，而"我—你"关系，就是北京人讲的"咱"——咱哥们儿、咱自己人——的关系，是平等的、可以相互交流的，可以相互传递情义的、相看两不厌的一种关系。

如此，从青春的生命力出发，我们的生命力所带给我们以生命精神的眼光，去观察万事万物，而万事万物本身也恢复了活力，从而具有了一种魅力。所以说以青春期的眼光看什么都是美的，它容易偏向一种美感的眼光，所以古人说"青春作赋，皓首穷经"。青春为什么要作赋？赋者，铺也；铺陈、铺展、铺张扬厉，是一种生命力向外扩张的精神，所以司马相如说："赋家之心，包括宇宙。"青春作赋的心思就是把整个宇宙包含在自己的青春之内。以往看汉赋觉得刻板得很，把整个空间里所有事物写遍了，然后不断地夸张，不断地铺陈。我们讲"赋比兴"，可是一直以来，我都以为"比""兴"比"赋"更为重要。其实不然。为何"青春"作"赋"？我想可能与无限向外扩展的生命力有关，这就是所谓的"赋家之心，包括宇宙"。

有部电影叫做《青春残酷物语》，也就是说青春还有残酷的一面，残酷的青春，或者说，"动物凶猛的青春"。青春的一种盲目的冲动——就像柏拉图指出的不受控制的感性的冲动，是一种危险的冲动，它可以把我们引向一种审美的阶段，但是这种审美本身也可能把我们带到一种残酷的境地里。

青春期最容易引发暴力冲动。比如香港的电影《古惑仔》系列，法国的一些表现街头浪荡年轻人的电影等等，都是写青春残酷的。除了《青春残酷物语》之外，这类文艺作品也还有很多。在青春期，我们感觉到有用不完的力量，这种力量很容易向暴力方向发展。英国女作家乔安娜·伯克写有《面对面的杀戮》，作品认为每个人在青春期，最容易受各种文艺作品蛊惑，参加战争，想当英雄；而所谓的英雄，就是合法杀人者，在战争当中杀人合法，而且杀得越多越好——也就是把暴力引到一个体制容许的、鼓励的轨道上，从而产生了暴力美学。还有许多暴力被用在不恰当的地方，比如香港的《古惑仔》电影，以及很多国外刻绘青春反叛的影片，比如法国电影《怒火青春》。青春期的时候很容易"怒而飞"，总要通过一些方式把力量发泄出来，因此在青春期容易叛逆，容易——现在不大提这个词——革命，具有革命的冲动。毛泽东总结过四个字：造反有理。造反不管有没有理，在青春期总是想着要造反。有部长篇小说叫《青春之歌》，写的就是"革命之歌"。有人批评《青春之歌》，认为小说写的就是作者杨沫——即小说中的林道静，和九十年代一个很时髦的老头张中行——小说中余永泽的原型，两个人谈恋爱。假如林道静和余永泽在一起，做一个学者、一个教授的妻子，看起来很好，但我比较反感，我更喜欢文学作品里的那个林道静——为什么？"青春之歌"，青春的时候我们要是没有一点反抗精神，没有一点冲破压迫的精神，没有对穷人的一点怜悯心，没有对黑暗社会的反抗精神，那就等于无青春了。有个学生在写青春的联想词的时候写了"格瓦拉"，为什么想到格瓦拉呢？因为他是个革命者，革命者就要造反,要革掉原来的"天命",建立一个新的"命",建立一个美丽新世界。《美丽新世界》是英国作家阿道司·赫胥黎写的乌托邦小说,这个美丽新世界不是很可怕么? 那么还应该建立这样一个"美丽"新世界吗? 青春期还是可以建立一个美丽新世界的,青春的时候不能建立一个美丽新世界,那就永远不可能有美丽新世界了。一个社会如果沦落为老年的社会,就仿佛时代终结一般,令人觉得很可怕。有一点革命的精神也可怕,它的结果可能是恐怖的,不可收拾的——但是没有一点革命精神也很可怕。李泽厚有一篇著名的文章叫《告别革命》,要在全世界范围内否定革命。我不这么认为。法国思想家弗朗索瓦·傅勒写有《思考法国大革命》,对法国大革命就有新的思考。"革命有理",青春与革命、反叛联系在一起,就容易跟暴力发生联系。什么叫革命? 毛泽东说就是一个阶级推翻另一个阶级的暴力过程。革命包含着暴力,暴力很可怕;但没有暴力也很可怕,甚至有时候更可怕。因此说青春期的美学是某种力的美学,是一种有生命活力的美学,因此容易走向暴力美学。我们有时候会找一部暴力血腥的电影来看,体会到一种残酷。这种残酷感和青春感微妙地结合在一起,尽管说出来比较可怕,但这是事实。审美当中有某种残酷的因素存在,这种暴力,甚至走向暴虐,都是值得我们探讨的。

## 二　永生感

青年人具有"永生感"。英国作家威廉·哈兹里特有篇文章叫做

《论青春不朽之感》,很贴切地描述了青春期的一种感觉,即青年的时候不知道生命的哀愁,看到的都是生命永恒生长的方面①。因为在这样的时期,人生发展到最好的阶段,感觉到生命是可以永远生长而又生长的,所谓"生生不息"。这个时候生命处在勃发期,在美妙的萌动中到达一个非常美好的顶点。然而在这个时候为什么会有永生感?

海明威有篇小说叫做《印第安人营地》,是写一个印第安男人在医生给他妻子剖腹产的时候,忍受不了妻子的痛苦,自杀了。这时候,小说中的主人公男孩尼克感到这件事情很可怕。海明威的这篇小说写得很克制,但他让一个小孩思考这样一个严肃的问题——生死的问题。他问他父亲:"死,难不难?"他父亲说不难,要看一个人怎么想。实际上此时此刻任何一个问题对任何人来说都是关系到自己生命的问题。此时尼克是个少年,当他和父亲在清晨的湖上准备回家的时候,他把手伸到湖水里面,感受到湖水的温度,感受着早晨的阳光,他忽然有种感觉,他觉得到自己永远不会死。很奇怪的禅宗式的小说结尾。这篇小说写了"生"与"死":医生没有带麻药,就给孕妇剖腹产;产妇并无大碍,过程也并未写得如何惨烈,但她的丈夫却忍受不了,自己割颈死了。很难明白,尼克看到这种惨剧,他最后浮现出来的念头,竟是相信自己永远不会死。尼克还是个少年,而威廉·哈兹里特的文章写的是青年人的永生感,是写青年时期一个人所怀有的生生不息的感觉。他相信自己的生命、精力、能力都还会一直不断地生长,

① 〔英〕威廉·哈兹里特《论青春不朽之感》,选自《英国散文经典》,上海文艺出版社, 2004,第61页。

再生长。这是一种奇怪的自信,而这种自信跟审美是高度相关的。审美,就关系到不死、不朽、永恒以及永生。

青年时的永生就和我们在审美中体会到的永恒有关系。所谓"刹那中的永恒",即在一刹那,感觉到自己已过了千年万年。但永生感和这种永恒还不尽相同。因为在一般的审美中,所谓的永恒往往是在"审美静观"时提出来的观点。"审美静观"指的是我们超然物外的一种精神,一种旁观者的精神。主体对对象几乎没有投入情感,是没有情感的情感,没有激情的激情,超感性的感性,强调的是对情感的意志。青春的永生感正好是相反的一种原则,它使我们投入其中。正如尼采所说的,是"我要"。它指的是我们对世界上的一切无限地索取,并且相信自己可以不断地索取下去。康德说"我可以认识什么"、"我能够做什么"、"我可以希望什么",尼采认为还有一个重要的方面是"我要什么";康德基本是理性的原则,他把激情、意志归到伦理学的范围内,是"控制","我能够做什么"应当是在我的意志的控制下来做的,"我"不能让"我的意志"随便发展。"我能够认识什么"是对人的认识划分界限,而"我能够做什么"实际上是一种对人的意志划分界限。在康德看来,当我们可以无限地索取的时候,必然就走向悖论。这是康德所谓的二律悖反。康德把二律悖反的原则放到了伦理学、审美等范围内,亦即"悖论"。事实上他说的是"我不能","我"不能够想要什么就要什么,"我"不能够想认识什么就认识什么,"我"的判断力应当有一定的界限。而尼采为何提出"我要"这种无限的原则?这与康德"我可以希望什么"内在相关,但是,却以一种欲望话语,不由分说地宣告自己——这就是青春期。按照哲学家们不同的气质,可以把他们每个人划分在不同的时期。有人认为《逍遥游》的庄子是青春期的庄子,到《齐物论》的庄子就是老年的庄子,看破红尘的庄子。《逍遥游》里面非常重要的一句话就是"怒而飞",到《齐物论》中便鲜见这一主题了。将尼采和庄子相比照,便能体会到二者身上所具有的这种青春的原则,也是"永生"的内意。我们感觉到一种无穷的索取、占有、创造,无穷的精神的扩张。所谓"索取""占有",听起来仿佛含有贬义,其实"审美静观"以及康德所反对的,就是审美的功利观。弗洛姆所著的《占有还是生存》便认为,人的生命应当以生存为主要的法则,同时他也分析了东方的一些哲学观念。这种观念跟康德的观念是相似的。我看到这朵花很美,但是我不会想把它摘下来带回家,我是只欣赏它的美;我不会像看到红烧肉一样,觉得红烧肉好美,想把它吃掉。不是"爱她就要吃掉她",而是"爱她就让她自由",这样的原则被认为是审美的原则。但是审美原则里面是否也包含"爱她就要吃掉她",要"占有她",要跟"她"发生联系,与"她"之间能有一种相互的创造? 也就是把自己的激情投入其中。海德格尔所反对的,似乎就是把自己投入其中。他认为这种审美会把世界耗尽,是种索取式的审美观。这在海德格尔看来很是糟糕。在青春期,我们看到世界上一切美好的事物时都能有欣赏的闲情逸致,但是我以为,在这个时候更多的是一种创造性的占有,这种占有有着康德、弗洛姆、海德格尔所说的负面因素,但是也不完全是负面的,或者说作为一种现象来描述的话应当说它就是青春期的甚至整个人生的一种态势。人生不可能光有无功利的生存,还要为了自己的生命来占有别样的生命。虽然如此这般,生命便显得有些残酷,但这也是生命中的一种必然。可以说我不吃荤,只吃素,这样似乎符合与万物共生共长的观念。但是也有玩笑说人为何能残忍地榨果汁? 把植物放进榨汁机里打碎,难道不是对植物残忍吗? 假如我们对任何的植物、动物都不残忍,那我们自己的生命就无法延续,这种生态观念便引起了悖论。所有的生命都是要杀生的。人到了青春期也有一种残忍性,王朔在《阳光灿烂的日子》里将其称为"动物凶猛",日本有电影名为《青春残酷物语》,西方也有一些青春电影。审美也具有这种残忍,这种对自己的生命力无限扩张的残忍。就像鲁迅所说,不管前面是荆棘还是坦途,都大步地踏过去,这就是青春期的力量,也是我们求生存必有的力量。"发展是硬道理","我"只顾我的发展,其他的原则都是次要的原则。正是在这样的原则之上产生了能力与力量,以及无穷的僭越、自信。正是这种感觉使我们看到了生与死,《红楼梦》中,贾宝玉目睹了太多的死亡。按照现在的定位,贾宝玉应当是一名少年,但是《红楼梦》写的是过早来到的青春。鲁迅认为在贾宝玉眼中看到太多的死亡,应当变得心"冷"。但是《红楼梦》中的贾宝玉还没有到心冷的阶段。所以有人认为《红楼梦》无论如何也写不到贾宝玉变老的那个阶段。假如写到贾宝玉暮年白发的时候,《红楼梦》恐怕就不成为《红楼梦》了。它写的那种伤春、惜春,实际上正是对青春保持永恒的一种信念。有人曾经说,世界上只有青春是不朽的。有人认为这十分可笑,青春那么短暂,那么容易消失,怎么会不朽呢! 并不是说,正因为青春短暂,才说它不朽。"青春"不是作为一个名词不朽,而是作为一种状态,作为我们生命中的一个阶段,它是不朽的。所以说青春是永生的,指的就是它那种永远生长又生长的精神与气质。浮士德曾经跟魔鬼打赌:"我的灵魂什么时候会交给魔鬼?"——当我说"这一刻真美啊,停一下吧"。这个时候,我的灵魂就交给了魔鬼。"这一刻真美啊",这是审美的境界。所有的诗人、画家、音乐家,他们都在寻找最美的这一刻,他们都想尽方法把这一刻留下来。尤其是绘画,它就是某一刻,是把最富韵味性的那个瞬间留下来。而如果是这样的话,你的灵魂就给魔鬼了。歌德写的是一个很深的谜,实际上是对我们生命的一种原则的宣誓:我不要认为哪一刻美。

中国古人说"山静似太古,日长如小年"(唐庚《醉眠》),当我们感觉到这样一个时刻的时候,就是永恒的时刻。此时的我感觉到,在空山中,心灵平静下来,一天长得就像自古以来就是这一天。山里面的寂静和我的心的寂静,让我过一天就像过了一年。"山中方一日,世上已千年"。审美当中有着某种要求停滞的、有着"我"对这一刻很满足的态势。这种停滞,这样的一种满足、满意,跟我们青春期的原则是刚好相反的。我们在青春的时候对一切都不满意、不满足,我们不希望这一刻停下来,不希望把我们的灵魂就交给了审美的魔鬼。鲁迅说西方的文学是想让人活,中国的文学是想让人死。或许从美学上讲正好就讲通了。中国的文学总想让我们停一下,让我退隐,体会到禅的意境,体会到坐忘、涅槃等等。总的来说,它是让我们的心冷漠下来,让我们冷静下来,让我们以静观的心态对待万事万物。西方的文学、哲学、艺术里面有一种相反的取向，是很多人所反对的索取、占有、向着无限进军的取向。这样的想法当然是狂妄的。一个人怎么可以永生、永恒、不断地占有、索取？因此西方哲学反省这一点，提出"上帝死了"。但是上帝死了人就产生了，人就代替了上帝，这个时候的人以自己的力量去索取一切。因此产生了"知识就是力量"，或者，"××就是力量"。这个力量在英文中是"power"，它是指权力，是对别人的支配性，对万事万物的支配性。我们以往学的是"掌握知识才可以支配自然、改造自然、才可以创造一切"。所谓"支配""改造"，不就是占有的一种方法吗？我们所有的知识难道不都是我们的一种力量与权利？我们对万物的一种占有？这样的一种占有，一种力量的无穷的冲力，一种对力量的无穷的发挥，难道不是人类一个永恒前进的动力吗？谁都知道发展科技不好，必然会破坏环境，因此想真正回到原始的生态观，我们只能做回原始人。而做回原始人，我们没有了道德观念，我们才可以在和大自然作斗争的过程中求得自己生存的权利。即使西方那些想回到大自然的生态主义者，他也在毁坏大自然，程度不同而已。现如今，自然科学用各种美妙的方式毁掉大自然，用机械、"机心"。庄子说"有机事者必有机心"，有算计的心，就必然会产生机械，庄子认为连机械都不要有，这样就真正回归自然了。假如真正回归自然，也没有审美了，因为人跟大自然一体化了，在这个过程中不会再有美感，也就不会产生出艺术，当然也不会产生出庄子所谓的"艺近乎道"。假如说"道法自然"，当自然就是道之时，便无所谓道"法"自然，此时道就是自然，人就是自然，一切都是自然。相反的一种审美观念是,当一切都回到原本意义上的自然,就会产生"自然是完美的"这种观点。"自然完美",恰好这个判断就不完美了。"完美"是你的判断力,当我们可以开始判断完不完美的时候,已经不完美了。因为我们开始有了美的意识,"天下皆以美之为美,斯恶已",这就很丑了。青春期的这种占有、索取、创造,这种利用科学、利用知识、利用我们人类的智慧,也是一种重要的、特别的审美观念。正是这种观念让人的生命得到了扩张,让生命的层次得到了提高,所以我倒是赞成西方有些人的观念,随着我们破坏自然的层次的提高,人类就能够把我们人对自然的破坏的反面也加以提高,这样才能维持一种平衡。假如我们把科技的一切都排除掉,人就很难生存。我们在青春的时候,还不相信有什么能阻挡我们的生命,因为我们连最可怕的阻挡都不知道害怕——对死亡不知道害怕。我们不相信有死的那一天,因为在我们看来那是遥遥无期的。因此我无须算它在哪一天,我感觉到自己还在生命最好的时候,我还要向最好的境界攀登、扩张、发展,我还要"飞",范围要无穷的大。台湾学者方东美讲道家是"太空人",是"飞行的原则",是空间人①。他看到了生命的无穷,看到了人生的无穷,这时道家和自然产生了一种复杂的关系,他感觉到大自然是无限的,所有的生命是无限的,我们应该像所有的生命一样无限,跟其他的生命一样平等。康有为用同一种生命原则看待世界上一切的生命,提出"大同"。三民主义叫"民生"。世界属于所有的生命,而不是某个人,这是道家的一种想

---

① 参见方东美《中国哲学精神及其发展》中相关论述,中华书局，2012。

法。我们青春期也会觉得世界上所有的生命都生生不息、无限无穷，尼采在《悲剧的诞生》中描写了那种像醉酒一般的生命。在青春期，所有的事物都在醉梦当中发展，我们最想忘掉的是什么？是最恐怖的东西——死亡，"醉"和"梦"让我们处在一种对生命的忘怀当中，而在忘怀一切中，我们才占有、索取、创造我们的生命。创造似乎比占有、索取高级一些，但其实内在地包含了占有、索取的一种原则，求知，不就是对知识的一种占有吗？没有无穷的求知，哪来无穷的智慧？也就没有无穷的创造力、知识和智慧的力量。我们的创造力就无从产生。所以说青春的这种永生感指的是我们向外界无限索取、无限占有的永生感，也就是浮士德式的这种感觉，无穷无限占有的感觉——占有爱情，占有权利，占有全世界。

　　西方人认为这样的原则才是现代主义的原则，我以为它还是青春的原则，我们不相信青春会老去，也不相信它会停止、停留，是一种一往无前的力量，这种力量排除了我们内心的种种恐惧，这时我就是上帝，我就是无穷，我就是那个"一"，就是郭沫若诗中青春期的躁动、不安、狂热，那种想把一切都吞噬的审美的原则。这就是永生感。我们每个人从童年到青年都看到了很多死亡，这些死亡会牵动我们的心。事实上，最牵动我们心的，就是关于死的观念；为什么在青春时期，在一种几乎是洪流一般的奔涌的力量中，我们会把死的观念忘掉？关于流水，孔子说"逝者如斯夫，不舍昼夜"，是一种感叹，落脚点在逝者；李白说"弃我去者，昨日之日不可留；乱我心者，今日之日多烦忧"，着重在"消逝"的一面。我们的青春像船一样在激流上奔流向前的时候,"两岸猿声啼不住,轻舟已过万重山"。"轻舟"不管边上的蹄声,已过万重山,这就是李白飞扬跋扈的精神,他没看到后面的流水已经消逝了,他想到的是前方。"轻舟已过万重山"之后,船到了非常开阔的地方,我相信我的船会越走越开阔,水越流越大,我会随着流水进入大海,进入无限,我们的生命一直处在一种激荡的"怒而飞"中,而没有停下来,去看一看这一刻有多美。青春当然很美,但我在审美的时候更多地向着未来,向着鲁迅所说的"生"的原则;而不是向着"死",不是向着鸦片烟一样的销魂的消耗的境界当中——那种在禅宗、道家审美中体现的某种原则,假如说我们沉湎在这样的审美原则中,我们的国家就会完蛋,个人就会完蛋。中国人说养生,西方是要健身,叫"野蛮其体魄",强调一种野蛮的精神。鲁迅说"文明其精神"——野蛮其体魄,不也是一种审美精神? 有本书叫《野兽之美》[①],可不可以"野蛮其精神"? 青春时期要有"野蛮其精神"的这种力量,这也是一种审美的力量。西方的绘画、音乐艺术当中,都有"野蛮其精神"的这种艺术,这样的一种审美才符合青春的原则。

## 三　打死父亲

下面要讲的是"打死父亲":我们对权威的消解与反抗。青春期是最特别的一个阶段,当我们成长到这个阶段的时候,发现父母没有

---

① 〔美〕纳塔莉·安吉尔《野兽之美》,胡冬霞译,时事出版社,2002。

我们原本以为的那样了不起。我们原本可能会很崇拜他/她，但这个时候看清了他/她的真实状况，甚至是真面目，无论自己的父母是谁。更进一步的，弗洛伊德提出俄狄浦斯情结：弑父。弗洛伊德将此解释为原罪，成为潜意识。当这种潜意识显示为意识之后，就成为审美最深层次的一种力量。

弑父本身很有可能是审美力量的一种方式——潜意识。当这种潜意识显示为意识之后，就成为审美最深层次的一种力量。对权威的质疑，这种质疑的最深层次，最终必然指向自己的父辈，因为父亲一直象征着专制的权力。我们中国把母亲当做慈爱的代表，把父亲当做权威的代表。其实在全世界都类似。人类经过母系社会之后，进入以父亲的权力为标准的阶段，就必然产生以父亲为代表的权力体系和魅力体系。权力要有魅力。每个人都是在家庭中成长起来的，哪怕是孤儿也有类似父亲的这种角色。父亲的形象是一种最直接的权力，父权是一种对自己形成具体而微的进入权力的毛细血管的这样的一种统治方式，其魅力也是如此。到了某个时期，到了"野兽凶猛"的时期，所有的野兽都要出笼，都要下山，都要施行自己狂野的那种原则，这时摆在我们面前最大的绊脚石就是父权。"打死父亲"说得很可怕，其实很少有人真正地打死父亲，很少有人真正地弑父。为什么把"弑父"改成"打死父亲"呢？"弑父"本身就有很强的道德含义，"打死父亲"，则取其中的审美含义。所谓审美的含义，是说我们没有把这个作为一个现实过程，而是作为一种精神过程，即精神弑父。我们每个人都要在精神上经历一个杀死父亲的过程。"弑"，是古代对尊长、对君王的词，"弑君""弑父"强调的是权力。我们又是如何形成对精神权威的反抗的呢？这当然跟无穷的永生感有关——我们必然要荡涤面前的污泥浊水，荡涤横亘眼前的荆棘，荡涤眼前的三皇五帝，"见佛杀佛"。佛都能杀，何况父亲！这是生命力量到某种特殊时刻的一种表现，他必然要扫除阻碍自己的东西。为什么把父亲比作摆在我们面前的权威呢？因为我们跟他有血缘关系。我们照镜子的时候会发现，我们和父亲长得那么相似，感觉到这辈子很难摆脱他。这种来自血缘的继承性，我们每个人都无法摆脱。哪怕整过容，你的笑容、举止、言行、气质、口音，所有的这一切，都很难摆脱父亲的影子。中国最大的弑父原型——哪吒，他最终没有杀死父亲，但是他在精神上完成了，他把自己的身体全部还给了父母，削肉还母，剔骨还父，完成了彻底的还原，太决绝了。身体全都还给你，我要的只是我的灵魂——要灵魂做什么？你的灵魂成熟了，不再属于他、依附于他，你可以独立了，中国话叫"翅膀长硬了"，能"飞"了，就需要跟他脱离关系了。

中国的父权很残忍，在古代哪怕娶了媳妇，还要一个大家族在一起。巴金的《家》，《红楼梦》中的家，这个家就是一个隐喻，比喻整个家国是同构的，是一体化的，君就是父。所以贾宝玉的父亲就说，再不打他，将来就要沦落到弑君弑父的地步了。贾政不明白，弑父是必然的精神过程。"粪土当年万户侯"（毛泽东《沁园春·长沙》），却没人敢把"万户侯"替换为"皇上"。无论反谁，也不能反到皇帝头上。但是，弗洛伊德说的弑父，其实就包含着弑君，是一种反对一切权威的精神。所以我们用最高的权力来比喻，在每个领域都是如此。为什么当时好多朦胧诗人都反对艾青,就因为艾青那个时候已经成了父亲,要像父亲一样"关照"所有诗人。他的"关照"无疑就带有他的血统,被"关照"者就要成为他的精神的继承人。文学中似乎每个人都想有个继承人,艺术当中也是,每一种流派需要延续、传承下去,而这些流派的来源不就是对先人本来原则的——打破吗? 不就是创造吗? 所以艺术最反抗继承的原则,以至于美国的解构主义者写了《影响的焦虑》(哈罗德·布鲁姆),所有的作家都对"影响"有很深很深的焦虑,都想摆脱这种影响。我们不想落在后边、跟着别人的原则走。"焦虑"会发展成什么? ——肯定是谋杀。好多谋杀者都是从焦虑而来的。谋杀谁? ——谋杀父亲,谋杀父辈,谋杀精神上的父亲。所以学生是老师的掘墓人,所有的学生必然要在精神上杀掉老师,将他埋葬。"造反有理",这句话颇为反动,成为了"文革"时期的一个口号,但它确实击中了青年的心,击中了青春的情致。在青春时期,在审美意义上,一切造反那都是有理的。我要当叛徒,要反抗一切。这种反抗是以青春的方式进行的。在青春时期,我们目空一切,天马行空。这样的精神才能够对以往的原则产生反抗。在审美上也是如此。审美上的反叛、反抗恐怕是艺术史上的常识。所有的艺术史在很大的程度上就是一部反抗史,唐诗宋词元曲,一代一代形式的革新,不都包含着反抗吗? 这种反抗不就包含着弑父吗? 汉语里骂人用"不肖子孙",是指这个人不像他的父亲,不像他的祖辈,有强烈的贬义色彩。那么反过来说,如果一个人和他的父亲完全一样,不就应该是最高的褒奖吗? 齐白石说:"学我者生,似我者死。"很像我,你就死定了。我们学习了你的长处、能力,甚至我的血和肉都是从你的胚胎中生长出来的。我要经过学习,但是这种学习不是为了让我像你。曾经有"克隆人"的说法,克隆人跟原来的人一模一样,这就违反了基因的原则,也违反了审美多样性的原则。克隆的做法把生命限制死了,生命是反对"复制"的。

生命的复制固然可怕,精神的复制也十分很可怕。这会让人怀疑,什么才是我呢? 康德说"我能知道什么""我能做什么""我能希望什么",都是以"我"开头的。其实康德说的不是"我",而是一个哲学的抽象,把这三个问题归结到一起,便是"人是什么":人是如何获得知识的;人是如何有道德的;人是如何有宗教的……青春期的时候,"我"开始成为了"我","我"的自我意识很强地区分于其他意识,其他和"我"相敌对的、相约束的意识,其中最重要的就是"我"精神上的父亲——或者"母亲"。我们要突破精神上的父母的规定,来赢得自我。他/她要我学理科,我非要选择文科;或者我妥协了,但是学了以后,再迂回反抗,学回文科。意识形态的原则就是"我是为你好",可在我青春的时期,我不需要你来为我好,我要我为自己好。你为我好,可你怎么知道我在想什么呢? 怎么知道我想要什么? 把我不想要的东西给我,对你来说是好的,对我来说是不好的。你一定要我学理科,一定要把你喜欢的那个女孩子给我,那么"我"在这个时刻便很强地凸显了。李泽厚认为审美应当有主体性的原则,我认为更重要的是还要有"个体性"的原则。审美要在个体性的原则下,才会产生种种反抗、叛逆、突围……正是这种反抗、叛逆、突围,才把我们带到另外的一个地方去——带到我们被规定的生存秩序之外去,果真需要"让规律更简单,让秩序更混乱"。已经被确定的秩序已经很和谐,不能改变了,稳定压倒一切,只要维持不动即可。而这恰好违反生命的原则。

但是我要改变,我不想一潭死水。我也不想要被规定好的种种原则。于是我会产生怀疑、焦虑、狂躁,会"无故寻愁觅恨,有时似傻如狂",因为我不安,感觉到出不去那堵大墙。林黛玉听到隔壁墙里传来《牡丹亭》的曲子,便把自己的心搞乱了。青春期是最敏感的时期,我们会在青春期发现这个世界上很多的不同,那些为我们设定好的蓝图画得极为完美了,但是我们不想再画一遍一样的。

我如果像你,我便死了。

所以我必须做些不同的东西,所以鲁迅说"问什么荆棘塞途的老路,寻什么乌烟瘴气的鸟导师"[①]。有"导师"吗? 好多人把指导教师尊称为导师。"导师",便是想做精神上的父亲了。但是要知道,一旦做了精神上的父亲,就是要被"打死"、被"杀掉"的。当他成为你学生的那一天,便想要"谋杀"你了。

所以青春对秩序的反抗,最首先的就是对"父亲"的反抗。它反对陈规,像是《红楼梦》,不按以往的格套来写。陈规就是格套。青春要反对生命中的格套,反对理性的规则。席勒曾经说过,我们的感性冲动一定会突破理性的原则。青春时期的感性冲动最为强烈、狂野、梦幻,打破了所有的规则,所以才能解构以往的理性形式。我要像流水一样把东西南北都冲一下,看它的堤坝牢不牢——这便产生了具有

---

① 鲁迅《华盖集》,人民文学出版社, 1980,第46页。

特别审美精神的青年运动。歌德、席勒时期叫做"狂飙突进运动"，是以一种"狂飙"的精神攻城拔寨，冲走一切，在这种"冲走"中把自己精神上的父亲彻底打死。打死他，其实也是打死自己的一个部分。因为我有他的血缘，当我看到自己与父亲那么相似且无法摆脱他的时候，对自己也产生了厌恶感。青春期"打死父亲"的冲动，就是对以往自己的怀疑。我们从小崇拜自己的父亲，但当有一天发现他不过如此的时候，也就开始怀疑自己——我不过是一个小小的公务员、商人……的孩子，甚至他可能有着肮脏的历史，等待我们对他进行审判。这种审判也是对自己所出的局限环境的审判，从而便想突破环境的局限，这就是为什么很多孩子都不想做父母做过的职业，因为"做够了"。我们不想要同样的生活。我们有的时候在心里甚至看不起父亲，这种看不起说不出口，甚至我们都不敢对自己诉说。我们在否定父亲的时候也否定着自己。父亲把一切都给了我，我很难像哪吒那样酷烈地剔骨削肉，但我们会在某种精神层面上剔骨削肉，如此才能更新我们的审美，使其不至于保持在同一的状态。

　　艺术上永远需要"先锋派"。"先锋派"创造了很多新的审视世界、描述世界、创造世界的方式，其中很多似乎已经过时了，但是我们真的换过眼光了吗？真的试过多种方法的改变了吗？"先锋派"也已经成为了我们的"父亲"，我们是否有勇气将"父亲"杀死？

　　"老而不死是为贼"，"不死"还不如"死了"可爱。很多统治我们精神领域的人和力量一直"老而不死"，让人难以容忍，让青春难以容忍。精神弑父，或者说在精神上打死父亲，是青春期审美的必然要求。你可以否认说你没有过，但这同时就意味着你没有青春过。不是每个人都有青春的。

这种弑父的冲动在青春期有多种多样的诱发方式。很多港台黑社会的电影，很多战争片，大多数都是描绘的青年人。为什么部队征兵都征青年人？除了因为他们年富力强之外，还因为这一群体更容易被煽动，有着青春期懵懵懂懂的冲动，容易被调动起来。不是有"蠢蠢欲动"一词吗？"蠢动"，是指青春有一股盲目的力量。正因为其"盲目"，所以才"不怕"。李广射箭，一箭射进石头里，因为他不知道他射的是石头，知道后便再也射不进去了。因为"不怕"，所以能"穿透"，能很好地战斗。如此便证明感性具有盲目性，这种盲目性中带有特别的敏感性。为何"茫然"的感觉特别好？因为它反对方法，能在所有人都没有"办法"的时候"找到办法"，"办法总比困难多"，于是，就能"狂飙"，能"造反"，能用青春的力量对抗一切。

我们太厌烦于父辈的教诲、教导、教条，这些把我们的精神捆了起来，让我们看不到其他的可能性。但青春在于寻找各种的可能，而寻找的"办法"，就从"反对办法"中来。要"反"：反小说、反诗歌。反对具象绘画就有了抽象绘画，有了印象派，有了"后印象派"。在这个过程中，我们找到了自己观察、描述这个世界的方式，找到了另外一种诗意、美感，找到了改变自己的方法。在把自己剔骨削肉之后，我们会反抗父辈的权力，或许是因为他太冠冕堂皇，或许是因为他太过于完美，又或许是因为他原本是个偶像——而我们想要打破偶像。于是少年的迷狂让我们需要一种清算，需要"打死父亲"，需要建立自己的

"我"。最极端的方式便是决裂，"他是他，我是我"，一如鲁迅在《伤逝》中表现的那样。青春期的自我意识为何如此强烈？这是一个谜。欲望在其中起了极大的作用。青春期的欲望最为强烈，同时也是没有地位、没有恋爱对象的时期。所有的"没有"更加强烈地刺激着"我要"，许多的"想要"叠加在一起造成了心理的改变。所有的怀疑、对秩序的反抗都与"想"和"要"有关系，因为它们与欲望对立，和欲望有着分明的界限。所有这一切像一张网一样把我们层层叠叠地围起来，像蝉蜕禁锢一般，让我们想从茧里边冲出去，想"怒而飞"。可蚕茧那么细密牢固、光滑柔韧地包裹着我们。文化是一个茧，它设立了一种秩序，具体而微到可怕的地步。而蚕可以破茧而出，仿佛也是到了青春期的时刻，无惧死亡。青春期是破茧欲望最为强烈的时候。很多人还没到"怒而飞"之时便死在了文化的茧中，因为"知识就是力量"，当越来越多的知识织成一张一张的网将我们缠绕在其中时，它便走向了另外的一面，走向了我们的对立面，成为了一种控制我们的权力。很多影片中，一个人会对另一个人说，求求你，不要杀了我；那个掌控他人生命的家伙总会冷酷地回答，不可以，因为你知道的太多了。"知道"就是力量，我们知道的一切都能成为一种力量，纠缠、捆绑着我们，让我们老老实实地守规矩、守秩序、守纪律。于是便需要一种青春的力量与其比拼。因此，"打死父亲"便有了某种惊世骇俗的意义。你生了我、创造了我，我由你而来，我却要杀了你。很残酷，但也是必由的美学之路，需要把我们已经建立起来的种种打死，至少要打破。但有时"打死"的努力会转变成"打破"，或"想要打死"，但可以沉淀为

未来的思索与行动,成为思想领域的革命。所以"打死父亲"体现的
是一种美学上的革命精神。所谓"造反有理",是因为我们对现有秩序
感觉到不满,我们的感性要求应当是"有理"的。想要飞,虽然我们无
法拔着自己的头发离开地球,但我们可以寻求别的方式,我们可以坐
飞机离开地球——但如果把我"想要飞"的欲望阉割掉,我便确实从
此再也离不开地球了。冲破罗网的力量表现为如何冲破先辈们为我
们所创造的文化以及其中所包含的种种规则,而这最先是靠盲目的力
量来打破。所谓"动物凶猛",是不讲规则的。讲规则,便进入了规则
之中,就无法打破原有的规则。只有不讲规则,且凶猛地打破规则,就
会产生青年运动式的迷狂、极端、极左,产生很强的革命意识,打破一
个旧世界,创造一个新世界。也许打破旧世界不一定能创造新世界,
且旧世界正是前人的文化积淀,但历史很多时候就是如此。假如我们
迷恋以往的一切,我们就失去了青春,失去了人类的青春。

　　"打死父亲"要用何种方式? 当然有实质的政治运动,但在此强
调的是审美意义上的方式。我们放任自己的感性生命力去冲击理性
结构,以"反"的形式实现反抗与叛逆,是盲目的,懵懂的,会产生很多
可怕的后果,但其作为一种审美的力量,体现了艺术的本性,要我们找
到另外的一片天空。所以我们旅游,我们从自己呆腻的地方去到一个
别人呆腻的地方,是因为我们希望生活的形式是变化的。一眼能看到
头的生活,往往是按规矩来的,按照规矩一步一步往上爬的人,最后成
为权威,成为精神上的偶像;但在青春的眼里,却什么都不是。文学
院的先辈大家曾经给学生上课,被学生狂傲地轻视,现在看来,这是多

么轻狂，但"我有青春我怕谁"，此时不狂，还能等到什么时候呢！这个时期飞扬跋扈、藐视一切。西南联大有个本科生曾经说，爱因斯坦老糊涂了，文章写得不行。他便是杨振宁，他在读书的时候说了这一番话，极其狂傲。这就证明了再权威的人也是会被打到的。"五四"时期有"打倒孔家店"的口号。孔子作为中国人精神上的权威，统治了我们几千年的父亲，被打倒是必然的——因为我们要建立一个少年中国，一个有青春的中国。这种审美的冲击力可以让我们以一种狂气来俯视眼前的秩序，和扰扰攘攘的俗世。我们从父辈身上看到了他们的世俗，甚至市侩，感觉到他们不是我想要成为的将来，于是我产生一种寻求。"打死父亲"和以自我为主体寻求新的原则是分不开的。也许我们未必能寻求到新的审美原则，但"打破"本身已经是一种突破，这就是批判、解构的力量成为青春的重要力量的原因之一。我们很少有人能真正形成自己的新的秩序，即使有强烈的意愿想要"让规律更简单"，却很难真正做到。往往只是凭着感性的冲动向前冲。

在审美上，也表现出对以往审美观念的怀疑与突破。我们对统治我们很多年的规则不再信任。因而所有文学、艺术的先锋派都可以被称为青春派，他们受青春的力量支配。所以说"李泽厚老了"，因为李泽厚过于强调"积淀说"。"积淀"，便是在强调保留父辈的一切，把父辈的权威树立起来，积攒着我们的积累。这与"打死父亲"、反抗规则与秩序的方式相反，与席勒所认为的艺术要我们寻找新的感性的原则相反。我们需要灵魂的历险，需要让我们的精神力量探索一个从未有人到过的地方，而不是把前人的规则积淀到一起。

　　李泽厚说"告别革命"[1]，青春则永不会告别革命。这并非是指政治意义上的革命，而是精神领域的革命。青春的审美产生了很多恐怖色彩的内容，恐怖主义的革命，革命的恐怖主义。中国、法国在六十年代都产生了青年的革命运动，形式各不相同，也很值得比照。它们都能有效地激起青年的造反激情。《青春之歌》中余永泽对现有秩序感觉到太过满足，一生做着学问便足够；所以林道静、《简·爱》以及那些在青春期敢于叛逆的人总是更让人喜欢。现在有句话说，"再不疯狂就老了"，其实也就是"再不青春就老了"。青春最重要的标识便是叛逆与反抗，是"打死父亲"。"打死父亲"很好地指出了一个方向。"父亲"这一主题在中外文学作品中都不少见，其中卡夫卡是很重要的一位作家。卡夫卡在一篇小说中写道，他父亲叫他去死，他便去死了，他没有青春，或者说他只有青春留下来的恐惧。他对父亲的不满、畏惧达到了某种很恐怖的状态。他强化了父权的权威，但也正强调"打死父亲"的内意：他叫我去死，是不是意味着我也应该叫他去死？卡夫卡的文学揭示了父权的恐怖性，跟上文提到的精神权威有很强的一致性。"软刀子杀人不觉死"，父权的恐怖性在于以不容置疑的血缘和文化的力量让人心甘情愿地赴死，毫无反抗的余地。卡夫卡深刻地写出了这种精神权威的恐怖，让我们同情"打死父亲"的方向，认同其合理性。

　　由此可见，美学上的革命具有很深的渊源。青春的革命看起来没有渊源，但正是使用了没有渊源的、盲目的、出自本能的、极端的力量，

---

[1]　李泽厚、刘再复《告别革命》，香港天地图书公司，1995。

才能够冲破以往的理性结构对我们的束缚,获得心灵的解放。这种解放或许只属于某个短暂的时期,但有没有这个时期是绝对不同的。如果没有经历过这种精神力量的解放,没有经历过对权威的质疑和反抗,我们就会"死在句下"①,"死"在被给定的教条之下。王国维《晓步》言:"一事能狂便少年",古人的少年相当于今人的青年。孔子说,狂者,进取;鲁迅写有《狂人日记》,"狂人"是个精神病人。病态的精神有别于社会正常的思维方式,不是精神的"常态",是一种很好的审美境界。所以狂人在历史的字里行间看出了两个字,"吃人"。我们的父辈吃过人,我的哥哥也吃过人,现在叫我也要吃人,而我不想吃人了。文章以极端的方式写出了我们历史上活生生的对生命的吞噬,从狂人透视式的眼睛中看出了可怕的真相。青春的力量给了我们狂人的眼光,让我们不再以常态的眼光来审视世界,让我们对眼前的日常生活产生了厌恶,让我们对掌管我们生活的支配者产生了一往无前的反抗。这样的反抗具有深刻的美学意义,让我们仅仅是听到"狂飙突进"四个字都会感到激动,感觉到一切都可以被扫荡。有人说德国人最老实,但德国的狂飙突进的精神涵盖了其他国家所没有的激情,是对青年文化最好的概括。

---

① 钱锺书批注《宋诗纪事》:"痴人认真,死在句下,便成笨伯,正缘读书少,执一隅而不能观会通耳。俞曲园不肖孙辈之考订小说本事,即'痴人前说不得梦',尤说不得《红楼梦》也。"

# 附录：青春不朽

　　青春……一个无限的话题。青春纯洁,青春美丽,青春狂野,青春绚烂,青春迷乱……"青春"做伴好"还乡"！青春让我们回到生命的故乡。

　　生命的这个季节为什么定在了"春"？带着醉意,带着汹涌的激情,带着万类自由、万物平等、万有之间的爱,把人生的一个阶段,定在了一个特有的情志之中。

　　是的,自由、平等、爱,是青春的主旋律。

　　而春之前的"青",加上了美学的色调,加上了一种特定的情意构成。怎样来描述"青"的情意结构？和"绿"相比,似乎更有涩涩的温柔,更有沉着而坚定的情性；和"翠"相比,似乎又是"绿"色的叠加,比之"翠"的娇柔和可人,有了褪尽羞涩的成熟感。和"碧"相比呢？……汉语中的颜色词,本身就有美学的色调,以色泽表现着深沉的美学韵味。"青"春,是一种什么样的"春"哟！只能意会,难以言传。她规定了"春",约束了"春",可是,却又调动着"春",发动着"春",兴起着"春"的精神。

　　哪一个少年不善钟情？我们愿意赋予我们钟爱的一切以"青春"；当然,最好是自己永远有青春。谁不悲叹青春,当青春消逝？

可是,青春未曾消逝时,谁感到了青春? 青春有年龄么? 青春无年龄么? ……诗歌激发的青春,还有什么激情激发的青春,等等。乃至政治激情中包含的青春。如:少年中国,是把中国"定"在从古老而重返青春的节点上,让中国"我的女郎"、"我的儿郎"重新勃发其青春的热情,重新激起那种甚至有些野蛮的欲望。我们永不会满足地祈求,青春万岁!

青春万岁,把我们对青春的奢望、贪得无厌的奢求,毫无羞涩地表露出来。在这个人人都渴求的东西面前,我们都是无耻的。青春本来就是无耻的。她既是羞涩的,又是最不怕羞的。她必然打破种种"耻"。春的"纯",本就是一种"蠢",本就是"醇"到极处的"淳",所以,这里的"无耻"乃是不知"耻"、不识"耻"的一往无前的冲劲,是青春期无边无涯的探求精神的表现。

可是,"万岁",毕竟是"中国话语",与皇权有着不清不楚的关系。——万岁们,更喜欢青春。可是,青春,却不仅属于"万岁"。"万岁"的贪婪中,还含有中国人特别是道家道教思想里那种对长生的贪得无厌。可是,这恰令青春的心灵厌恶。

"青春不朽",似乎与"青春万岁"等值。可是,词句的差异却表现着思想的异途。"不朽"与"永恒",代表着一种更为深广的精神指向。"没有什么是不朽的,只有青春是不朽的",在这里,悖论似的表现了青春"无敌"般的强大。当然,我们知道,这里,表述的与其说是一种"应然"一般的祈求,不如说,它是一种"我要"一般的无垠的欲求。青春,我要,在"不朽"中融合为一。

可惜,"不朽"这个词,本身就提示着"朽",提示着"死"。死亡的才会"不朽"。永垂不朽的是永远死去的那一种生命。"青年人都不相信有朝一日会死"。这,与其说是一种"天真",一种"自欺欺人",不如说是一种特定时期的生命感。在一种扶摇而上的"怒而飞"般的"我要"中,哪里会有那种刹那间的坠落感?明知青春老去,明知自己会死甚至会突然死去,可是,青春之中的人,哪会产生"畏惧""战栗"和无言的"虚无"?

于是,"不朽"与"青春"形成了对立的两极。青春易逝,青春不朽。朽,不朽。那么,青春不朽何所指?是欺骗么?是永恒的盼望么?是抽象化的"青春"么?那么,抽象的青春难道不是从具象的青春"升华"而来?青春如梦。梦就是欲望与幻象的孩子。梦当然有欺骗性:由来同一梦,休笑世人痴。青春的妄念,青春的幻想,乃青春的内在构成。自我欺骗,甚至欺骗,也是青春的本质之一。只有受到这个欺骗的人,才真正懂得青春。一旦"真相"大白,青春的光环就倏然消灭,青春不再诱惑。腐败的气息,朽坏的气息,平庸的气息,就无微不至地包围着我们。我们沦陷。欺骗的另一面,是幻想,是信念,是朝气和激越的情怀,是一切理想主义的精神。所以,"不朽"于此,就不再是幻想幻象,而是人类创造的最美妙的精神产物。

可是,青春的诱惑中,也有痛楚,有残酷、肮脏、幽暗,有不明不白的东西。这,也是青春魅力的重要部分。青春不朽,这个命题中无法回避这个部分。是的,痛与爱,残酷与真相,乃至青春的明朗与青春的幽暗,都是不朽的;或许正因如此才更显不朽。

　　诸如此类,在两极的相互吸引与相互冲撞中,有无数情致,无数思想,于是,也就有无数的文章,诱引着我们的灵感跨入未知的神秘世界。青春神秘,不朽神秘,更神秘的,是生命。青春不朽,是一个人生哲学的命题,更是一个美学命题。她本身就是一首诗。她就是一个充满张力的叙事。她让我们深思超越而沉入无限的醉感与灵感、痛感与伤感以及神秘的宇宙意识。

　　这个题目,当来自文章《青春不朽之感》。这是英国作家赫列斯特的散文,这篇文章劈头就说:青年人都不相信有朝一日会死。"死"字中国人避讳,所以,有所改易。文章开头的"没有什么是不朽的,只有青春是不朽的",应当来自法国作家让·克里斯托夫·吕芬。他2008年被选为法兰西学院院士,法兰西学院院士向来被称为"不朽者",可是吕芬却如此认为,令人震惊! 这个"截搭题"尚称天衣无缝,合两个作家的名文名言之中的句子为一体,在"青春不朽"这个主题上相遇了。可见,关于"青春不朽",作为人类永恒的梦想,必在心底最深处的诚念中跃动而飞翔。

# 第七章　爱情悖论

## 一　否定的精神

青春另一个最重要的主题就是爱情。从进入青春期开始，爱情才成为真正的主题。但爱情并不是只属于青春时期，人的一生中各个阶段都可能发生爱情，歌德、毕加索八九十岁时仍在恋爱——但似乎只有青春时期的爱情，才算是爱情；八九十岁谈恋爱，我们称做"第二春"，戏谑一个人又恢复到了青春的状态。

青春时候为什么会有爱情，我们又该如何分析爱情？这时我们就需要一种爱情的哲学，需要从哲学的角度上好好把爱情的机制进行透彻的解剖。西方许多哲学家都做过这样的工作，柏拉图讲过爱与美之间的关系，认为美最早是源于爱；黑格尔对哲学的研究是从对爱情的研究开始的，他最为著名的辩证法就是从研究恋爱、研究爱情生发出来的。黑格尔将这一过程分析得很复杂，而实际的情形更是比此复杂多倍。研究爱情，似乎什么样的哲学都不大够用。黑格尔认为，相爱首先是一个肯定的过程。选定了一个人，我们把他叫做"对象"。中国人恋爱的另一方叫做"对象"，本身就很有意思。在这个人身上，我们倾注了很多的情感，你选中了她，而她也选择了你，两人才形成恋爱关系,否则只是单相思,不成"对"。"对象"中包含了"对"与"象"两个因素,你选择了我,我选择了你,两个"象"相"对"地看才成了"对象"。在黑格尔的分析中,"看中"首先是一种肯定,是双方对彼此的肯定。有首歌的歌词是"我选择了你,你选择了我,这是我们的选择",达成了共通的"我们"。我肯定了你,在很大程度上就否定了我自己。恋爱的时候我们常常觉得 : 她多好啊——我配不上她! 如果恋爱时,我想她多好呀,只有我配得上她——可能这就不是真心的爱。真心的爱会让我们觉得对象太好了,我总是配不上她的,在肯定对方的时候否定自己。这种否定当然还可以延续下去,发展成为 : 为了你,我可以放弃一切,舍弃一切,献出一切,愿意否决我自己的一切,来把一切美好的事物都献给你。于是谈恋爱的时候我们总觉得自己这个不好,那个不足,梳洗,打扮,折腾……想把自己最美好的一面展示出来。而一到出门前那一刻,再瞅瞅自己,还是不够好,总觉得不自在。实际上这就是从肯定走向了否定。其实对方也是如此啊,假如对方也是真心爱我的话,她也会觉得自己配不上我,要把自己的某些地方否定掉,和我在一起。

为什么两个人要在一起? 因为我在她身上找到了我的理想,而在我身上,她找到了她的理想,然后我们相爱了,海枯石烂,永不变心。两人在肯定与否定之中建立了爱情,有了一种结合,我爱你,你爱我。看起来似乎就是这么简单。

但是你爱我,爱我什么呢 ; 我爱你,又爱你什么呢? 这个问题看起来似乎很简单。但这种爱似乎要升华成一种普遍性的内容,一种普遍不变的东西——也就是在我们两个人的爱中找到一种普遍：为什么我觉得我们两个人的爱情是海枯石烂、永恒不变的？永恒是什么？是永久不变的，是普遍的。在时间、空间中都不发生改变。无论一切发生什么样的变化，我们两个人的"爱"不变。因为我们的爱不是一个简单的内容，它很可能和一个神圣的至高无上的实体联系在一起。用"一"来表示，两个人要合二为"一"，对立统"一"，一切的一，一的一切……一切都在两个人相爱的、相互结合的欲望之中。似乎不是我们两个人相爱，而是我们两个人共同爱上了某一件东西。这种爱肯定会向上升华，升华到一种超越我们两个人之上、超越一切之上的更高的一种精神实体，这种爱就具有了某种神圣性。这是黑格尔的分析，在肯定与否定的辩证统一之中，两个人的爱被赋予了一种特别的神圣的性质。

我们在产生爱情的时候，表面上看是两者相爱，在两个对象之间，在两个特别的具体的感性的人之间发生爱情。这两个孤零零的人，本质上是孤独的，你是你，我是我，但又能在相爱的过程中向一起靠近再靠近。我愿意把自己交给她，她也愿意把自己交给我，因为在两个人之间的感情的性质当中，我们找到了把两个人联系在一起的爱的纽带中的某种同一的东西。这种同一的东西超越了两个具体情感的人，从而形成了某种至高无上的实体。

所以，任何真心恋爱的人都希望他们感情的性质是神圣的、永久的、高尚的、纯洁的、不带其他杂质的，这样的情感才是爱情的情感，它不是基于两个人之间的物质、相貌等的考量推敲，而是基于更高的精神的吸引,所以爱情往往具有神圣的性质。很多宗教都用爱情来做比喻,在基督教里对于上帝的感情是用爱来表示。有人说基督教是爱的宗教,这也与黑格尔早期对基督教的分析相似,他分析基督教《圣经》中犹太人远离故土、迁徙流浪产生的一种疏离感,在这个过程中,他以人与人的关系性质的变化来阐释早期基督教的不足。随后,他的思考逐渐转移到对爱情的分析中,在对爱情的分析里指向了某种绝对的内容。所以,有人说黑格尔的绝对理念无非是上帝的别名而已。

爱情在基督教等宗教中均有表现。凡是需要把人统一在某一个神圣的意义、某一个神圣实体下,都需要找出人与人之间结合的最终依据,而爱情恰巧能够提供这样的依据。儒家哲学则不是如此。有人认为儒家哲学最有性别意识,我认为它体现出来的不是性别意识,而是非常粗糙、粗暴甚至是非常粗野的自然哲学。有天地,然后有阴阳;有阴阳,然后有男女;有男女,然后有夫妻;有夫妻,然后有父子;有父子,然后有君臣。推导到最后,就“君君臣臣,父父子子”——这是很粗糙的。阴阳,是对宇宙中两种基本力量的描述。宇宙和大自然中都有两种基本的力量,一种是阴,一种是阳。阴阳然后就分为男女,是十分自然主义的。就像《红楼梦》中贾雨村和冷子兴谈阴阳正邪二气,贾宝玉是属于哪种呢?是正邪二赋:有正有邪的一种特别的物质。这种学说的粗糙、粗野之处在于将男女按照自然性别的不同而结合在一起成为夫妻的,而无关感情选择。它没有考虑到男女作为两个“人”的结合——有爱情的结合,才能成为夫妻。而我们中国古代是不讲爱情的,非常粗鄙地把人贬低成为了动物。而关于人的哲学,就应当是一种爱情的哲学。爱情的哲学如此重要，我们却缺少思考。人要再生产就必须有男女结合；按照人类的理想，男女要结合则必须要有情爱，不能像儒家学说那样先结婚后恋爱。而其实儒家也不管是否相爱，结婚后直接是"夫为妻纲"，往后按纲常生活就好。在这种哲学里，有没有爱情已经不重要了，两个人结合之后要考虑的是父母和子女的问题，这又是一个新的秩序了。

我们应当重视爱情被忽视以后所形成的非常严重的后果。中国传统文化中的秩序似乎不对劲了。本来应当是一种什么样的秩序呢？德国哲学家舍勒著有《爱的秩序》。本来把人结合在一起应当有一种"爱的秩序"，而现在没有了"爱的秩序"，那么秩序在内部就有一种潜在的隐患，不知什么时候会发作出来。在中国古代文化中有非常复杂的情况，夫妻二人之间可以没有爱情，男性可以继续娶妾。娶妾之后，秩序就成了大问题。历代的王朝，家族内部多有相互残杀，梁启超认为整个二十四史就是一部"相斫书"！相斫的范围当然很大，其中皇帝自己家族的内斗就十分残忍，历朝历代都有。这是制度问题。王国维写过《殷周制度论》，认为在殷商时人们就把立长立嫡的制度确立了下来，他高度认可这样的秩序，认为确立的是一种道德的秩序。

但我们认识到其中缺少了重要的"爱"的一环，所以说还是一种不道德的秩序。皇帝想把自己和最爱的女性生的孩子立作储君可以吗？不可以。他必须要立长立嫡，而这个孩子的母亲，可能是他最讨厌的那个女人，但是没办法，按照制度，只要是她生的孩子，就必须要立为继承人。很多时候，皇帝自己都不愿意这么做，但如果逃避秩序，就会引起祸乱。这是爱情影响到人类生活秩序的一个问题，一个至关重要的问题。

所以爱情关系重大。它不仅仅是青春期的一种盲目的冲动，而且关系到我们中国文化里面的重大问题，关系到中国文化与西方文化的分界问题，关系到中国和西方美学里面的重大问题。我们中国古代美学里面很少谈及爱情，就算谈到"情"，通常也有很广义的指向，很少涉及爱情。

一个人什么时候都能产生爱情，但为何只有青春时期的爱情才最令人向往和怀念？这是一个谜。柏拉图说"美是源于爱"，他也有自己的爱情理念，著名的柏拉图式爱情是西方重要的概念。什么是爱？柏拉图将人的爱情剖析开来，一层一层往里深挖，从表面，到形体，到社会，到理念，剥离的结果是得出爱美是爱理念，理念的美才是最高层次的美。柏拉图优秀的文笔让我们在理念面前匍匐臣服。孟子也说，不全不粹之不足以为美也，"全"与"粹"才是真正的美，具有很深的精神含义。这其中便产生了矛盾：如果只有理念之美才是最高的美，理念与感性之间就产生了很大的悖论。席勒认为，如果有一个品德很好的人，甚至是一个英雄人物，他的脸在经历了一场战争之后伤痕累累，我们觉得要尊重他、敬仰他，但他的形体样貌还是会让我们感觉到厌恶。他体现出来的理念很美，但他的外形却无美感可言，让人们对他无法产生爱情，就像艾丝美拉达，她与卡西莫多之间真的会产生爱情吗？如果真的有，反会让读者心里产生很深的遗憾。柏拉图的观点最后抽象为理念，强调爱情更多的是指向人的精神，如此我们便可以理解什么是真正的爱。我们在初始的时候爱美的对象的形体，其外在美给我们以很强烈的刺激，让我们感觉到一切都发生了巨大的改变。爱情表面上有两种产生方式，一是一见钟情，二是日久生情。所谓一见钟情，是当我见到这个人，在瞬间便陷入其中，深深地被她迷住、爱上了她；而日久生情，其实是另外一种形式的一见钟情，是情感积淀到某一时刻的突然发现。

　　一见钟情式的爱情最能体现青春的特质。张生见了崔莺莺，"怎当她临去秋波那一转"，一瞬间的温柔便将他俘获。《诗经》里面有"巧笑倩兮，美目盼兮"，这也正是"秋波那一转"，她回头看了你一眼，那你的整个灵魂因此而震动了，你所看到的单调的色彩都变得绚烂，"素以为绚兮"。这与孔子伦理学的解释当然不同，但诗的解释更让人心驰神往，只因为这一"盼"，所有朴素的色彩变得美妙而不可言，我们为此而销魂荡魄！"回眸一笑百媚生，六宫粉黛无颜色"，她是视觉的中心，人生的光华全都集中在这一个人身上，没有什么可以与之相比。这是一种流动的美，让我们的灵魂可以跟着她流动。这种销魂荡魄的美可以让人"三观破碎"。"三观"，指的是世界观、人生观、价值观。"三观破碎"似乎含有贬义，但真正的美必然让人三观为之破碎，"不全不粹"不成为美，她能够最大限度地燃烧我们的激情、浪漫。在这种力量中，我们所有的信念与精神支柱统统崩溃，是一种很美妙的"三观"破碎与精神巨变，这种变化正像《西厢记》中所描绘的那样，是一刹那的击破，是一瞬间情感的爆炸。"爆炸"，会让原来的一部分内容粉碎、升华，成为不同的内容，这就是爱情的作用效果。就像黑格尔所认为的那样,爱情是否定与肯定的统一。根据黑格尔的分析,相爱的两个人,他们的灵魂会发生很大的变化,总觉得自己配不上对方。所以爱上对方,便是对自身的否定。当双方都经过否定之否定的时候,最终会达到一个"一",会感到爱情的天长地久,即使天崩地裂也不会改变。这时爱情就和某种永恒的实体联系起来,有了超凡脱俗的性质。它似乎不来自于红尘,而是来自于天上。

《红楼梦》中的爱情就是天上的爱情。当贾宝玉和林黛玉见到对方的时候,都觉得自己仿佛见到了原来见过的人。这与柏拉图的"回忆说"有了相通之处。爱即回忆①。仿佛是我们把早就有的感觉回想起来了。这是一种悖论:我明明是第一次见到她,却好像我们早就相识一样。《红楼梦》以神话的方式实现了爱情的永恒性与非现世性的特征。爱情不是今生今世的,而是在前身前世、三生石畔,在超越我们的世界的另外一个地方,我们才能找到这样永恒的爱情。正因为这种爱情非常之高妙、高远,我们才会对初恋对象、对青春时期爱过的人永不忘怀。因为她/他关系到柏拉图所说的理念,关系到"全"与"粹",关系到我们的"梦"。"梦中情人"集纳了梦想中的对象与爱情,来自于很深的根源,正如弗洛伊德所说的"原欲""本能",这与柏拉图的观念指向了不同的方向:一个指向了欲望,另一个指向了理性,但二者在这一问题上还是达到了某种统一,都指出爱情与人的心灵最深处的层次牵连捆绑在一起。这叫"情结"。平时人们在使用这个词的时候对

---

① 参见拙著《心有天游:明清小说美学》第十一章,南京大学出版社,2008,第311—326页。

它都有误解，"情结"应当是我们先天就带来的某种解不开的东西，可以解开与后天产生的都算不得"情结"。"母校情结"，就是一种不恰当的使用，这是我们后天才具备的某种情感。爱情更多地与我们先天具有的情感密切相关。但在这种先天具有的情感中，为什么我们突然感觉到这个人集中地体现了我的想象甚至是远远超出了我的想象？为什么当我们看到她第一眼的时候，我的魂魄就随她而去？因为在恋爱的对象身上，我们燃烧了最高的感性、最深的情意，与最大的智慧。"爱情使人变蠢"，爱情把一个人变成傻子。古希腊智者学派的人认为，把假戏当真的人是傻子；但只有当一个傻子把假戏当真的时候，才是一个人最聪明的时候。相反，不相信戏剧性的假象，那才是真的傻。爱情是虚幻的，但是就此便从不陷入到这种虚幻中的人才是真正的傻子。爱情的确虚幻，"色即是空"，但如果你看到的只是空，那才是蠢与傻，因为"临去秋波那一转"和"回眸一笑百媚生"的瞬间在你眼里都是空的。

爱情看不见、摸不着，如水中望月雾里看花，但爱情中集中了最高的智慧，让我们从一朵花里看到了佛的智慧。色即是空，只有懂得了色，懂得了色即"是"空，才是懂得了真正的菩提。爱情与重生息息相关。我们会经历涅槃，经此以后，人生的一切都会变得不一样。爱情与佛祖的拈花微笑不一样。我们想像飞蛾扑火般扑过去、融化其中，与其融为一体，变成"一"，这便是青春时期的爱情观，能燃烧、改变、摧毁一切，同时又唤起了青春的希望。或许在青春之后，人们还会收获很多次爱情，但很难再达到那种纯度、浓度与热度，都只能算是青春的灰烬吧。

我把爱情叫做否定的精神，因为它是一否定性的美，是"此曲只应天上有，人间难得几回闻"般的来自天上的情感，仿佛天光乍现，让我们一下子看到了不同的境界。当我们将爱情与最高的"上天"联系到一起的时候，我们再回看凡间红尘的浑浑噩噩与庸庸碌碌，必然会产生强烈的否定感，颠覆我们对世界、人生与价值的认识，我们再也不可能像先前那样思考与行为。

在恋爱的时期，我们总愿意把自己打扮得干净而体面，还要显示出自己的风度、气质与风情，展示出我们所有的身体美与精神美。因此，恋爱也起到检点、融化个人灵魂的作用。"我能否配得上他/她？"我们起初会在意外形上的般配，然后会在意精神上是否能与之相配，黑格尔认为在这个过程中双方将精神凝聚到了"一"。当两个人突然感觉到灵魂的碰撞，从此便相信彼此之间的爱情永远不会改变。心不变，精神不变，灵魂不变。两个人身体、灵魂的结合与某种永恒的实体成为了"一"，这是所有的宗教与哲学都在探讨的问题。在爱情、艺术中都可以产生出宗教的体验，可以在"爱"中体会到神。当我们感觉到某种无比神圣的爱的时候，也就体会到了宗教感。很多宗教都反对爱情，因为爱情令人与神分隔，甚至分离。但是，爱情与宗教历来有很深的渊源，又有非常悖谬的纠葛。在中国产生了观世音菩萨，在西方产生了圣母玛利亚，颇为暧昧。观世音菩萨原为男身，在中国却表现为一个女性的形象；圣母玛利亚处女产子，能带着我们灵魂飞升，都体现了一种悖论的味道。我们原本可以像爱一个姑娘一样来爱着玛利亚,但她是圣母,以博大的胸怀包容我们,给我们以母爱。因此,圣母玛利亚身上同时涵盖了母亲、处女、妻子的概念,使人们对她的情爱成为一种特殊的感情。虽然如此解读颇为亵渎,但西方众多画家笔下的圣母的确包含了许多复杂悖谬的含义。

为何玛利亚成为了圣母,我们就可以爱她?

为何她成为了圣母,我们就不能"爱"她了?

玛利亚是一个凡俗的女性,我们可以爱她;但她同时是一个能孕育、生产"神之子"的女子,所以我们不能爱她。在这种矛盾之中我们会体验到怎样的感觉呢?"羞"。我们如果在圣母面前产生出爱情般的"邪念"之时,我们会感到羞愧,觉得自己配不上她,配不上她的爱。"羞"在古时指的是祭奠时奉上的贡品,所以应当足以形容我们面对神灵时产生的表情与心情。在神灵面前,我们会"害羞"。当我们看到一个普通的女人,我们是不会有害羞的表情的;但我们在"女神"面前,看到她那么美,那么的可望而不可即,便会产生害羞感。李白说"美人如花隔云端",隔着云端的美人,用《诗经》的语言叫做"在水一方",道阻且长,我离她很远,她在彼岸,可我还是可以眺望她,能看到她的美,但我与她之间相隔着巨大的鸿沟,我踮起脚来向着对岸的她,以向上的姿态来仰视她隔着云端的身影。这是浪漫主义永恒的意象,而爱情正包纳着这种浪漫的元素与精神气质。恋爱中的人最讨厌对方不浪漫,事实上不浪漫的人也就没有爱情了。爱情本身就是以浪漫的材料来构建的,无论多少,但必得有浪漫、梦幻作为材料。

如雾里看花、水中望月,爱情有很强的迷茫感与致幻性,并在这种特性中令人感到羞涩。现代人羞感的丧失,是一个意味深长的现象。现在无论男孩女孩都不再那么害羞了。从何时起,当代文学艺术作品中人物羞感逐渐丧失,变得没羞没臊? 必是"羞臊"的根源消解,内心的神圣感消解之后。当我们消解了神圣、浪漫之后,也就不存在爱情了。我们感到害羞、感到配不上对方,在这种对自我的否定中我们追求更高的东西,如歌德所说,"永恒之女性,引导我们向上"(《浮士德》最后两行诗),爱情便是如此,自然而然地引我们向上,让我们不愿堕落。

这就是为什么把青春期的爱情解释为否定的精神,只有在这种否定中,我们才能跨进爱情的门槛。因为我在对象身上看到了一种超凡脱俗的性质,即使是转瞬即逝的,"临去秋波那一转",在快要离去时的回眸一笑最为销魂荡魄,这最为难得。希望爱情永恒,因为两个人在爱中都找到了对抗世俗的精神力量。贾宝玉爱林黛玉也说不出什么理由,只是说,"林妹妹若说这混账话,我早和她生分了"。薛宝钗与林黛玉从身体形态上来看各有风情,薛宝钗更多地带有儒道一体的美感,林黛玉更具诗性气质的美感。薛宝钗的诗写得很精彩,可说是作品里的"诗圣";林黛玉则是更具"诗仙"气质,有"仙人"的气质。中国古代诗歌中的集大成者杜甫很受推崇。杜甫确实很伟大,但一个人一旦成为了道貌岸然的"圣",总让人觉得不自在。因此《红楼梦》消解圣人气质的美,并未过分彰显经世济民的薛宝钗式的"圣"感。事实上存在两种原则,一种是世俗的原则,按照世俗社会的各种规则、秩序来安排的原则;另一种是相反的原则,来自于甚至自己都看不清道不明的神圣世界的原则。《红楼梦》是否确有其乌托邦理想确立其中？《红楼梦》时代很难有这样的理念，但作品以宝黛的爱情将人们从世俗的社会中挣脱出来，让人看到爱情绝不会吻合于世俗社会所教导我们的规则，它提示了一种别样的美，这种美可以将眼前的世界解构，改变我们对现世的看法。这种改变便是爱情的力量，也是恋爱中美的力量——这种美仅仅以"眼波流动"的力量让我们深陷其中，将我们的心搅出一池春水。

任何人都需要美感的力量，这种力量使我们的灵魂感到迷乱，也就是柏拉图所说的"迷狂"。柏拉图对"迷狂"持反对的态度，但灵感既然是"通灵之感"，是我们通向神的必由之径，则应当是完全积极正面的；否定灵感而强调永恒的理念，其实已经将人们通往理念的渠道生生切断了。"诗"是人们通向神的轨道，我们可以从中找到某种至高无上的原则。

柏拉图式的精神恋爱似乎是只有关于精神而无关于身体的，但巧妙的是，柏拉图认为要从形体爱起，只有感觉到对象很美，才能看到对象的灵魂。事实上是我们从对象的形体中就可以看到她的灵魂。这就是为何我们看到临去秋波那一转就会陷入其中，因为她的眼睛就是她的心灵在肉体上的窗户。当我看着蒙娜丽莎的时候，她的眼睛就在看着我，我的眼睛与她的眼睛四目相对的那一刹那，能感受到画像震撼人心的美，因为她让我们接触到了一个不同的灵魂，这个灵魂来自文艺复兴时期，我们又可以从中看到更远更深的内容。有人说蒙娜丽莎的微笑有几分无邪，又有几分邪恶。她的微笑集中在她的眼神上。

很多西方的绘画都可以显出"秋波那一转",我们可以从眼神中读出无限的内涵。这也是爱情中"一见钟情"之"见"的重要性,是"眼"与"心"交流的通道,到达这个女性之外的灵魂之地,到达更深更远处。

"美目盼兮","回眸一笑百媚生",这个瞬间很短暂,但又是最富包孕性的顷刻,是乍现的天光对我们的一瞥,让我们感觉到自己生活的世界如此恶浊、腐败、荒凉。我们在恋爱对象中看到对生活对自我的各种局限与不满,爱情成为让一个人转变为另外一个完全不同的样子的契机,是让一个人脱胎换骨的机缘。

因此,也产生了如尼采、斯特林堡这些对女性的反对者。斯特林堡专门写有《狂人辩词》,表达他对女性的厌恶之情。贾宝玉也有可能发展成这样的人。他认为女子本如珍珠一般,一旦嫁了人之后便如同鱼目一般无神而可憎了,眼中丧失了浪漫的气质与性质,走向了我们原本迷恋的形象的反面。《安娜·卡列尼娜》中,列文在黑板上写着旁人无法理解的字母时,吉蒂看懂了他写的内容,两个人的心合成了一个,感受到了爱情所带来的心灵相通;但是列文在与吉蒂为了结婚一起去买东西的时候,他的精神崩溃了,感觉到了莫大的恐怖。列文不知道自己在恐惧什么,他只是发现当爱情变成婚姻的时候,现实的原则就开始支配他,支配着他买东西,支配着他的一切,让他感到万分可怕。"婚姻是爱情的坟墓",在这个意义上确实如此。爱情是非人间的原则,婚姻是人间的原则,人间把天上的东西消灭掉了,在这个层面上它确实扮演了坟墓的角色。托尔斯泰写《安娜·卡列尼娜》时受到了自己的宗教思想以及道德观念的影响,他认为女性应该立足于家庭,有着偏于迂腐保守的家庭观。他本想把安娜·卡列尼娜写成一个坏女人,但他在写作的过程中突然发现了安娜的美。列文代表着作者的内心形象。他在安娜的客厅里看到了安娜的画像,画像画得很美,让他在仅仅看着画像的时候就有些迷上了她。列文是一个注重家庭的人,他突然迷上了安娜——难道安娜那么美,以至于可以让一个原本立场坚定的人"三观"崩溃?列文经历了内心的挣扎与搏斗,而这时安娜本人出场了,列文顿时失去了一切的抵抗力,所有的观念都发生了改变,只沉迷在安娜的美中,并陷入了一种深刻的迷惘之中。作者并没有在小说中探讨为何安娜的美丽能彻底迷乱一个人的观念,但这个问题饶有意味,这让我们意识到一个人的观念是可以被美所改变的。安娜在列文眼中是一个坏女人,抛弃了家庭与别人在一起,但当他自己被安娜的美丽所吸引的那一刻,又是否会思考自己为何会屈服于这种诱惑?这种诱惑是否很自然地产生出某种爱情的因素?

所谓一见钟情,是眼光与眼光相遇的瞬间,灵魂被对方所俘获,所有的观念也随之改变。爱情可以打破一切。当两个人相爱的时候,任何约束、枷锁都会被打破。所以有观点说,在爱情面前没有年龄,没有性别,没有第三者。爱情的阻碍就是无阻碍,其原则就是无原则,其秩序就是无秩序——它是可以用"无"来表示的,可以消解、无视一切横亘于前的事物,这也是它深刻的否定精神所在,也是它的破坏性。

从这个意义上说,恋爱是可怕的;但这也是一个创造性的契机。只可惜它很短暂,只在青春时期有这么一段美好的时光。但正因为有了这段短暂的时光,往后的生活才会有深刻的内在的改变。

## 二 邪恶的爱欲

爱情中有个邪恶的因素,也就是它的破坏性,因此会引起卫道士甚至是整个社会的关注。爱情的破坏性让人无法防备,"万物淫为首",两情相悦带来的力量颇为巨大。

假如我们遇到一个在爱情中十分有经验的女人,我们既会被她身上的吸引力所迷惑,同时也会感觉到她有种可怕的力量。就像贾宝玉对秦可卿,有些许超道德的因素。爱情是以"无"为原则,一切都不在其话下。蒙娜丽莎脸上的笑容似乎有点邪恶,列文看到安娜的画像内心产生了迷惘,都感受到了女性身上所存在着的一种超出自己控制范围的"邪恶"的力量。面对这种力量,男性一方面感到很难抵抗,另一方面也有着对这一女性全身心投入后会得到不好的结果的预感与自知。中外文学作品对这一现象有大量描写,因为一旦出现了这样的爱情,必然会产生某种破坏性的结果。

为何会在恋爱的对象身上看到邪恶的力量?

纯洁的爱情似乎有着邪恶的根苗。"永恒之女性"是天使,但她身上也有魔鬼的身影。西方有个惯常的形容是,"天使的面庞,魔鬼的身材",如此,一个人身上同时涵盖了两极,人们在她的上半身看到了天使,下半身看到了魔鬼,这便揭示了人们对爱情恐惧的根由。我们在产生爱情的时候,我们便产生了情欲,而我们对生殖功能的避讳是最让我们感到羞臊的,从而产生出很深的罪恶感。原本在上帝面前我们都赤身裸体,但当我们能辨别善恶时,也就懂得了伦理的观念,这时,人类的始祖便在羞处遮上了树叶。

将生殖器称为"羞处",即每个人都对这一部位存有隐在的害怕。"羞"与敬相关,亦与神圣的畏惧相关,更和说不清的诱惑紧密结合。在爱情中也是如此。爱情中必有情欲发生,每个人都清楚它最终的指向是什么——但我们恰恰害怕这个指向,对其感到羞涩、羞愧。我们把男女之间的交合叫做神秘的舞蹈,所谓的"婚姻"之"婚"是在看不见的地方两人的结合,所以才成为"神秘的"舞蹈。因而从根本上来讲,爱情就是可怕的,是我们的"原罪"。不仅仅基督教中有这种观点,几乎所有的文化中都有这样的观念,一些原始民族生活在丛林里,他们即使裸露上身,也不可能将下半身都袒露出来。这一部位至今仍让人感觉到羞愧、隐晦,甚至连用人类的语言来描述都不甚妥当。它接近排泄系统,而排泄物则因为肮脏受到人的排斥,因为那些女性的厌恶者会攻击女性的生理期,认为那是不洁的象征。

由此便显示出爱情隐含的根源,它让人感觉到不安,同时又最深程度地吸引着我们,这是人类面临的一个巨大的悖论。我们希望那个永恒的女性是纯粹的、超凡脱俗的,又希望跟她达到那种隐秘的相合。但是当她进入到世俗生活中时,她的纯粹与超凡脱俗被打破,我们对她的厌恶由此升级。

同时,爱情中又包含着无羞无臊的成分,在爱情中我可以抛弃羞怯,抛弃一切,这就是为何我们感觉到爱情在吸引着我们的同时又在抗拒着我们。如果我们很快投入到一段爱情之中,我们似乎就是很快地投入到一种"淫荡"之中。爱情中包含着"淫荡"的部分,当爱情与

"淫荡"结合在一起，就给我们的审美带来了很大的麻烦。我们通常都认为爱情是纯洁、无瑕的，但它对人们必然的情欲的吸引又将人们引入必然的禁区。禁区的出现意味着人类在爱情面前对自身道德的恐惧。这种恐惧在爱情刚刚产生的时候，对主体会产生很深刻的影响。一方面，他需要努力克服对对象的恐惧，告诉自己即使是女神，即使是林黛玉，也有她作为凡人吃喝拉撒的普通需求；另一方面，当想到一些人间烟火气息浓郁、甚至不洁的事物作用在恋爱对象身上的时候，对爱情本身也会产生排拒乃至恐惧。这是很多人很多时候都很难正视的一个问题。在每个人产生爱情的同时都会产生恐惧，表明在爱情中我们将与一些邪恶的因素融汇为一体，因而爱情也就具有了惊世骇俗的性质，尤其当它打破了其他的一些世俗规则的时候，伤风败俗的罪名便名正言顺地加诸其上。中外表现这方面内容的文学作品有很多，《红字》中的海斯特因为与牧师相恋，生下了女儿，被众人惩罚，带上意味"通奸"的红色"A"字示众。这是脱离常轨的爱情。为何美学中常常对"美"产生恐惧？当理性无法行使其职权之时，欲望便冲荡肆虐而出，不受控制，所以说"不受控制"的欲望是可怕的欲望。在爱情之中，人们便受着不受控制的激情的支配，这种激情指向某种隐秘的欢乐，难以启齿，羞于出言。这就是为何爱情美学无法堂而皇之进入哲学、美学领域的原因之一，它被搁浅、悬置于人们最为恐惧、害怕的范畴之中。

　　但我们仍然需要勇敢。这是一个在宗教上就要求我们害羞的领域，害羞中包含着害怕，包含着人们隐隐的不安——但仍旧在抵抗，因为它太过吸引人。把爱情或恋爱的对象比喻成地狱、妖魔、狐狸精……都不过是说明了人内心的恐惧而已，以至于在中国文化中将男女的交合与生命能量的聚散相联系，认为情爱能将一个人耗尽，缩短其寿命——追求生命的强度则必然损其长度。然而，这无非是对自我内心恐惧、羞耻的矫饰与遮掩。整个社会对人的再生产存在一种恐惧，这与道德相关，以至于各种文化能向着同一个方向发展。所谓一夫一妻制，是人类共同摸索出的约束人类情感以及相同的恐惧的一条道路，爱情的发生没有确定的时间与地点，人们才想出种种的规矩来限定它。

人类对爱情的根源就存在恐惧。我们对不洁、对这种神秘的来源的害怕究竟与什么要素有关？在中国古代艺术中，只有春宫图才表达这种禁忌的文化；而在西方，对这一要素却多有大胆的表达。但在西方，对女性的表现直到现在为止，依旧有隐晦的不洁的阐释。这在任何文化中都很难改变。

人类最美好的感情与隐晦的最恐惧的根源结合在一起，这是人类面临的文化难题，也是一个美学难题。弗洛伊德提出，人类所有的艺术都是产自本能。其中最重要的当然是性本能。性本能一旦暴露，我们是否就能很好地审美了？答案恰恰相反。在本能中，我们恰恰看到了人类极力阻挡、遮蔽的另一些东西。罗兰·巴特认为，在脱衣舞中，女人脱光衣服的瞬间被剥夺了性感，而最为色情的时刻是穿上衣服的时刻，是诗人写的女人换内衣的那个时刻。在爱情中，即使是在一种圣洁的原则下，仍旧包含着一个相反的内容：妖魔的，遮蔽的原则。

这就是为何一方面相恋的二者恨不得向全世界宣布两人的爱情，昭告两人爱情的光明正大，另一方面两人的爱恋又必然是遮蔽的，带着难以明说的私密欢愉，最终也只会走向朦胧的"婚"姻。爱情如人饮水，冷暖自知，同时又最大程度地排外，在两个人的相爱中永远容不得第三者插足。

一个美女，天使与魔鬼如何在她身上悖论式地结合在一起？天使中的魔鬼、魔鬼中的天使，才让人神魂销荡、不顾一切，产生出破坏性的激情。妖魔与肮脏，同圣洁一样吸引着我们。歌德《浮士德》中有瓦尔普吉斯之夜，西方的狂欢节开放了狂欢的时刻，把圣洁、道德甚至恋爱的对象统统抛诸脑后，纵情纵欲，狂欢高于了一切，仿佛是人性的一个假期，以放假的形式释放被妖魔化的肮脏与欲望。这是西方人对"地狱"的解决方法。

爱情中包含着情欲，它的来源如此不洁，才会让人在爱情的初级阶段感觉到不可思议的恐惧：爱情如何会必然地包含这样一些内容？在中国式的爱情之中，《好逑传》刻画了大量的才子佳人式的爱情，两人在一起一直保持着纯洁的关系，直到洞房花烛的那一天；与之相反的是《牡丹亭》《西厢记》里的恋爱模式，但在《牡丹亭》《西厢记》之后立刻就出现了才子佳人式的刻画"正统"恋爱模式的作品。浪漫主义文学作品也大抵如此。为什么？因为人们觉得爱情应当是纯洁的，精神化的。在这一点上柏拉图成功了。柏拉图的精神恋爱在中国、在西方、在所有的文化中成为了一种最高的恋爱形式。然而在柏拉图式的精神恋爱中，两个人的相爱变成了爱着共同的理念，恋爱变为了一场子虚乌有，爱情也因此陷入了虚无。《红楼梦》看出了这种矛盾。才子佳人一见面，两人便谈最高雅的诗；而《金瓶梅》正好相反，不谈情，只谈欲，把欲望彻底地书写出来。因而有人认为《金瓶梅》比《红楼梦》更伟大，因为它直面了人最原始、最可怕的欲望。其实，《红楼梦》中，包含了《金瓶梅》。《红楼梦》探讨了人类爱情的根源，"贾宝玉初试云雨情"，贾宝玉第一个爱恋的对象是秦可卿，触及了爱情最深处的内容：情欲。但贾宝玉区分得很清楚，他的爱情既不是对秦可卿，也不是对花袭人，而是林黛玉。这具有很深的精神性质，同时也有很强的情欲性质。爱情中包含着情欲，但不至于让人一下子堕落到情欲之中，这便是《红楼梦》与《金瓶梅》的不同之处，虽然二者都探讨了与爱情、情欲相关的领域。所以，《红楼梦》又"蝉蜕"于《金瓶梅》[①]。其实，从《金瓶梅》中，我们也可探究如何面对由情欲产生的爱情。假如我们没有情欲，也便无从可谈爱情；假如只有情欲，也不可能产生爱情。爱情中包含了这一肮脏、妖魔化的元素，但同时也包含着纯洁、美丽的元素，于是审美变成了一个极其复杂的过程，至今也很少有人在美学中解决这一问题，因为在哲学中，人性之"恶"这一课题亦未得到很好的解决。

爱情以一种"恶"吸引着我们。在基督教看来，我们有了情欲便有了恶，上帝便会惩罚我们，将我们逐出伊甸园，进入了可怕的万劫不复的境地。这是一个美学的诅咒：只有在尘世中才能享受这样的

---

① 　清人诸联《红楼评梦》曰：《红楼梦》之于《金瓶梅》，"非特青出于蓝，直是蝉蜕于秽"。

欢愉，以"在人间"为代价。人因为魔性被逐出伊甸园之时，"眼睛"亮了，告别了混沌状态，亚当与夏娃"相识"，在对方身上认出了自己的情欲、对方的情欲以及情欲本身，以此隐喻二者的结合。在这种"相识"中产生出了"人"，"人"看到了人的本体，也就是马克思在《1844年哲学经济学手稿》里提到的"人的情欲的本体论"。马克思用经济学修辞回避了人在再生产过程中所涉及的隐秘、神圣的内容。现在，有人将"妓女"称作"性工作者"，也是用"反修辞"的科学语言，掩盖了情欲的本质。在人的再生产中必然包含着情爱的过程。在中国传统文化中，阴阳生男女，男女生父子，父子生君臣，构建了一个由家到国的完美体系。但这其中忽略了一个重要的环节，即爱情的环节：男女如何形成夫妻关系并进行结合。由此可见，中国文化也将爱、将爱情唯物化了。现代人可以一眼看出体系的破绽所在，若无爱情，男女未必成"夫妻"，哪来的"父子"？可见以儒家文化进行的推演未必符合实际状况。但这一推演仍旧很具有说服力，只是回避了男女结合的过程。天地生禽兽，禽兽也能进行生命再生产，与人有何不同？《红楼梦》中史湘云与翠缕对这一阴阳课题进行了探讨。若人以血气分阴阳，便少了中国文化中的"情本体"。情感的结合才会产生出看似理直气壮的男女的结合。在中国古代文化中没有真正的爱情的存在，夫妻关系由父母之命、媒妁之言构建，进一步产生父子、君臣，这是与西方在爱情文化中的不同之处。中国古代文化中对爱情的处理与自然主义的方式有相同之处：二者都将情感悬置起来，将情欲之爱悬置起来。情欲在这样一种修辞中被去道德化，实则未改变其内在本质，我们仍未能在道德上感到"心安"。

人们试图用这种方式把爱情派生出来的具有妖魅性质的吸引力赶出理想国,实则将审美也赶出了理想国。"女人是祸水"由此确立,"美色"披上了一层可怕的外衣。反美学的观念在无论是西方还是中国都永远存在。基督教哲学家巴尔塔萨著有《神学美学》,他认为美学其实是一部反美学的历史。其实,所有美学都是反美学的。没有任何美学可以应对我们内心可怕的情欲,我们很难对付爱情中所包含的这一邪恶因素,很难应对爱情中的悖论,只能既爱又怕。但正因为怕,我们才爱,就像我们吃辣椒,既害怕它的辣,又渴望痛快淋漓。我们知道爱情指向的一切,但还是会被其深深吸引。

爱情是一种脱离常轨的状态,假如没有这种"出轨"的元素,便无法称之为爱情。所有的爱情都是"出轨"的,其本质上都是反社会的。爱情有一邪恶的根苗存在,能让我们的内心产生不安,而这种不安通过婚姻制度并不能得以解决。爱情本身就是一团让人不安的火,让人想做一点坏事,撒一点野,做一些破坏。所以女人喜欢撕东西,男人也有强烈的破坏欲,就像中了一股邪火,产生反社会的冲动与行为,由此也产生出梅里美笔下的卡门,让情欲替代了爱情,这是十分可怕的。《卡门》的思想内涵没有那么简单,卡门认为没有什么能束缚自己的自由。"生命诚可贵,爱情价更高;若为自由故,二者皆可抛"。这其中的价值等级是中国人无法理解的:自由超过了爱情。我们认为没有生命了还要爱情做什么? 在中国人看来,天大地大,生死最大;冷也好,热也好,活着最好。中国的文化是怕死的文化。这为统治者的治理带来了极大的便利。只要谈论到死，就挑战了中国人的最高原则。裴多菲的诗指明了爱情高于生命的地位，它具有飞蛾扑火般的力量。"牡丹花下死，做鬼也风流"，中国似乎也有这种精神，让人不顾死活地投入到爱情之中。然而在中国文化语境下，"牡丹花下死，做鬼也风流"本身就包含着对这种行为的贬义，意指不顾一切地投入一切，最终会指向死亡。这是在"万物淫为首"的观念下对人的精神进行的可怕的消解。

这种消解令人进入一种邪恶，进入情欲的本体论。马克思没有讨论情欲本体论的问题，在中国和西方的美学中，亦很少涉及这一课题。因为爱情似乎是一种从情欲而来的一团火，却燃烧得异常美丽。它可以以邪恶、不洁、肮脏为原料，在经过升华、淘炼之后进入到更高的境界。因而是否可以说审美的原则就是最高的道德原则？种种的文化、道德，都是需要不断地用审美来打破的，审美与道德自来相互纠缠在一起。人如何能找到一个途径使这二者达成美妙、和谐的统一？这是一个一直难倒美学家的无解的悖论，很难找到道德对美学的宽容。"观念的开放"是不成立的，观念如何才能开放？只有在"三观破碎"的时候才可以。道德也是如此，只有将先前的道德打碎，才能够建立新的道德评价体系。正如柏拉图所言，在审美之上，在人们的感性欲求之上，有道德感对我们进行管束。当我们逐渐将道德感打破的时候，我们的审美也在不断地发展。审美如飞蛾扑火前的撞击一般，以肮脏的力量起着作用——这让我们感觉到困惑与可怕，因为生命的来源便是不洁净的。莎士比亚在作品中写朱丽叶的保姆同她说了些下流话，这在中国人看来是无法理解的。鲁迅说贾府的焦大不会爱上林妹妹,这一判断颇为武断,焦大也是会爱上林妹妹的。在鲁迅看来,林黛玉是高雅文化的代表,而焦大代表了粗野的文化,这样的两种文化的差距,以及在阶级社会地位的差距,是否真的能阻挡焦大爱上林妹妹呢? 假如林黛玉对焦大回眸一笑,"临去秋波那一转",一切就都很难说了。鲁迅的观念却以另一种方式,隐含地表达了对爱情中圣洁性质的认可,而否定了爱情中肮脏的妖魔化的性质。在人类整个的文化中还没有对后者进行宽容的接纳,马克思甚至认为在共产主义社会,人类可以自由地谈论性交。假如果真到这一地步,人类也就丧失了作为人的情感,因为人基于情感基础上产生的爱情是非常隐秘的,它所处的根源不容许分享。很难想象一个女人深爱着一个男人,还可以跟另外一个女人分享他。能够分享的便不称其为爱情。这也是爱情的美学。爱情所专注的美是不容许共享的。尽管它渴望被关注——与我相恋的人是校花,是所有人的女神,但她只能是别人单纯的审美对象,她只能跟我在一起,做我的恋爱对象。很多好的艺术作品也是如此。贝多芬作的曲,梵·高画的画,都希望欣赏的人越多越好;但创作时激励他、改变他、让他灵光一闪的灵感只能属于艺术家自己,这是无法分享也不能分享的。正因为无法分享,灵感才如此珍贵,并保持了它的神秘性。

我们的爱情类似于灵感,情欲的火花也需要灵光一闪,而不会看到任何异性都产生恋爱的冲动。哪怕是动物也有其选择,这种选择性与审美相关。焦大有爱上林黛玉的可能性,而林黛玉确实不会爱上焦大,她的学识教养使她不可能爱上他。"爱上"涉及了精神上最深层次的内容。最理想的爱情当然是青春时期的爱情,男性与女性都在身体与心灵最美好的年华与对方相爱,是最令人羡慕也最值得赞美的一种爱。即使如此,它仍就有令人恐惧的情欲因素,这些因素让人在对待爱情时多了一层暧昧、迟疑的态度,即使现代中国相较古代而言已经把爱情提高到一种崇高的精神地位。

"若为自由故,二者皆可抛",爱情之上仍有自由。这是一个值得探讨的深刻课题。即使如此,爱情的颠覆力仍然不可否定,它令人愿意放弃一切,甚至战胜自己的羞怯。只有羞怯感才能产生真正的爱情,而因为有了爱情,我们又才能战胜我们的羞感——持续的无法战胜的害羞产生的只能是单相思。两个人相恋并在一起之后,才会突破羞涩的防线,突破恐惧,突破禁区,使一切发生改变。爱情作为美学,其最重要之处在于让一个人的矛盾得到相互并容。有很多作家写自己最初接触女性的身体的时候会产生很强烈的厌恶感,这种厌恶感又转化成神秘感。美学中很难正视这一问题,我们还很难消解生命中最深层次的内容。青春与爱情紧密相连,爱情的火焰在青春时期最为猛烈地绽放,才会把一切简单的朴素的变为绚烂的美丽的五彩缤纷的,以流动的美好消解掉内心的不安与畏惧,在永恒之女性的名义下,内心在有所不安中奔向安全之所。

## 三 无言的言语

青春期的爱情是爱情的萌发阶段,是最初的、一开始的爱情。好多文学作品都喜欢写初恋；好多人最难忘的也是初恋，"同桌的你"。因为初恋最纯洁，是纯粹的爱。我就是爱她，没有任何条件地爱她。无条件是什么意思呢？在李泽厚看来就是"情本体"，只靠情感本身，没有别的。我只因为我对她产生的爱情而爱她，是为爱而爱，爱情至上，面包烧饼第二，无所谓，即使生活再艰难痛苦，我也要和她在一起，不为了她的宝马别墅游泳池，也不为了她家千万上亿的存款。香港一些美丽的女演员，成天哭着喊着要嫁给大亨的儿子，向全世界宣布两人有多相爱，让人觉得可笑可鄙。如果是真正的爱情，为爱而爱，就不会出现这么多的丑态了。但即使是这样的人，也肯定在他们青春的时候，有她们的初恋。有的人想起自己的初恋就感觉到羞涩，感觉到不好意思：我当时怎么会爱上他！是的，你当时爱上他就对了，而你现在爱上的这个"他"不一定对。因为对不对的标准已经变了。一开始的爱情是一种为爱而爱的爱情，也许"为爱而爱"，容易教人想到"为艺术而艺术"——"为艺术而艺术"就是唯美主义，"为爱而爱"叫什么主义呢？没有对应的名词，爱情至上，反正就是这样的一种主义，而这样的主义现在真是太少了呵！初恋是一种情感本体，可能只是暗恋，从来不敢说出口，"爱你在心口难开"。这种默默无闻的爱，从来不考虑对方知不知道，也不考虑对方知道了会怎么样，只是在心里面悄悄地、轻轻地、很真诚、很投入地爱一个人。这种不计回报、不计成败、不计得失的爱，只有在青春期才可能有。对方不知道我知道，我在心里面就这样爱他，把爱意倾注到一个不知道的地方，是一种绝对的无功利的感情。就像有人形容的那样，"向黑暗中抛媚眼"，人家看不到呀，你抛得再妩媚人家也不知道——这就是暗恋，一种单方面的、没有回馈、没有交流的一种爱。在暗恋中，我们把自己各种各样的理想倾注到一个对象中，几乎没有阻碍；但是在倾吐爱意之前，两人之间没有爱的交流，没有实质性的情感的交流，对方对我来说只是一个虚拟的、空洞的、符号性的存在，她成为一个我们往里面装自己的幻象，装自己的情欲，装自己的未来，装自己各种各样的精神能量和心理能量的容器，使对象带上了某种虚构性的特征，成为了某种虚像，在实在之上更多的是一种虚幻的幻觉、幻想、幻梦、幻象——这就跟审美创造的活动很相似了。初恋之前或者初恋之中有某种暗恋的阶段，这在很多文学作品里有所表现。有人说世界上最好最精彩的爱情作品是《海的女儿》，我认为《海的女儿》是写得最好的表现单相思的作品。是否安徒生就想告诉大家，最美丽、最动人心魄、最伟大的爱情就应该是单方面的爱情呢？

美人鱼不会说话，她有巨大的语言上的痛苦——会不会说话有那么重要吗？有人说爱情不过是两个人相互对视，含情脉脉胜过千言万语。那为何"不会说话"就只能"单相思"呢？汉语把两个人的恋爱生活叫"谈恋爱"，"谈"还是"不谈"，这是最重要的问题。这说明恋爱具有某种语言的性质，或者说恋爱和语言相关。这个问题值得好好思考：恋爱为什么跟语言相关？为什么恋爱中需要那么多甜言蜜语、花言巧语呢？

　　黑格尔在研究精神时说："语言是作为精神而存在的精神。"①
这句话很拗口，我有一篇文章在引用这句话时，编辑把后面的那个
"精神"去掉了。"语言是作为精神而存在的"，看上去很通，但损毁了
黑格尔的意思。为什么说是"作为精神而存在的精神"？我们讲话的
时候，话说出来，在空气中振动了一会儿就没了，是一种气息、声音、声
波。当然也可以写到纸上，写到纸上它也还是"作为精神而存在的精
神"。纸上的内容为什么不能还原成声音、还原成思想、还原成感情、
还原成精神呢？黑格尔的话看上去很哲学，我认为写得像首诗。语言
是一种精神，是一种"作为精神而存在的精神"。"谈"恋爱，只有在交
谈中，通过语言这样一种媒介，通过"作为精神而存在的精神"，两个人
才能进行精神的交流。尽管到了某一个阶段，语言会变得无力。刘禹
锡有首诗："常恨言语浅，不如人意深。今朝两相视，脉脉万重心。"
两个人含情脉脉，多少重心事全在二人的相视、相思之中。在目光的
交流当中，语言反而变得很无力了。但是更深的人意不是要靠较浅的
言语来表达吗？语言是否能突破某种界限、某种规矩来表达精神呢？
港台很多流行歌手所唱的歌词写得不通。夸张一点说，所有伟大的文
学作品写的都是"病句"——写得完全正确的，不可能成为伟大的作
品。当语法不够用了，就出现了修辞学。修辞学是超越语法规则的。
语言在很大的程度上可以进行精神交流，否则我们就不要"谈"恋爱
了。恋爱不是做生意，语言作为精神交流的"货币"，此时失去了效用，

―――――――――

① 〔德〕黑格尔《精神现象学》(下卷)，贺麟、王玖兴译，商务印书馆，1979，第
202页。

情爱却是两个人精神层面的更高交流。将语言引入到爱情当中，实际承认了语言作为爱情媒介的地位。爱情是需要媒介的。在过去，两个人恋爱需要一个中间介绍人做媒，这就是媒介；任何一种爱情都需要媒介。有首流行歌曲是这么唱的：“不要问我爱你有多深，月亮代表我的心。”我爱你有多深该怎么表达？——就需要引入一个媒介。在这里把月亮引入作为媒介了。月亮在天上，我爱你的心跟月亮一样。当两个人真正相爱、有了美好的爱情的时候，花前月下，爱情就需要一种东西来表达。需要什么呢？很多。爱情是最需要审美的符号来表达。我给她买一颗钻石，买一只金戒指，送九百九十九朵玫瑰，都可以是爱情的表达。汉武帝要为阿娇造一个黄金屋，金屋藏娇，是用金屋代表我的心；《色戒》里易先生给王佳芝送了一颗鸽子蛋大的钻石，王佳芝的心就软了，告诉他赶快跑，不然会被杀。易先生舍不得给自己的妻子买“鸽子蛋”，却给王佳芝买，可见是真正地爱她。为什么要把所有这些叫做审美符号？汉武帝用黄金屋来安置阿娇，而阿娇早就知道他是皇帝了，当了皇帝还要把她娶回来用黄金屋放，说明他很爱她，他在证明，他会把好的生活给她。黄金屋是“极而言之”，把自己的感情表达到一个极端的程度；黄金屋就是个标志，是抒情，是爱情的符号。送那么多玫瑰有什么用，不如送一叠人民币——为什么要送玫瑰而不送人民币呢？为什么一束玫瑰就能打动女孩的心？送一叠人民币也许能打动女人的心，女孩的心和女人的心不同在哪儿？——不同在有没有真正的爱情。因此“谈恋爱”之“谈”表明，在恋爱过程中需要一种媒介的表示，这种媒介就是爱情的符号，或者说爱情的形式。

　　爱情为何非要用美的方式来表达呢？柏拉图说美源于爱，美是从爱中来的。当我们真正有了爱情的时候，我们才感觉到必须有一种美的形式来表达才好。柏拉图谈论好多种层次的爱，最后爱到真正的、本源性的美，就是理式。一层一层爱上去，爱到最后就是理式之美、理式之光。基督教爱到最后是上帝，所有的思路都一样的，最后总会指向某种终极的实体。

　　我们看《海的女儿》，看很多的变形记，比如中国的《白蛇传》，俄国的《天鹅湖》。美人鱼尾巴没有进化好，每一步就像踩在刀刃上，痛苦不堪，爱情道路走得艰辛异常；白素贞也很苦，修炼千年，才把蛇身修炼成人身；而《天鹅湖》是人变成了天鹅。为什么那么痛苦呢？《白蛇传》电视剧，有首歌唱作"千年等一回，等一回啊"，"是谁在耳边说，爱我永不变"，歌词是说千年等一回，等待的是有爱情的这一天。用千年修炼成了人形，是不是一切就完美了呢？不是。白蛇原本可以修炼成神；美人鱼也是，她若是不恋爱，可以过得很幸福，而爱情令她失去了生命，化成了黎明大海中的泡沫。这些故事把两个永恒的主题联系在了一起：爱与死。中国古语曰："士为知己者死，女为悦己者容。"为悦己者容，就是为爱自己、也是自己心爱的人打扮，美在恋爱中起到根本作用。可是，这也把爱与死联系在了一起。《圣经》中的《雅歌》，可以说相当于《诗经》中的《关雎》，只是不像《诗经》般温柔敦厚，尽管《诗经》也有"之死矢靡他"的名句；《雅歌》把爱与死用"爱如死之坚强"联系起来，可谓是爱的绝唱！《白蛇传》也把这两个主题联系在了一起。冯至有首诗写道："我的寂寞是一条蛇。"

（《蛇》）白蛇在寂寞中不停地修炼,希望修炼成仙。她的丈夫倒叫许仙,不知为何要这样来取名,颇有意味。美人鱼的故事也是如此。美人鱼在西方的传说里原本是很负面的一个象征,是海员在航海的时候遇到的女妖怪,她们勾引海员,贪色上当的人就会丢了性命。安徒生从另一个角度来写人鱼,不是把她妖魔化,而是把她仙女化了。《聊斋志异》也是如此,把狐狸精美化。在以往的故事中,狐狸精统统都是作为反面形象出现的,我们现在讲某人是狐狸精、小妖精,对方可能甚至会开心:哈,我长得漂亮而且有魅力,能吸引人。狐狸精、小妖精、各式的妖、鬼到了蒲松龄笔下都变了,变成了一种过渡性的人。之所以称为"过渡性"的人,是因为她们具有某种向另一种境界转化的可能。但是,她们现在在人间,在人世间这样一个地方,想寻找爱情。

　　《聊斋志异》中那么多故事写了这个主题,和《海的女儿》与《白蛇传》相同的主题:当妖怪或者仙女遇上了爱情。遇上爱情,在小说、童话、传说中,断了她们成神、成仙、成鬼的路。但是她们又做不成人,因此饱尝了爱情的痛苦,甚至可以说是一种苦难。爱情对于她们来说是一场灾难,她们的结局是失去了爱情,有的甚至是生命。白娘子更惨,被永镇在雷峰塔下,做人不成、做神不成、做鬼不成,只能保持在这样的状态之中。这些故事也许就是某种隐喻:爱情可以消减人的动物性。在青春期,我们是出于动物凶猛的阶段。在这个阶段,男性有用不完的力气,女性有做不完的幻梦。在这样一个阶段,在我们生命中的春天,我们什么时候开始心肠变好、变柔软,变得想和他人一起结合而不是一起斗争,变得想团结而不是战斗?——在爱情产生的时候。

产生了爱情，我们就会产生这样的变化，我们就可以像白素贞、美人鱼那样，克服某种动物性的方面，把自己奉献给某种感情。因为这时，她们开始有了人的感觉。某次看到电视台在播放《白蛇传》，主题曲的台词在强调：她想在人间，享受人的生活，享受人的情感生活。只要有了爱，做不做神仙都不重要了。古话说"只羡鸳鸯不羡仙"，鸳鸯指的是恋爱中的男女两个"人"，而不是真的鸳鸯。琼瑶作品中有首诗："但愿同展鸳鸯锦，挽住时光不许动。"写得很精彩。但愿我们两个人在一起，能让时光停下来。"挽住时光不许动"，有一点小女孩的娇媚、娇俏、娇嗔在里面。既然所有这些爱情都在巨大的痛苦、苦难当中，那么我们能不能让爱情停留在温柔的、美好的时光中，哪怕只一刻呢！前文提到《浮士德》："这一刻真美啊，停一下吧！"假如你像他一样看到"这里真美"，要求"停一下"，你的灵魂就交给了魔鬼；要是像她们这样享受爱情，想要让时光停留在某种爱情当中，那么就得付出巨大的代价，尽管不是把灵魂交给魔鬼，但也陷入了万劫不复的悲惨境地。这就是一种不顾一切的、以爱情为生命的、为爱而爱的文学和艺术的表达。我们整个青春期的爱情，都具有这样一种特点：以爱情为终极的目标。在这样的过程中，我们能把我们所有的情感、生命甚至所有的一切都投入进来，来成就一段美好的爱情。只有在青春期，我们才会有这样纯洁的冲动。

综上所述，青春期的爱情发生在我们性别成熟、动物性成熟的阶段，但青春期的爱情，能把我们从纯粹动物性的要求中拯救出来，让我们感觉到，还有比单纯的欲望更高层面的心灵世界与精神的世界——

具有神圣意义的情感世界,爱情的世界。西方人把爱情当做人生的一个审美阶段。对青春期而言,爱情是纯洁的,甚至可以是单方面的,追求的是"一"。这种爱情往往是唯一的——我只爱他,爱情就有了排他性。"排他"怎么"排"? 我不希望别人靠近我爱的人,这是一种排他;我只爱他一个人,不会再用同样的爱去对待其他任何人,这是另一种排他。作为一种唯一的追求,我认为真正的爱情,同时要排两个"他";只排一个"他",是一种自私的爱情。同时排两个"他"的爱情,才是"一"往情深。总而言之,跟"一"联系在一起的爱情,才是纯洁的、唯一的、排他的爱情。有人说:"天下何处无芳草,为何偏偏就爱他(她)?"有一次我遇见一个女孩,看她满脸的悲哀,就问她怎么了,她眼泪一下子流出来,说男朋友把她甩了。我跟她说:"男人那么多,为什么非要他?"她回答说:"任何人都没他好。"我心想:真蠢呵,怎么任何人都没他好呢? ——可是,这才是真正的爱情,只认为他最好,所有其他人都没有他好。大家都知道"情人眼里出西施",在她眼里他最好,就像一首歌里唱的:"我心中,你最重。"为什么她看他就是王八看绿豆——对上眼了呢? 天下有那么多男性女性,有的美,有的丑,有的胖,有的瘦,有的聪明,有的愚蠢,有的天才,有的庸才……都是有人爱的,都能找到自己所爱的人。我们不能让所有的女孩都爱刘德华,爱周杰伦,所有的男人都爱章子怡,爱范冰冰。萝卜青菜,各有所爱,在爱情当中,体现了一种审美多样性的原则。并不是说世界上只有一种美,我把这种美找到就行了。也只有在爱情当中,我们能把我们世界的丰富、复杂、多样、微妙充分地表现出来。你爱的人,我不一定爱；我爱的人，你可能也爱，但我和你爱她的方面不一样，她又会如何在我们两个当中选一个。文学作品中最多的是三角恋爱，甚至是多角恋。会不会所有人都爱上贾宝玉？有人说尤三姐喜欢谁呢，肯定是贾宝玉吧？结果她爱的是柳湘莲。丫鬟小红就爱贾芸，丫鬟彩霞就爱大家最讨厌的贾环，为什么？这是基于每个人情感世界的不一样，基于每个人审美观的不一样。为什么他看她就是那么顺眼那么美，你看她就毫无感觉？为何什么样的电影演员都有人爱？孙红雷眼睛那么小，一副凶相，还是有女性很喜欢，为什么呢？在真正的爱情当中，体现了一个人真正的精神追求，体现了真正的精神力量，或者说，体现了——用马克思的话来说——作为一个人的本质力量。这种力量是"个人"的，是他自己的本质力量。因此，假如就马克思的观点，审美是人的本质力量的对象化，每个人的对象就都不一样。假如所有人都选择同一个对象——那可惨了，这个世界也就不美了。

　　"一个"或曰"唯一"，就是爱情审美的重要特征。因为"唯一"，所以作为人类交往"货币"的语言失去了作用。海的女儿经历了语言的痛苦。这是所有痛苦都不能说的痛苦。在这样的痛苦中，爱情得到了可怕的炼狱般的煎熬。可是，由此，真正的爱才会产生、升华。这就是"无言的言语"。这也是集中了各式审美的困境，口难开啊！情爱与美学，在此深刻地相遇。

# 第八章　抗争与沉沦

## 一　地狱入口

人到三十岁以后，就像真的进入了地狱之门。像但丁的《神曲》里面写的那样，要拒绝一切希望，只能勇敢地走进去。

说进入地狱之门，主要就是说，在这个时候，感受到整个世界"恶"的原则。这种恶，康德晚年甚至把它叫"根本恶"。康德后来在《实践理性批判》当中，蛮有把握地认为，应当可以用善来克制一些东西。但到了他的《单纯理性限度内的宗教》，他就觉得，恶本身很难克服，而且也会永远地存在。

我们什么时候感觉到恶？前面写到了，其实从很小的时候，人类就可以感觉到这个世界上存在着各种各样的恶，这些恶跟自己的生命、自己的生存发展相敌对。一般三十多岁开始，真正深入到社会当中。在这个过程中，才真正认识到人性、人心，才真正认识到人与人之间的表现为各种各样的恶劣的情欲。欲的互相对冲、发展，让我们感觉到这个世界充满着恶。

前面已经说了很多关于青春的内容。青春本身很容易消逝。虽然现在已经在年龄范围上把青年的定义不断地扩大，但是从精神上说,其实青春期很短。短暂到什么程度呢? 当人生开始碰壁,开始幻灭,开始遭遇到很多的不公正、不平等,有了很多痛苦彷徨的时候,可能青春就已经在悄悄地消逝了。比如《组织部新来的年轻人》,说一个青年人如何走上社会。比如巴尔扎克笔下的人物——巴尔扎克对这个主题也有偏好——《高老头》里面最后拉斯蒂涅决心向社会挑战,对着巴黎发誓:"现在咱们俩来拼一拼吧!"表面上看他充满了激情与冲动,想要征服这个社会,但其实他已经被这个社会征服了,他已经接受了巴黎的一切规则,一切价值观。因为,他已经看到了这个社会的很多真相。这是巴尔扎克笔下的另一个人物伏脱冷告诉他的。于是他受到了一种"进入社会"的教育,整个心态发生了巨大的改变。巴尔扎克还有一部著名的长篇小说叫做《幻灭》,写一个外省的诗人到了巴黎之后,理想激情通通归于破灭的过程。这个小说里面写到一个细节:诗人把他在外省(法国把巴黎之外的地方叫做"外省")写的诗歌拿给一个著名的诗人看,那人看了一声不吭。诗人心里很惶恐。其实那个人看了他写的诗觉得特别的好,嫉妒和恐惧已经让他说不出话来了。小说的题目《幻灭》已经说清楚了,他的一切理想最后都化为泡影。像这样的作品有很多,说的都是我们生活当中的实际。这个"实际",将会消灭一切"虚际"。

尼采的哲学是从康德哲学来的。康德是这么总结——人是从"是",向"应当"这个方向发展的。"是"就是指我们人是大自然的一部分。研究"是"的学问,康德把它叫做"知识学",也叫做认识论,认识这个世界是什么。他觉得人不是自然的奴隶,应当有一种自由的精神,所以应当有一种"是"向"应当"的跳跃。从"自然"到"自由"需要一个中间环节,这就是康德写的《判断力批判》,也就是审美、美学这样的环节。经过情感这样的一个中介,使我们人从自然过渡到自由,从"是"到达"应当"。

而尼采心中的人应当是从"应当"向"我要"转变。青春的时候,是人的欲望、想象最为充分的时期。青春期中,我们总感觉自己的身体里充满了力量,就像尼采说的"醉意""梦感",充满了欲望、幻想,以及对未来的向往。我认为,当尼采说"我要"的时候,这才是青春期的特点。当然,尼采说还有一个更高的环节。从"是"到"应当"还是一个普通人,从"应当"到"我要"就是英雄和超人。在这之上还有一个"我是",这个"我是"在尼采的心目中就是希腊诸神。尼采的哲学和古希腊的哲学有很大的关系,尼采本人就是一个古典学家,对古希腊文化非常精通。在他心目中,希腊诸神的生活状态就是人"是"的状态。尼采笔下的神都在"醉"和"梦",本身就是醉醺醺的神,充满着梦的神。

我们在青春时期很可能有尼采一样的想象。我们把自己的精神、理想、情感、爱情,以及自己的努力、自己的一切都看作"我是"——我就是这样,我充满了力量、充满了能力、充满了才华。这时候,我要怎么样就怎么样。一切方法都无所谓,怎么都行。就像我之前说到的,这是一个"反对方法""怎么都行"的时期。反对一切规则,拒绝一切约束,觉得自己可以冲破一切网罗。当我们觉得自己可以反对方法,拒绝一切成规时,用《文心雕龙》的话说就叫"规矩虚位"。"规矩虚位"是《文心雕龙》里形容想象的。《神思》篇里说到，在想象的过程中"规矩虚位"，而我们就在"刻镂无形"，我们在雕龙。实际上，我们是在没有规矩、没有形态，看不到龙的地方去雕一个龙出来——用我的"文心"来雕一个"龙"。这也是我的理解。《文心雕龙》说，在我们想象的过程当中，没有规矩，没有规则，我们可能通过我们的想象来对无形的世界进行雕刻。甚至我们雕出来的龙还可能是"活"的——活"龙"活现。

在青春期的时候，我们会觉得很多规矩对我们都不太适用。青春期的反抗、青春期的叛逆、青春期的残酷，都是因为我们那个时候不害怕任何规矩，可以冲破一切罗网，怎么都行。充满了这样的一种精神——好像是喝醉了酒，醉醺醺的，对一切都不害怕，勇敢向前冲的精神。那么，一个人的青春期什么时候消失呢？就是当他这样的精神、冲力、抗争、奋斗碰壁的时候。碰到了墙壁，"墙"是什么呢？我们把它叫做"社会"。

社会，它以某种共同的信仰、信念，某种神圣的东西把一群人按照一定的方式划分，然后把人群组织在一起。社会之"社"，具有某种宗教性质，原来和土地神以及祭祀土地神相关；所以，它与对土地的依存，与自己的神圣信念相关。社会之"会"，则是与人群的聚集形式相关。我们可以把"社会"分成很多很多的类型，但所有类型都和这两点有关系：一，共同的精神的支柱；二，要按照人群的某种特点把人群聚集到一起。难道在青春期之前我们没有社会么？不是，我们历来存在于人群当中，存在于社会当中。为什么在青春期的时候，我们感觉到社会不存在？感觉到只有我自己能无法无天，无拘无束，能驰骋自己的激情和幻想，能感觉到无比的、无穷的、无限的力量？

我前面说过，这样的力量，主要是分为两种：一种是拼搏的力量；一种是爱，与某人结合在一起的力量。但这两种力量不都和社会有关么？为什么在某个时候我们才真正地感觉到社会存在呢？这本身是一个社会学问题，不是一个美学问题，但它其中隐含了某种美学的意味。只有在某个时刻，一个人真正的和社会发生了碰撞，发生真正的关系的时候，他才会意识到社会的存在。

什么是真正的关系呢？我的研究生毕业的时候，我总会和他们说，大家马上毕业了，要进入社会了，我要提醒大家几点。最重要的，也是最可怕的，甚至不太通情理的一点就是：你到了单位，在一年之内不要让领导发现你。这当然是庸人哲学啦。因为年轻人无论到哪个地方，总是想好好地突出地表现自己，让领导知道宠爱自己，形成一个良好的发展势头。但是，我为什么要给出这样的建议？你要进入一个新的组织里面，进入到新的人群当中，就开始真正地与社会发生了纠葛，发生了关系。这样的关系就叫做"进入社会"。当然，我们很多人原来就是在社会当中。很多很厉害的人，在小学、中学的时候，就把班级当做社会。很多有政治才能的人，他就一直是组长、班长、团委书记、学生干部。也有一些电影来表现这样讨厌的人。当然不是说学生当中的班长有多讨厌，我是想说有这样的一种人，可以把任何一个地方当做社会，来争取"权力"。为什么大学里大家都想当学生干部，都想入党，我以一个社会人的心态来猜测一下，他们这么做是为了现在的利益,将来的权力。这样的人有没有青春呢？ 他们没有青春,没有少年,没有童年,一直就想着当官,争取很多的东西。

我们大多数人在某个时候还是有青春的。有想象、有幻梦、有爱意,有想冲出罗网的想法。当然,他们进入社会后,碰壁的情况就更厉害。而那些从小学到大学都当班长的人,他们到了社会上,和社会发生真正的关系的时候,也仍然会感觉到某种幻灭,感觉到某种失败感,或者是叫做沉沦感。因为他进入社会之后,还是要不停地失去更多的东西。所失去的正是"青春"两个字所代表的东西。抽象地说,就是失去了审美的精神,失去了"美"这个词里包含的意义。"美学"也就是"情学",也就是说,失去最多的是情感。我们的情感受到了很多的挫折、挫伤、挫败。这个时候我们是不是开始失恋了？ 此时的失恋,其实不是"失去恋爱的对象"。那是什么呢？ 无以名之。真正的失恋,大概是丧失了自己对恋爱的感觉,或者是丧失了那种祈求,丧失了那种"我要"——"要"爱一个人的感觉,"要"爱一个人的欲望没了。"要"和他在一个诗意的、美好的、绝对纯净的感情状态下结合的期望,没有了。有人说,大学里千万不要谈恋爱,一毕业什么都没有了。我想,大学里都不谈恋爱,毕业以后谈的还是"恋爱"么？ 在大学里没有功利,一切困难都不是困难,一切阻挡都不是阻挡,一切条件都不是条件,它们在爱情的面前都让路了。很多人在大学里相亲相爱,毕业之后的确分道扬镳了。有的女孩子在大学里爱上一个诗人,但毕业了却嫁给了一个肥头大耳的老板。这一点都不奇怪。张艺谋的《大红灯笼高高挂》,开始的时候,就是巩俐的脸上慢慢地出现了两行眼泪。她是一个女大学生,来到一个大户人家给人家做"小",她心里感觉很委屈,哭了,进去了;进去了,哭了。就这样进入了社会,进入了"妻妾成群"当中。我们都得"进去",或者,本来就"在里面"。

青年之前,我们很可能还不需要为衣食住行发愁,还是处在一个特殊的阶段。当然,对有一些人来说,残忍的现实过早地到来了。但对大多数人来说,这样的阶段都或长或短地存在着——感觉自己可以赤手空拳地去对付整个世界的阶段。在这样的一个阶段之后,我们就开始感觉到,原来,除了我们的激情、想象之外,还存在这一样更加实在的东西,那就是社会上的权力网和利益网。这两个网络把我们牢牢地网住。

在这样的巨大网络里面,我们只有强烈的失落感。首先,我们感觉到自己是一滴水进入了大海。本来我们感觉到的,是从"是"到"应当"到"我要"到"我是"的感觉。现在是倒过来的,从"我是"到"我要"到"应当"到"是"。西方哲学把"是"翻译成存在,在我们自己的简简单单的"我"之上,还存在着很多的群体。在这个群体之上,还有一个"存在"在。海德格尔形容到,在感觉到自己快要死去的时候,才会感觉到"存在"在。因为我们想明白了,在自己死了以后,地球还会照转。

我的一大痼疾就是去校门口的布告栏看讣告,看到熟悉的名字,好久没有看到过的名字在讣告上出现了。看到也就是一瞬间,很多时候那种触动一两天也就忘了。一个学校没了,地球存在;地球没了,宇宙还存在。所以说,只有在我们想到,有一天我们连自己都没了,却还有一个巨大的存在"在",我们就会感觉到强烈的灰心、失望、偶然、荒谬,感到自己太渺小。

我们在一个单位或者公司里工作,占有了一个小小的位置,小小的单元。而我们不过是这个巨大的机器上的一个部件。当然可能有的人并不想当部件,想当发动机,想当"头"。当了"头"又怎么样呢?还有无数的"头"。上面下面左面右面都是"头",瞪着眼睛观照着我们。当我们进入社会之后,首先我们觉察到的是有限感。有限当然也能作形容词。为什么有限呢?因为我们太小,只有一丁点儿,好像是大海里的一滴水。

另一方面呢,有限,也是指边界,我就在这么小的一个地方里呀。李白说:"大道如青天,我独不得出。"他感觉大道像青天一样很宽,有无限的可能,为什么我就出不去呢?我倒喜欢贾岛的"出门皆有碍,谁谓天地宽"。一出门就有阻碍,谁说天地宽呢?我们的天地是很小很小的,很有限制的。我们的一切想法、计划、理想、目标,想要实现一丁点的话,都有很多阻碍。这个时候,我们就有了一种碰壁感。

墙壁是有形的,但更多的是鲁迅说的"无物之阵"①。我看不见摸不着,它好像不存在。我想和它拼搏,也找不到对象。但我想自由地动一动,限制就来了。看似无形但却有力,把自己的很多幻想、激情都摁死。这就是进入社会必然经历的过程。

其实,人生来就是在社会当中,那么,为什么说这个时候才是"进

①　鲁迅《野草》,人民文学出版社,1979,第53页。

入"社会？就是因为，这个时候，我们的利益、诉求、各种欲望，才开始真真实实地与其他人之间发生了碰撞，我们才真正感觉到各种各样的人之间始终有着显性的、隐性的种种规则，种种心灵的力量组成的暗流。这是我们在以前没有强烈地碰到过的。

一个人的时候，我们也感觉到寂寞，亚里士多德说：“凡隔离而自外于城邦的人——或是为世俗所鄙弃而无法获得人类社会组合的便利或因高傲自满而鄙弃世俗的组合的人——他如果不是一只野兽，那就是一位神祇。”①按照康德的想法，人总有合群性、群居性。但是一旦群居了，跟其他人在一起了，又会感觉到不舒服，又想独处。非常矛盾。就像叔本华的刺猬法则。一个人的时候冷，两个人在一起又互相有刺。社会，就是这样，像一个网。人就活在这张网中。

进入到社会之后，我们总的感觉是有一种很强的丧失感，或者说沦丧感。失去的东西太多。有人说，得到的不是也很多吗？一开始得到的是极少的，后来得到的越多，失去的也越多。道家的老子、庄子一再强调：整个文明的发展的过程就是人类的本性、人类的淳朴、人类原来的美好状态丧失的过程。《老子》用“失道而后德，失德而后仁，失仁而后义，失义而后礼”来层层展示。一层层的丧失，我们看起来却越来越“文明”了。礼义仁德兼备，殊不知，最根本的、最重要的却一去不复返了。卢梭也有类似的观点。当我们从原初的一个状态向前前进的时候，在文明看起来不断进展的时候，我们就会失去很多好的东

---

① 〔古希腊〕亚里士多德《政治学》，吴寿彭译，商务印书馆，1985，第9页。

西。对于我们个体来说，我们把这样的一个沦丧的过程，叫做成熟。

因为成熟了，我们就把很多东西给丢掉了，然后就似乎感觉到，在社会上有了立足之地。所以孔子说"三十而立"。孔子说的就是自己，不是别人。这个"立"，就是站起来——毛泽东说"中国人民站起来了"——我们在社会上站起来了。这意味着什么？

我们站起来之前的姿态是什么样的？三十才立，那么，三十以前呢？以前是什么样的呢？不知道，反正很难看。我们在青春期的时候很好看。从青春期，到"而立"之间，为什么有一段很难看、连站起来都不算的阶段？这指的是，我们从青春，到开始进入社会，到在社会上被社会化，这样的一个艰难、痛苦的转化过程。"化"这个词多可怕！化学中的"化"，是从原来的一种状态转变到这样一种状态。

"社会化"对于我们人来说，就是说明我们原来的样子，和现在社会化的样子，判若两人了。总而言之，就是我们的青春被消融了。冲动、激情、毛躁、惆怅，都被慢慢地"化"去了。所以说，武侠小说里说最可怕的一种转变，就是把原来的武功化掉，接着从头练新的武功。这是一个非常艰难、痛苦的过程。可是相对于一个人在社会上的精神转变，身体上的痛苦其实算不了什么。青春的很多东西常常就这样一去不复返了。后来我们不断地想呀想呀，想把它追回来。能不能追得回来呢？这要看个人了。我们的大科学家杨振宁，他就想办法用某种方式追一下。他追来的是不是青春呢？不知道，反正是青春的某种符号。

这样的一个丧失的过程，进入无物之阵的过程，在西方的精神分析学派里面,被叫做一个人的"超我"。我觉得,用"无物之阵"是很贴切的。很多看不到的东西,以一种无形的力量控制着我们的精神。它逐渐内化到一个人的精神结构当中,处于超我的地位,超出了我们渺小的自我。弗洛伊德说,这是整个社会的意识,集体的意识。再往上看,就是宗教的意识。社会的"社"代表了一种信仰的维度。整个社会以宗教意识,和低于宗教意识的社会意识,来逐渐控制每个人的精神结构,在我们的精神结构当中处于一种至高无上的地位。也就是说,我们每个人精神世界中最高层面的东西,不是我们自己,而是超我。超过我的东西控制着我——我原来具有的东西都被它压下去了。当然,超我下面有自我,自我下面还有个本我。自我处于超我和本我之间。那么,自我究竟在哪? 似有似无,无所谓有无所谓无,他是本我和超我的一种结合,一种均衡,一个点。那么,一个高尚的人,一个脱离了低级趣味的人,一个纯洁的人,他往哪儿靠的多? 靠超我靠的多。他变得有宗教精神了,或者说达到了冯友兰所说的"天地境界"①——最高境界。这种境界是否值得我们追求? 这个境界把自己彻底消灭,让我们与天地万物为一体,让我们达到没有了自己又处处都是自己的境界,感觉到天地万物、时间、空间通通成为自己。那么,我究竟在哪儿? 我就在其中,哪儿都有,又哪儿都没有,处在这样的一个位置。

　　每个人的自我,就存在于本我和超我的相互抗争、争夺之中,相互的移动之中。移动到具体的哪个点上很难说,每个人都不一样,所以叫

---

① 　冯友兰《冯友兰学术文化随笔》,李中华编,中国青年出版社,1996,第122页。

自我。但当我们想到,原来还有一个超我,超出了无物之阵,超出了这个社会的时候,我们那种飞扬跋扈、痛饮狂歌、无拘无束就没有了,不再不羁、狂放、想象。"怎么都行",也就变成了"怎么都不行",行不通。

"怎么都行"只是我们头脑里的想象。我们本来觉得,我们可以用自己的激情、想象,用自己的情感、奋斗打破一切东西。后来却发现,还是我们要反对的那些东西——规则、方法、规矩最厉害。我们每到一个地方,就要遵守那个地方的规矩。到处都是规则,到处都是方法,很难摆脱。这就是沉沦。各种不同的人可以用不同的词去描述他,按照海德格尔的观点,沉沦就是一个人逐渐失去"本真"的过程。

从前有一位老师跟我说过,他儿子的钢笔字写得很漂亮,有一天儿子的任课老师表扬了他。这位老师回家后眼泪就掉了下来,他说了一番话:只有在大学这最后的阶段,人们才会被真正公平地对待。当学生们离开了大学,就很难遇到这种公平的待遇。即使各方面优秀,人家也未必说你优秀。我想,这个我们也能够心领神会。当你是天才,但是像李白那样,变成"世人皆欲杀";当你很突出,就很可能是木秀于林,风必摧之。在这样的人群当中,我们才会一下子体会到无所不在的恶。这主要体现在,当我们想要出人头地的时候,遇到权力上的恶。在任何一个社会,都存在着人统治着人的情况。任何一个社会都有一个巨大的权力网络。

霍布斯说,"人待人如豺狼"①,总是要互相吃掉。要如何做才能

①　〔英〕霍布斯《论公民》献辞,应星、冯克利译,贵州人民出版社,2002,第2页。

不被别人吃掉？这个时候，需要大家订立契约。这样的过程里，我们丧失了很多自己的权利。可是在这个时候，只有把自己的权利交到某些人手中，我们才能获得暂时的安全。在这个体系当中，每个人都想往上爬，越往上爬，地位越高。霍布斯认为，甚至我们的美感也来自于此。美感就是荣耀感——我的自尊心得到了满足。我不仅得到了安全，还得到了人家的尊重——我支配自己生存的权力变大了。

还有休谟的无赖假设。在权力当中，人就变成了无赖。要防止这种无赖，就要制定各种各样的规则。到了萨特，干脆就是"他人就是地狱"。恶，才是组织社会的原则，才是统治我们的原则，才是审美来源的"恶之花"。中国也是如此。韩非子的老师荀子提出"性恶论"。恶才是真实的，善是假的，经过了虚伪的修饰。人性的善，其实是恶的伪装。所以，柏拉图的学习就是回忆，就是让我们回到最初的理念；荀子就正好相反——最初的根源来源于恶，所以我们要用不断的学习（虚伪的学习）来改变它。

到了韩非子，就更加赤裸地体现了恶的原则。所以有的人把韩非子说成是中国的马基雅维利。马基雅维利曾有一句名言：一个君主应该具有双重性格——狮子一样的凶猛，狐狸一般的狡猾；而聪明的君主则知道什么时候当狮子，什么时候当狐狸！结合所有的凶猛和狡猾去对待其他人。这就是政治哲学里面对人性的看法。在经济学当中，也是如此。经济学认为，人是理性动物；只有丧失理性的非理性的人，才会成为非经济动物。只要你处在经济活动当中，就要依仗冷酷的、理性的计算。所以经济学里面有博弈论，有囚徒困境。将两个都是人性恶的人囚禁起来分开审问,这当中,他们互相猜忌,在猜忌当中,求得生存权利的最大值。两个人如果都供出犯罪事实的话,两个人都要受到责罚。如果两个人都抗拒从严,利益就最大化了。如果一个人供出来了,那么对那个没有供出来的人来说,就要有更大的折磨。在几种情形当中,如何进行选择,成为一个最大的难题。两个人都不供认,当然是最好的。囚徒困境的假设里,是把对方看做跟自己同样犯罪的人。我认为,这实际上已经是一个绝对的恶的假设。而两人都处在信息不对称的情形当中,当然就很难做到同心,拒不供认。所以经济学与政治学的层面,都是以人性恶作为假设的。这挺有意味。人性"善"的假定呢?在这样的研究中,根本属于不曾被设想的。利益最大化的思维,消灭了道德思维。

在社会网络当中,有的人就想做官。在有些人看来,做官是一个人在社会上感觉到安全、荣耀的根本。可是一旦想做官,必然就要想怎么样踩着别人往上爬。即使不想做官,他想发财,也是一样。在这种囚徒式的困境当中,谁能取胜?在这样的结构当中,一个人能否认清社会呢?好多人都有这样的经验,发现一到了社会上,人与人之间的关系,就都发生了巨大的变化。在学校里面,在类似于学校的其他领域,当然也有竞争,权力一直是伴随着整个过程的。当然西方也有。以至于从幼儿园、小学的时候,就已经有想做官、想当班长的小朋友了。但这种毕竟牵涉的利益关系还没有那么大。可是到了社会上,整个社会似乎是总动员式的攀爬。这样一来,我们就能看到有阿谀奉承的人,有骑在别人头上的人,有给人家好处的人,有想争取各种好处的人,等等。总而言之,社会这个大体系、大系统,开始对我们进行分配了。每个人被分到的配额看起来就至关重要了,因为很大程度上决定着我们的生存。所以,进入社会后这样的第一步,让我们感觉郁闷、苦恼、伤心、痛苦,感觉到跟原来的生活有了巨大的断裂。

哪怕是一个公司,实际上也还是按照一种权力规则在运行。杜拉拉的升职跟余则成的潜伏,原则一样。他们跟甄嬛的后宫相比,就只是换了一个机构。仔细想想,大家都差不多,都存在着种种形式的控制。所有的权力结构,都是以绝对的恶为基础,所以必然存在着妒忌、勾心斗角、尔虞我诈,存在着剿灭天才、消除有才能的人的机制,并且必然永远会有。否则人类社会的种种形式,我们看着就没了意思,没了兴趣。社会的形式、结构发生着改变,从某种意义上来说,进步很多、很大。但是不也证明了,人类所经历的种种形式,不还是没有变吗?

整个社会以恶的形式,向我们灌输了与我们以往的信念、以往的理想、以往的原则相反的东西。这种相反,一方面,是以往灌输的意识形态,跟我们现在的想法相反,因为意识形态当中,必然存在着欺骗的成分。另一方面,是跟我们内心原来持有的对社会、对人、对一切的世界美好的信念相反。

原先我们都有美好的信念,带着青春的热度,来到这个社会上,于是都有着不同的视觉和视角。比方说《组织部新来的年轻人》里,新来的这个人的视角。再比方说,孟德斯鸠写的《波斯人信札》里,波斯人的视角,等等。所有的文学家,都是用一个陌生的视角来观察社会,就更容易发现社会的种种不公平,种种尔虞我诈的欺骗,种种刀光剑影式的陷阱。谈到人心,深不可测、险不可测。在这样的环境中,我们对世界有了些黑暗的看法。用闻一多的诗来形容,就是"一潭死水"。闻一多写的这首诗,也有"恶之花"的味道。

## 二　恶之花

人类的文明,在很大程度上,总是从恶当中产生并且发展的,所以是"恶之花"。资本主义极大地解放了生产力,才产生了奢侈的现象。而奢侈,不就是人类审美的最重要的现象吗? 写诗、绘画、音乐,其实就起源于奢侈生活的要求。这就是恶产生出来的花。奢侈主义、奢靡之风、享乐主义……都是审美现象。审美当中,必然要享乐主义,要奢侈之风。越是最奢靡的东西,越是具有最高的审美价值,也才能够让我们在里面销魂荡魄地享乐。桑巴特写的《奢侈与资本主义》也蛮有意思。权力当然也是如此。从人与人之间的等级制,产生了其他方面的等级制。审美,不需要等级吗? 当然需要,不同等级的审美价值相差很大。否则我们为什么要听贝多芬,而不会去听最差的作曲家作的曲子呢? 所以,审美,或者说美学,本身就跟恶的现象密切相关。

闻一多的"这是一沟绝望的死水"(《死水》),就写出了青年人面对某种僵化、腐败的现实时,产生出的感觉。这个不能流动的地方简直就像死水一样腐败,发出了臭味儿,没有活力;简直就像泥塘,像硫酸池,让人拔不出脚,一切东西扔到这里面来,怕是都会被消解掉,哪怕把一朵最美的鲜花扔到这沟死水里,怕是也会很快就烂了。这种腐烂没办法改造，让我们感觉到非常绝望。所以闻一多诗的结尾，就说"不如让给丑恶来开垦"。这就是我们在青春的残存的阶段遇到的现实，就像在当头一棒后猛醒——原来我所想象的世界，跟我现在真实存在的世界，差别太大了。大多来源于书本知识的想象告诉我，会有一个田园诗式的，或者是一个浪漫主义情调的、诗性美感的世界。可是帷幕突然被彻底拉开，原来我们面对的是绝对的、根本的恶，我们的内心瞬间便充满恐惧，充满不安，充满变化。

在这个阶段，好多爱情变成了婚姻。就像我前面写的，变成婚姻的爱情，即变成了一个社会组织，两个人的经济体，甚至两个人之间必然会有权力的划分。在好些地方的风俗里，结婚当天接新娘的时候，大家会教新娘如何"掌权"。我家乡的风俗是，给新娘带盐，就是让新娘要对新郎严格一些。一个源于谐音的象征。就是说，要在权力上把他压倒。功利原则代替了两个人之间的情爱原则。婚姻，一下子就变成了可怕的力、权两者相结合的小小组织。有一首歌，叫《没那么简单》。爱情为什么没那么简单？相爱为什么没那么容易？因为每个人都有自己的想法、脾气。一下子说出了根源。互不相识的两个人，在某个时候相爱了。但是当两个人生活在一起的时候就发现，原来两人大不相同。这是爱情的悖论。两个人如果一模一样，就无须在一起。可是，正因为不一样，所以两个人在一起才很难，才发现有着不同的文化、教养，彼此原来是那么陌生。尽管两个人建立起来的家庭，是作为一个战斗的堡垒，要去跟其他的人家斗争，但是在俩人之间，也存在着种种的敌对。两个人生活在一起的时候，突然发现对方心中拥有的很黑暗的成分。婚，昏。婚姻让我们懂得这里面存在着无穷的黑暗。正是这样的黑暗，让我们感觉到婚姻生活，作为爱情的结果，并没有那么美妙。所以歌里唱，那是个"什么都不懂的年纪"。那个时候觉得好甜蜜的种种原则，都只是"曾经"。这就把青春用爱情的丧失表现、表达了出来。这种丧失实际上是功利的原则占据了上风。

尼采的"力"，有人把它翻译成权力，权力意志。这个"力"不一定指的就是权力。有人说是冲力，有人说是强力，权力意志不如叫强力意志。我认为，人生其实有两种力：一种是缓和力，是一种爱的力量，温柔地、娇柔地、柔润地、和某一个对象结合在一起的情感力量；一种是强力、硬的力，它想打破某个旧的东西，创造出新的东西。失去本真，首先就失去了真正的爱。

如果安娜·卡列尼娜和渥伦斯基一起私奔，结果会怎么样？萨特和波伏娃一辈子在一起，一辈子不结婚。结婚就是两个人的爱情进入了社会，得到了社会的认可。它是一种组织形式，是一种规矩。两个人相爱，走在一起，相互看着，你看着我，我看着你。"看"是个多音字，看（去声）着你，看（阴平）着你，多难受啊！所以萨特和波伏娃约好：我们是自由的，我们凭感情在一起，假如感情没了，两个人自动就分离了。假如你跟别人有感情了，对我还有感情，没关系，我们还是在一起。所以萨特有情人，波伏娃也有情人，他们本身也不是夫妻。这是人类历史上伟大的创举。好多人非议他们，我觉得这些人可能被社会化了。真正的感情或许就是要这样。真正的感情假如没有自由了，还谈什么感情呢？

　　失去真爱就是这个意思。如果林黛玉嫁给了贾宝玉,爱情好像有了一个结果。爱情本来是花,现在却结了果。结的果是什么? 是一种社会承认的形式,是家,是婚姻。两个人的感情进入了社会,就把自己的爱情埋入了坟墓,一座活死人墓。有人说,婚姻把爱情升华到更高的高度。婚姻已然是两个人结成一种固定的形式。原本是自由的爱,现在却要用一种最不自由的形式把它捆绑在一起,还可能升华吗? 即使侥幸没有丧失,经过捆绑之后,它也就逐渐变形变质了。有没有永久不变的情况呢? 至少凭我贫乏的想象力,是想象不出来了。

　　很多大作家很诚实。在《安娜·卡列尼娜》中,托尔斯泰写列文很爱吉蒂,结婚之后还爱她。看吉蒂和别的男人很好,这个男人老是向他老婆献殷勤,就觉得受不了,于是把这个男人从家里赶走了。托尔斯泰很诚实地写了:当列文要和吉蒂结婚之前,感觉到特别痛苦。爱情开始往婚姻出发的过程中,糟糕极了。两个人开始吵架,开始要应付很多实际的事情,买衣服、买家具、装修房子,还有我们现在说的分期付款。这个时候我们感觉到无限的痛苦。爱情为什么成了这副模样? 但是列文决心很大,还是结婚了。后来托尔斯泰还写两个人关系如何亲密。其实,托尔斯泰难道不明白吗? 到这个时候,两人还能像原来一样心心相印吗? 他们之间的爱情还能像原来一样吗? 不可能了。也就是说,当我们的人生各个方面进入社会,被社会化之后,我们很多自由就逐渐丧失了,我们的人生就不自由了,进入了一个“家”。有首歌叫《我想有个家》:“我想有个家,一个不需要多大的地方”——找一个没有多大的地方把自己约束起来,自我限制起来。

　　卡夫卡说得非常精彩：我们所谓的家，不过是一个囚牢而已。所以他一觉醒来，发现自己变成了一只虫。为什么这么写？我觉得《变形记》就是卡夫卡写的家。他写他的父母，写他的妹妹，写他家里来的客人。当他变成甲虫之后，他就开始用另一种眼光来打量这个家，也就更全面地了解了家是什么样子。

　　也就是说，当我们进入了社会，进入了家之后，自己就开始变形了。整个感觉、整个思维都变了。在变形之前，还充满了对妹妹的爱、对家人温柔的情感，想去挣钱让家里人过得好一点。但是，他突然发现整个情感都变了。是什么让我们变形了呢？是社会，但也不全是社会。我们不能把什么都推到社会上。究竟如何变形？说不清。变形，就是我们有了新感性。变形，变的不只是身体。我们还想保持原来的青春、原来的激情，保持原来一些美好的想象，可是这不可能。《变形记》就是表现了我们感觉到自己受到极大的限制。卡夫卡用夸张的形式表现出这个限制来——一个人他只是一只虫而已，人的感觉会因为莫名的原因变回虫的感觉。这里面，有一种无力感，心里面还想有所作为，但已经做不到了。

　　在我们生活的世界当中，也是功利占据了上风。我们逃无可逃，落在其中。产生于16世纪中叶的流浪汉小说，它们的原则，都是在一开始就带着我们睁开眼睛看这个世界，让我们看到这个世界的冷酷可怕。流浪汉小说都是写流浪汉在尔虞我诈的社会当中不停成长的故事。当然，这些流浪汉本身也常常体现出恶的原则。

　　我们接受到的某种乌托邦幻想，某种梦，原先是很简单的。西方文学史上的第一部现代小说,是《堂吉诃德 》。堂吉诃德就是这样,抱着浪漫的幻想,冲向真实的社会。很快他就发现,他所准备的种种武装,在眼前的社会面前,简直毫无用途。他要把眼睛上面所遮挡的那一层膜剥离掉,这样来看世界。剥离掉那一层文化的、审美的膜,让它回到现实世界。最初的小说,其作用,也就是如此。在这些最初的小说里,比如法国勒萨日写的《瘸腿魔鬼 》。瘸腿的魔鬼,晚上带着一个大学生看巴黎。掀开巴黎所有屋顶上的盖子,让他看看下面的人实际上都在干什么。很有意思。魔鬼把盖子一揭开,一个美女跟一个老头搂搂抱抱,却又在身后悄悄递一个东西给一个俊俏的小伙。尔虞我诈的社会当中,必然会产生种种罪恶。为什么是由瘸腿的魔鬼带着他来看? 我想,这很有意味。魔鬼代表恶,以及恶的原则,恶在整个的社会上大行其道。巴尔扎克笔下的伏脱冷,也是充满了恶的魅力。他跟拉斯蒂涅说,这个社会是什么呢? 社会就是一个肮脏的厨房,但是你要是想捞油水,你不需要怕脏,伸出手去捞就行了,可以捞出很多东西。捞完了,只需事后洗干净。

从流浪汉小说,到巴尔扎克的批判现实主义,都直面着这个肮脏、黑暗的现实。中国也出现了这样的一批小说,写出了一种情怀,一种理想,一种梦想。一直到当代法国路易·费迪南·赛利纳的《长夜行 》( 有一种翻译叫《茫茫黑夜漫游 》),都写出了一种看不到出路的、永永远远处在黑暗当中的灵魂的状况。为什么恶变成了花? 因为在这个过程当中,也有某种深刻的思想。就像我们在巴尔扎克小说里看到的那样,哪怕是在一个看门的小市民身上,都可以看到一种澎湃的恶的激情。一个看门人,他内心里面激荡的风浪,跟一个在战场上叱咤风云的统帅相比,比如拿破仑,并不逊色。"狮象搏兔,皆用全力"[1]。哪怕只是对付一只兔子,也要用狮子的力量,把它一下子拿下。在所有人的身上,都有着情欲、激情的激荡。这是一个秘密的创作的源泉。

这让我们觉得恐怖。我们几乎可以在每一个人身上,发现这种基于功利而来的澎湃的激情。以至于,所有小小的权力,都可以被一个人使用成很大的权力。宰相门前七品官。所以说,巴尔扎克的发现是非常伟大的。他发现了所有人都值得像写拿破仑一样去描写,所有人都可以是一个微型的拿破仑。在每个人身上,都澎湃着同样的激情。哪怕是一个生产队长,哪怕是一个公社书记、店长等等,他们每一个人都是一个缩小的皇帝,都有自己的地盘,自己的打算。每个人自己的利益范围,都会无限膨胀,这是符合经济学和政治学的基本原理的。

如此一来,原来所具有的爱、柔情、诗性,那样的浪漫幻想,在这个现实当中,就很难存在了。朵朵鲜花像罂粟花一样开放,很美丽,也很绝望。从夫妻来说,从单位来说,从老师来说,从一切来说,似乎以前的一切都是假的。我好多学生毕业后跟我的来往基本上就很淡了。我想,他是觉察到,这个社会没有什么真心的师生情感。老师跟学生,被换算成利益关系。特别是资本主义的那一套,进入校园,被大规模效仿,确实扯下了好多《共产党宣言》里面说的"温情脉脉的面纱"。一切神圣的、诗意的东西被剥离了。这个过程,是对我们的精神很大

---

[1]　清·黄宗羲《〈称心寺志〉序》:"沾沾卷石之菁华,一花之开落,与桑经郦注争长黄池,则是狮象搏兔,皆用全力尔。"

的锤炼。这些花的开放,对我们的生存形成了剿杀。

恶之花对于青年人来说,还是有某种唯物主义的、致命的吸引力。我们的生存,确实要有某种依据。也就是鲁迅说的,要有某种附力。鲁迅写了《娜拉走后怎样》。娜拉看到了家庭的可怕,看到了在情爱的假象下面赤裸裸的真相。鲁迅更残忍,即便走了又怎样? 走出家庭,走到社会上,难道就变了? 似乎走出家,就光明了。其实正好相反。走出去,更可怕。最后恐怕还是回来最好。按照鲁迅的想法,恐怕还是要回这个家。这是蛮恐怖的一件事。因为在所有的语汇当中,家,或者说,家园,最能代表我们的归属意义上的精神。从精神家园里面走出去之后,要么就走向了虚无,要么就还得回到原来这个家。林黛玉写"天尽头,何处有香丘"。哪里能埋我的灵魂? 找不着的。最后,宝玉要出家。出家也是家。所以说,只能投向"白茫茫一片真干净"。朱光潜说的"以出世的精神做入世的事业"(李叔同《禅里禅外悟人生》序言三)。就是说,还要以一种审美的精神,对待这个世界。我对此世处于不满和痛苦当中,所以我才要出世,我才要超越功利原则,超越眼前的世界。入世的事业,就是我还要改造这个世界。这是朱光潜想的答案。当然,当他说出世入世的时候,虽然说的如此轻巧,倒也符合中国传统文化。我们听了不觉得刺耳,但也不觉得其中隐藏着多少深层次的问题——这个恶浊的世界给我们的种种痛苦,种种精神伤害,我用什么办法能够轻而易举地超脱? 凭什么就可以用出世的精神来化解呢? 何况出世的精神,常常是佛教里面的话头。亦即,我要以对这个世界无动于衷的超脱,来化解我的痛苦。如此一来,只有佛教徒才可以。对我们大多数人来说，未必如此。

　　我们经历的种种痛苦，是一种确实的存在。当看到所有的人，哪怕连一个看门的人，内心里面都潜藏的膨胀的无限的恶的时候，巴尔扎克们是何等的激动，又是何等的悲凉！在巴尔扎克的小说里面，之所以那些人个个都具有那么强烈的意志力，那么强烈的欲望和愿望，就是因为所有的这些人，个个都在冲锋陷阵，在为自己的利益做打算。在他们身上，都很难找到脆弱。所以在巴尔扎克的小说里面，有的人沉湎于某种情欲，为了这种情欲进行算计、打算、拼搏。在这个过程当中，或许有他的真爱。可是，即使有某种爱，也让我们觉得他很可悲。因为他爱的非其所爱，我们感觉到他那所有的一切都是一场空。高老头和他的女儿是如何互相对待的，这就是爱而不得所爱，让我们产生很深的悲悯。

　　这个社会，在权势、金钱之上，还配上了诗歌、音乐、绘画等等美丽的东西。它们几乎是相伴而来的。让我们更加感觉到，自己的生存和发展，都是要靠金钱做基础的。所谓皮之不存毛将焉附，很残酷地指出了我们每个人必然要有所依附。在这个过程中，当然很多人沉沦了，自动依附到某张皮上去，奔向了好日子。但是不是我们所有人最终都要投向恶，投向恶之花？

## 三　炼狱

　　《三国演义》整个进入了计谋，强调法家所谓的法、术、势。进入了这个范畴，就让人感觉到考验极大。人们常说，"老不看《三国》，少不看《西游》"，《三国演义》这样的一部书，让我们的心变得重重叠叠，布满了心机，让我们喘不过气来。灯红酒绿，歌舞升平，这样的东西让我们很多人屈服。为什么说这是炼狱？炼狱磨炼一个人的灵魂。在炼狱当中，有的人就可能经过磨炼，得以升入自己向往的天堂。当然，我认为天堂不存在。天堂本身就是幻想，是审美性的。但是，哪怕是在各种各样的艰难困苦当中，我们也还想努力。巴尔扎克还是蛮有青春的幻想的。在他看来，每个人还有青春的冲动，要为自己的意愿勇敢地努力。这种努力，本身就是诗意的。看门人、小贩在这样的努力当中，就似乎都有了诗意。这一点，不是用青年的膨胀的激情才能看得到吗？所有的人，都野心勃勃，激情汹涌。

　　我想，只要青春还在，我们就不会屈服。在这样的无限的恶面前，会产生一种很大的反激力，反向地引发着我们的力量。这在很多悲剧当中也有所表现。悲剧英雄，遭遇强大的恶的力量时，有两种情形。一种是破釜沉舟，鱼死网破。另一种，是看破了一切，鱼死，网就一定破？鱼死网不破，可能倒是一个常规。青春的力量，就是追求鱼死网破的巨大的激情，能够形成对这个世界特别是对这个社会进行改造的冲力。就像卡夫卡说的"巴尔扎克的手杖上刻着：'我能够摧毁一切障碍'；在我的手杖上则刻着：'一切障碍都能摧毁我'"。结构主义的想法。在大的结构当中，我一个人太无能为力了。所以才有鲁迅写的铁屋子里的呐喊的想象（《呐喊》自序）。很难把所有在黑屋子里面睡着的人都叫醒。况且没准把人家叫醒了，却还要被人家责难。

　　青春，有着审美上的"无法容忍"。无法容忍眼前世界的恶浊、腐败、肮脏，无法容忍人生一直是黑暗。所以，要从黑暗当中打捞光明，寻找某种突破口。我不能沉沦下去，一旦沉沦下去就发现，自己也成了黑暗的一部分了。从黑暗中打捞光明，就可以看到，理想还是在的，还是值得坚持的。如果每个人都放弃，社会就真的完了。我们坚持的理想，是很有荒诞感的。就像西西弗斯向山上推石头一样，明知道没有意义，还是不停往上推。我们有青春在，就不相信没有意义。"黑夜给了我黑色的眼睛，我却用它寻找光明"。也即，要找我们的信念，找我们的信仰，找我们内心的支柱。我"黑色的眼睛"固然沾染、浸透了"黑夜"，可是，我却有了寻求光明的更有力的武器。而这些，就跟少年时期的偶像不一样了。

　　所有的荣誉，几乎里面都有某种肮脏的成分。这个时候寻找得来的精神信念，不再是缥缈的偶像，而是能跟眼前的黑暗现实相抵抗的东西，跟与我们相对立的纯粹的功利相对抗。当然，这个时候，我们就看到一种悖反。其实功利本身，也是人的必需。比如，我本来总是骂做官的人，把中国的权贵集团全然否定。"安能使我摧眉折腰事权贵，使我不得开心颜"。李白，就体现出一种青春的原则——怎么能叫我在权贵面前俯首折腰呢？陶渊明说"吾不能为五斗米折腰，拳拳事乡里小人邪"（《晋书·陶潜传》）。不为五斗米折腰，就成为一个响亮的口号，道出了所有人的心声。所以陶渊明有那么高的地位，被很多人越来越敬仰。当然，他的诗文自然很好，在那其中也贯穿着这种精神。哪怕是种豆南山下，归园田居了，我得到的也是我想要的生活，比在权力场中好得多。当然,陶渊明也有幻想的成分——归了园田,就能离开权力场? 权力网越来越细密,我们无所逃于天地之间。这些庄子就看出来了。

中国历来都有逃的传统,逃的美学。逃的美学,就是隐遁的美学。隐,大隐隐于市,小隐隐于野……获得一种消极的自由。青春的时期,也有可能有这种逃的欲望,想要从这个肮脏的、恶浊的世界逃离、抽身,安顿自己的心情。这是很多年轻人必然的想法。

我们中国人,很多人的内心世界还有这样的"逃"的想法。当然,还有另一条路,一种积极自由的态势。我们通过努力奋斗,来改变这个世界,实现自己的理想。在青春期,还是积极自由能够占据上风,"希望"占据着上风。如果青年时期就开始颓唐,就麻烦了。就像鲁迅先生写的《范爱农》,"在酒楼上"的知识分子,自然地就落入到逃的情形中,也就是所谓的消极、颓废中。当然,这跟我所说的炼狱不太一样。这种放弃,还是有正面的意义的。毕竟逃离的是苍蝇争血的肮脏环境。"苍蝇竞血肮脏地,黑蚁争穴富贵窠",这是《红楼梦》里宝玉离家时的唱词,从马谦斋的《沉醉东风·自悟》曲而来①。它们也是一种逃。在不合作当中,显示出一份高洁,保留了自己的信仰,不会为了五斗米去折腰;不会为了眼前的功利,消灭自己内在的情感,内心的坚信。我觉得,这种人当然是值得钦佩的。很多时候甚至需要这种高贵的消极。

---

① 原句为"取富贵青蝇竞血,进功名白蚁争穴"。

西方悲剧里面的英雄,往往情志超出眼前的所有人。他们追求自己原来的目标。未必马上就能提出成熟的纲领、办法、策略,但是有一种力量激励着他们。这种力量告诉他们,不可以陷入集体的沉沦。或许,真的像鲁迅说的那样,如果要把一切都想好了,就没有这种勇气了。不管出走之后会怎么样,先走出来再说,能踩出一条新路来也说不定。鲁迅自己也说过,"世上本无路,走的人多了便也成了路"(《故乡》)。假如好多个娜拉一起走出家,可能就变化大了。青春的初生牛犊不畏虎的勇气,在青春时期还在。

当然,这个时候,就需要青年对偶像的否定。但更重要的,是在面对无边的黑夜,面对结构主义所说的牢固的结构的时候,面对无处不在的藩篱的时候,我们还保有着强大的精神的力量。还有梦,还相信原来的理想,还坚守着某种诗意。琴棋书画诗酒花,同柴米油盐酱醋茶,刚好相对。诗、酒、花代表着的虚幻,就一定要在我们的现实生活当中,眼看着消失吗? 所以说,这是一个炼狱时期,我们每个人处在一个精神的转折点上。精神可以反抗、改变,也有可能在任意某个点上滑落。在炼狱当中,要强调的,首先是对信念的坚守。假如无法坚守,很可能滑落得更快。

与自己相敌对的力量,一开始是极为强大的。"太祖武德皇帝留下旧制:新入配军须吃一百杀威棒"(《水浒传》第九回)。一个新罪犯,刚到一个牢里面,同牢房的老犯人也要打他一顿。整个的社会也是这样。当一个年轻人走上社会的时候,常常也会尝到类似的杀威棒。当然,也有可能会有一个非常欣赏他的人。但是,欣赏就会立刻相应地引起嫉妒、仇恨。哪怕是皇上看重你，也解决不了问题，还是会陷入更危险的境地。这种杀威，就是要用棍棒把年轻人身上的自信、勇气甚至是身上洋溢的青春的魅力给打掉。

电影《肖申克的救赎》里，安迪破坏规矩，通过监狱的典狱长放了音乐。所有人都在音乐当中，感觉到了自由感、解放感。为什么安迪有那么大的勇气，这不就是我们现在所要说的吗？哪怕这个社会已经像监狱、像死水，在我们的内心里面，还会激荡着一往无前的勇气，把我们引向自由。这样的情感，不会因为对方力量的强大而消失，而会在这样的强大力量面前，被反过来激发出来。这是第一点。

另一点，我想，就是因为爱情。我们的青年时期，还幻想着爱情。爱情变成了婚姻，爱情就消失了吗？对一些人来说，在功利原则面前，爱情一定会消失的，不管有没有变成婚姻。巴尔扎克发现了三十岁女人的爱情。三十岁了，突然发现了爱情。现实生活如此功利，如此可怕，单位里，公司里，在各个地方，密布着人与人之间各式各样的争斗。这个时候，就产生了对爱情的需要，就会让爱情重生。鲁迅说，"爱情必须时时更新，生长，创造"（《伤逝》）。否则就像《因为爱情》里面唱的，"有时候会突然忘了，我还在爱着你"。为什么忘了，却又能回想起初恋的爱情？这就是说，我要找到那个时候的初心、初衷。当然，这是我的曲解。

我们永远还在想着那个梦中情人。因为在他们身上，我们能找到精神的寄托点。所以因为爱情，我们不会悲观、绝望，不会沉沦下来，"我们还是年轻的模样"。即使自己已经不再年轻了，却还保留着年轻时候的精神的力量。那个时候，还是需要一种爱情的力量。爱的力量，支持我们跟整个的社会进行抵抗。

经过了重新选择的爱情和在社会当中被种种磨难淘炼过的爱情，哪个不是真的呢？但是这个时候我们才明白，原来真正的爱情，可以抵挡这个社会的恶浊。因为它是要两个人拧成一股力量。这样的爱情，当然也可以成为友谊，成为审美上的共通感。也就是说，爱情，实际是要寻找与自己心心相印的感觉。在这样的情感的扩大当中，我们发现，原来这个社会，不仅仅是一个尔虞我诈、互相争斗的网，它也可以成为一个心灵的网络，成为内心深处互相倾诉的胞衣。我们在火车上，在飞机上，常常会跟陌生人谈心。在一个根本不认识我的人身上，我突然就发现了彼此了解的可能性。为什么不跟与我亲近的人谈心呢？亲近的人，比如同一个单位的人，利益直接相关。如果能直接跟利益相关的人，也达到这种心灵上的沟通的话，是不是好多了呢？很难。但是我们基于对爱情、友谊以及人性本身的相信，我们觉得仍然是可以实现的。我们可以慢慢扩展心灵的范围。社会——社、会。分开来说，社，古代指土地神和祭祀土地神的地方、日子以及祭礼，有宗教祭奠的意思。会，是好多人的集合或者结成的团体。社会，可能在某种程度上，也是有相同的心灵特征的人的聚合。当我们只把它看做是利益、权利的聚合的时候，我们就很可能忘掉了这一层面。而这一层面，才是爱情的根基，才是人类友谊的根基，才是所谓的博爱的根基。这就是一个美好的契机，让人们突然相信爱，相信爱情了。这个时候，似乎所有人都可以在一起了，可以一起抵抗共同要抵抗的东西。

马克思说,全世界无产者联合起来。就是因为他看到了有这样的可能性。不是有"镜"与"灯"的比喻么? 当我们用心灵去寻找的时候,尽管可能身处在茫茫黑夜当中,但是,这些灯就可以连成一片,照出光明了。镜与灯的比喻,本来是说,浪漫主义要把自己的心掏出来,作为灯来照亮所有的人。浪漫主义,就是青春的,是具有青春期的特征的。我们能够把自己的心掏出来照亮他人的时候,我们才会发现其他地方的光明。光明汇聚到一起,这就是康德说的,审美上的共通感。这也即是马克思的意思。当我和大家一起唱起国际歌的时候,我就可以突然听到同类的声音。我们心里有同一首歌的时候,我们就变成一个人了。这就是爱情。当我们相信爱的时候,我们就有了力量,有了抵抗恶之花、恶的原则的力量。这是第二点,相信爱。如何相信爱? 用青春、美感的力量,去汇聚心灵的力量。

第三点,是三十多岁的时候(有的是从二十多岁到三十多岁的过程当中),很多人有了孩子,开始有了自我的再生养。他在小孩的身上看到了自己;在抚养孩子的过程当中,发现了自己。孩子,对于一个人的精神成长,非常重要。对下一代的爱,可以在很大程度上改变一个人。可以说,他有了一种责任感。前面说到的所谓退隐等等,在有了孩子之后,这种想法就会自然地被排除在外——不再有退路了。有了小孩之后,一切都发生了改变。孩子占据了生活的中心。甚至夫妻之间的爱情都要后退。可是,孩子,给了我们抵抗这个社会的力量,让我们感觉到为了孩子,不能因为任何事情就放弃自己的反抗。保卫孩子的本能,推动着我们抵抗社会。这是我们精神力量的重要来源。更重要的来源，来自于孩子本身给我们的教育。因为孩子让我们回到了精神上的童年。我们在自己很小的时候，都有一段什么都不记得的时期。每个人都一样。但是通过孩子，我们把这个时期弥补起来了。它让我们看到，生命在柔弱当中是如何成长的；让我们得以观察到整体的整个的精神现象——黑格尔意义上的精神现象，我们的精神形态，是怎样成为一个"人"的。在对孩子的爱之中，父性的本能、母性的本能，统统都被唤起来了。它教会了我们很多的策略。这个时候，我们总是为孩子考虑、打算。在为他打算的过程当中，我们自己才真正成长了。和我们绑在一起的是一个非常弱小的生命。如何让其成长起来，成长成不那么弱小的个体，就成为人生中非常重要的课题。在孩子成长的过程当中，父母也经历了精神的涅槃。孩子的出生在某种意义上也是父母自己的再次出生。我们的精神从头开始，重来一次。这对于每个人来说，这个过程可能会有所不同，但一定都是经历了新的精神的生长。甚至，是精神和生命共同的新的生长。这个时候，我们才亲切地体会到他的生命的存在，是如何由弱到强，如何由幼小到成长。

　　在三十多岁的时候，再重新经历一次儿童时期，心态当然不一样。有了孩子之后，好多家长在体验中懂得了儿童心理学，甚至是儿童精神现象学。也就是说，无论他们的文化程度怎样、修养如何，他们都要学儿童是怎么成长的。

　　儿童怎么会成为这个时候的青年人的精神支柱？恐怕要从精神现象学的意义上来说。只有对儿童的一颦一笑、喜怒哀乐格外关心，我们才能很深地洞察到人类情感的某种本质，我们才能知道父母之爱意味着什么。这就是对我们说的"养儿方知父母恩"进行了伦理学的解释。我想，如果作为一种审美的说法，或许更加合适。不仅是"恩"，在养儿的过程当中，是有着特别的美感的。在儿童的发展当中，父母重新得到了发展。这种发展在其他形式里，都不可能得到。这样的与儿童共同成长的过程，是在我们生命当中发展出的新型的、自己从来不曾设想到的一种爱。当然，这种爱，有时是体验式的。所以有人说，没有孩子的人生是有缺憾的。我想，确实是这样的。

我认识一对没有孩子的夫妇。有一次我们一起出游，路过一个幼儿园时，看见年轻的老师带着好多孩子，他们就兴奋地跑过去同孩子们拍照。我一看他们的脸，真是笑开了花。孩子们很开心，他们也很开心，我看着却感觉到一种悲伤。他们没有孩子，却又明明那么喜爱孩子。而且他们年龄也都大了，人生里面就存在着这样一个永恒的缺憾。当然，可能他们在看到一个不属于自己的孩子的时候，心情、心灵会加倍来补偿，投入的心血可能也会加倍。

这就是说，当我们有了下一代，有了同下一代之间相互的爱时，这种爱，就能在黑暗的社会现实面前，支撑着我们的信念、精神，支撑着我们向着另一个世界蜕变。那么，为什么我们说小孩是天使呢？因为他们天真。天真就让我们感觉到可爱。为什么天真可爱？因为他们让我们的心灵在敌对的、遵循功利原则的、虚假的、尔虞我诈的社会中，得到了洗涤。小孩的心灵就是诗。他们让我们看到，我们人还有这样可爱的诗意时刻，还有这样的"真"，这样的纯洁。

当我们说儿童是天使的时候，就是想要把我们的心灵带到一个天堂。引导我们走向天堂的力量，是我们从炼狱里面向上前进的力量。通过我们身上，跟我们血缘相关的力量，让我们发生改变。可惜的是，这个阶段，不是被所有人所重视。就像初恋时不懂爱情一样，初次生小孩的时候，我们有时候也不一定很懂得父母与子女之间的情感。大多数人是有了子女之后就懂得了，有的人却是一直到有了第三代之后，才非常充分地体会到。

有的人有了自己的孩子之后，才相信父母是真的爱他。只有当他亲自、亲身、切切实实地体会到，才知道这种爱是真的。孩子拉屎撒尿是最脏的了。可是小孩一拉屎，父母都要去看一下粪便的颜色是否正常，甚至要闻一下气味。有时甚至要嘴巴尝一下大便的味道，以此来判断孩子的健康状况。即使这样也不觉得脏。我们为什么会对小孩有这样的情感，相信他是天真无邪的？他们的天真无邪，是从小发掘出来的智慧，这种智慧本身就是具有审美意义的。像我前面说的，这就提供了我们两种力量。

鲁迅写《狂人日记》，写了那么多吃人的景象，甚至认为我们整个历史是重重叠叠的吃人的历史的叠加。但是在最后，写的是"救救孩子"。为什么？因为孩子一开始是没吃过人的。在他身上，我们看得到光明。在孩子身上，无论是谁都没办法绝望，也没有权利绝望——哪怕是绝望，也要在绝望的当中产生出希望。我们只能一路向前，从无路之处开出路来。

在青春最后的特殊阶段，我们有沉沦的吸引，有逃跑的选择，也有青春的坚定，爱情的梦想，以及小天使给我们指明的未来。无论如何，我们还是要努力地做社会的栋梁。这个社会是所有人的,我们没办法任这个社会像一潭死水一样腐烂下去,不可以把它交由丑恶之徒来打理。我们必须想办法在里面开垦,哪怕是挤开一条狭窄的缝隙,就像罗曼·罗兰说的:"打开窗子吧!让自由的空气重新进来!呼吸一下英雄们的气息。"①这种英雄的气息,就是我们永不屈服的、英勇战斗的青春气息。

马尔库塞和李泽厚都说了新感性。我说的新感性就是从青春期,到进入社会,在社会上开始立足这么一个过程中,我们的感性被社会化。一个人是不是一定要获得社会所赋予我们的感觉,才更好呢?在这一点上,我就比较反对李泽厚所说的"实践""社会化",也反对康德所说的"共通感"。所有的这些"共同""共通"说白了,就是弗洛伊德所说的"超我"。由本我发展起来的自我,发展得最好的,燃烧得最强烈最明亮最光辉的时候,我们假定为青春这样一个阶段。这个阶段的自我,在超我、社会意识、宗教精神的压迫之下,使我们的感觉处于一种变形的状态。这样的变形是不是形成了我们和其他人沟通的基础呢?很难说。我之前说到人的出生的时候,说到我们是先有神性还是先有人性呢?我们的人性是从哪儿来的呢?假如我们把超我、社会、宗教等等一切东西当做一种至高无上的精神力量的话,那么与之相反的看法也可能成立:这种力量是在改变、限制、扭曲、扼杀我们本来自我的力量,也即改变我们精神的力量,也即改变我们的感觉、感性

---

① 〔法〕罗曼·罗兰《名人传》,张冠尧、艾珉译,人民文学出版社,2003,第1页。

　　的力量。在这种情况下,我们内在的情感世界和外在的身体感觉,以及对整个社会的感觉都发生了很大的变化。这种变化很明显地在生活当中表现出来——我们在生活当中开始不相信很多东西了。

　　北岛诗云"我不相信"。当然,他说的"我不相信"和我说的是有点不大一样的。他的不相信是不相信以往那些假大空的东西,而我们的不相信,是不相信以往的幻想,不相信诗歌,不相信音乐,不相信审美的精神,而开始走向了成熟,走向了理性,走向了不惑之年。

# 第九章　中年危机

## 一　"中间"力量

我们的人生感和时间感关系密切。中国古代文人时常有这样一种感慨：少年听雨，中年、老年同样听雨，但听的感觉已经非常不一样了；少年看月，中年、老年看月，心灵境界不同了……时间带给人生的东西，很大程度上"落实"到了人的感性结构、情感结构上，人对好多事情的看法和想法便再也不会相同。有人在往回想的时候，当初的感觉就没有了。所以说人生的感觉在不断地叠加、累积、变化、改造、改变，这个过程很难控制，也很难描述。以往好多美学理论没有重视人生，事实上每个人从小到大，从出生走到命终，对世界、人生以及周围一些事物的感受是大不相同的。而我们在此试着分析人自出生起慢慢往后发展的过程，分析一下人的生命过程中，我们情感的构造，包括感性的构造，发生了怎样的改变。这种描述必定很难准确，也很难对所有人都成立。但我想总是存在某种典型的阶段。

从青春期到所谓的而立之年踏入社会，从古到今每个人的人生历程都很不相同。什么时候进入中年？恐怕也很难说。中年的"中"很重要。一个社会要稳定，要中产阶级多才行。在整个社会中，无论什么部门，中坚力量一般来讲都是中年人。中年作为人生历程的一个中转站——中间的阶段,十分重要。鲁迅对自己定位,说自己是历史的中间物。这样的概念对我们思考中年的情感结构很重要。"中间物"——把自己看作历史中间的一个阶段、一个过程。说自己是"中间物",心情会很沉痛,因为他知道这段时间很快就会过去,是个中转站,是"中间状态"的物,不是以前的,不是以后的,不是过去,不是未来,是很快就要被pass掉的特别的阶段。那么,中年在情感上是不是"中间物"? 很难说。这是一个特殊的年龄,大致到三十多的时候,人突然感到很恐慌,感觉到青春突然已经过去了;快到四十的时候,心里就特别害怕,处于一种危机阶段。这是相当长的一段时间。我在这一阶段将自己的感受跟其他的人讲,他们嘲笑我:"你怎么会觉得自己一下子要变老了呢?"其他老师六七十了,反而觉得自己没那么老了,别人认为我不应当感觉到老之将至。可我总是有一种说不出来的感觉,西方人把这个叫做中年危机。

　　人进入中年,心理上产生了很强的危机感。再往前,感觉很迷茫,前方是自己不想去的阶段,但是它突然就已经到了,无路可走,不想去也不行。往前实在不愿意,所以产生一种非常痛苦的危机感。但丁《神曲》开篇:"就在我人生旅程的中途,我在一座昏暗的森林之中醒悟过来,因为我在里面迷失了正确的道路。"那时的人大致能活到七十岁,他走入人生的中途约是三十五岁,就此产生了一个心理危机。他开始跟大诗人维吉尔进行了一次天上地下的神游。《神曲》原本名为《喜剧》,后来卜伽丘将其改成《神圣的喜剧》,我们把它翻成"神曲"。巴尔扎克仿造《神曲》写了《人间喜剧》,依此,应当翻译成"人曲"。

《神曲》写的是但丁中年的时期。中国的文学作品中与之相似的是《离骚》。《离骚》大约写于屈原四十岁左右的时候。《牢骚》或许可以称为中国的《神曲》，也是与神对话的产物，也是精神危机的成果。在《离骚》的一开始，他就发牢骚，说很快就要进入"恐美人之迟暮"的阶段了。他害怕，害怕进入老年。"美人"并非指美女，而是指人生比较美好的一个阶段。担心美好的年华很快就要进入迟暮，《离骚》也是中年危机的产物。中年人感到自己处于极大的恐慌当中，感觉到好多东西似乎永远都无法回来了，感觉自己的心态处于一种特别的时刻。这是一种什么样的时刻、什么样的恐慌呢？但丁形容得很好，他来到了地狱之门——地狱的门口。虽然但丁的《神曲》未必就是写中年的感受，但总给我以中年的感觉。但丁来到地狱门口，门上有一首诗：

> 从我，是进入悲惨之城的道路；
>
> 从我，是进入永恒的痛苦的道路；
>
> 从我，走进永劫的人群的道路。
>
> 正义感动了我的"至高的造物主"；
>
> "神圣的权力"，"至尊的智慧"，
>
> 以及"本初的爱"把我造成。
>
> 在我之前，没有创造的东西，
>
> 只有永恒的事物；而我永存；
>
> 你们走进这里的，把一切希望捐弃吧。

大意是人到这里，任何的畏惧、逃避和胆怯都无济于事，只好硬着头皮往里走。中年危机就是一种进入地狱之门的强烈感受。有的人可以想办法把它消解掉，有的人很难消解。很多文学作品都表现男性的中年危机：屈原的中年危机，《洛丽塔》中男主人公的心理危机，等等。女人进入中年之后也有这样的境况。巴尔扎克特别重点写这样年龄段的女性，他很有洞察力，十分可贵，也许是将心比心。虽然我们说"美人迟暮"的"美人"并不是指美女，但是美女更容易"迟暮"，女性的迟暮感也许会更强烈一些。

这样一种危机心理就是一种进入地狱之门的感觉。推开"地狱之门"，里面会是什么世界？悲惨世界。但丁形容地狱的结构，是一个大漏斗形的黑暗深渊。给人最直观的深渊感。但丁往下看，看到人类进入地狱，罪恶轻的在上层，罪恶重的在下层。一层一层呈现出各种各样的人类的罪恶。这是西方文化中的"罪感"。当我们说到罪感的时候，地狱在我们心中。中年时期的我们感觉到心中藏着一个地狱。进入而立之年，而立而不立，但不立也得立。人到中年，我们在社会上占据了某个位置。我们从二十多岁开始往上爬，爬到中年的时候，开始进入某种中间状态，成为中间物和社会上的中间力量。对我自己而言，感觉十分糟糕，这是一种走错房间的感觉，得到的已经不是你想要的。有一次，我在北京和一个女演员谈她拍的电视剧，讲一个人是怎么励志成功的。我感觉这种励志很可怕、很虚伪。年轻的时候，我们总想着要得到什么，而到中年时会感觉到你得到的并不是你原来想要的东西。想要一件东西，直到得到一件东西，这个过程使一个人在某种程度上被扭曲了。当我们爱上一个人,就想着要是能把她追到就好了。当然也有个别情况不是这样,像《红与黑》中,于连喜欢一个小姐,却怎么追也追不到;后来有个情场老手告诉他不能这样,追得太紧人家就不想理你了,要放松一点,不理她。于连照做了,那位小姐就困惑了:为什么他现在看到我就像没看到一样? 反而对他产生好奇心了,想跟他在一起——结果最后在一起了。这样的"在一起"和原来的"想在一起"还一样吗? 于连虽然追到了这个姑娘,但又不想要她了,心里还是牵挂着老情人——市长的夫人德雷纳尔妇人,想要和她在一起。我们在其他方面的奋斗过程中也是如此,我们奋斗、追求,为了想要的东西付出了很多,等到我们得到的时候就已经变质了,已经不是本来想要的了。人到中年才发现,一直以来追求的东西不是自己想要的,便觉索然寡味,所谓成功是如此没意思。当我们得到一样东西,却发现不是自己想要的,心里就有一种深渊感——往后我的人生还有一半呢,我该怎么办? 我的后半生是否还是这样,追到的都是自己不想要的东西? 或者说原来想要的东西,追求到手之后,却再也不是原来的了?

此外,作为中年人,有一定的地位,有半辈子的时间。当一个人有了某种地位,某种权利,他看到的往往不是人的可爱的一面,恰恰是人生糟糕的一面。也许平时大家相处的时候是多面的,平等的,但到了中年,当你比别人多出那么一点点权力的时候,你就只看到一面了。大家都在为了各种各样的目标、为了生计奔走。当一个人和你发生关系的时候,通常都是为了利益往来。当然这么说太偏激了。有个老先生曾跟我说,在中年的时候,看到的都是人性的阴暗面。因为他有权力了,求他的人就多了,用各种方式来达到用正常方式无法达到的目标;所以他看到的人性的阴暗面更多。所以说,在中年人眼前的地狱之门打开了。但丁进去一个一个观察,一开始还好,所犯的罪只是不正当的男女关系、暴食等一般的罪恶,越往下面罪恶就越深重,景象也就越恐怖。后来但丁看到了很多和他同时代的人,这些人都该被带到地狱去——实际上是说他们当时的心就在地狱当中。

　　这就是中年。一个是感觉到不对味儿,想要追求的东西通通都达不到,达到的又不是自己想要的,且达不到的似乎是永远都没法达到了。屈原的《离骚》,其中一个部分就是写人性之恶;另外再写他培养的那些人,原本以为他们是青年才俊,结果全都在祸乱朝廷。他看到的是谣言,是钻营,是勾心斗角,是各种各样的肮脏、丑陋的东西。就像巴尔扎克笔下的伏脱冷,向新人传授肮脏的秘诀。中年是捞油水最多的时候,这个时候才发现自己有一双"肮脏的手",心里面就不是滋味了;然后看到别人都在捞,假如你不想捞,但你却在这样一个厨房里,在这样一个肮脏的结构里,逃不出这张大网。这时就有了一种深渊感,一种罪感。这里的罪恶感不等同于西方宗教里所说的罪感,这里的罪感包含两种含义:一种是见证了社会上许多的罪恶、欲望、贪婪,这些叫人无能为力的黑暗深不见底,使人感到无法逃脱;另一种是每个人自知有恶,感觉到自己有罪。

　　在这一个过程当中,我们感觉到自己原来的心变质了,变得无法自信也无法自省了。于是便感觉很害怕,很恐慌,很痛咎,很悔恨,但是都没用了,经过了先前的奋斗,临到这个点,已经无法回头了;而往前又不可能把这些抛弃掉,它们已经像烙印一样烙在了我的身上。有人形容小孩子的心就像蛋糕上的奶油,稍有什么东西碰上去就是一个很深的印记;而中年人的心已经一层一层堆积了很多东西,可不可以用某种办法清除掉? 电脑可以清空回收站,中年人却无法清空自己的心灵。捞过油水的手还真的能洗干净吗? 就算可以用某种方法把手洗干净,心呢? 子夜的时候扪心自问,真可怕! 心里的东西是没办法洗掉的。因此,但丁认为此时需要一个炼狱。基督教只划出地狱、天堂和人间,没有炼狱。炼狱是但丁所创,是心灵的一种祈求、盼望、想象和向往。炼狱用以悔罪,人们在此悔罪,这里是天堂中转站,从这里可以上到天堂。

但丁的炼狱在地狱和天堂之间,按理说,人间就是炼狱。在炼狱里的都是罪过很轻的人,他们在此忏悔,然后进入天堂。在屈原的《离骚》中,有相当大的篇幅描述自己内心的挣扎、斗争。屈原和但丁都是大诗人,他们都觉得自己是正派的人,都有一种道德自居心态,自居为道德高尚的人。比如屈原,虽然写了自己内心的矛盾斗争,但是他的矛盾是一种跟世俗同流合污还是保持自己清白的矛盾。他说"伏清白以死直",把保持自己的清白和正直放在一起。但丁很少写到自己内心的活动。但作为一个人,如果他心中有炼狱的话,应该会有很多内心的挣扎,或者叫做"悔感":自己对自己以往的罪孽进行忏悔。

曹雪芹在《红楼梦》的开头说"半生碌碌"。曹雪芹中年开始写作《红楼梦》,在他中年的时候回想起自己十四五岁向青春期转化的故事,将这些写成了一部长篇小说,讲述了一个少年向中年转化过程中的故事。作者在中年时期想到了以前生活中的那么多女性,产生了一种忏悔之心。那些女性如此之好,给她们一个天地,就可以干出一番事业来;但她们只能被困在大观园里,她们个个性情都那么好,每个人都如此纯洁,有一种美好的理想。有人说《红楼梦》就是一部忏悔录,是一部向这些女儿们忏悔的书,是自忏。屈原和但丁都有自我忏悔,但是,但丁在《神曲》里专门设置了炼狱,写人的悔感。他为了让地狱——炼狱——天堂的结构成立,所以设置身在炼狱中的人都是轻罪的,而地狱当中则是罪孽比较深重的人。这似乎不大合适。是否上天堂我们姑且不谈,人到中年是否也会有一种对往事的深刻反省?王国维在中年抛弃了文学,进入了历史。有人说王国维的思想发生了变化,觉得可爱的不可信、可信的不可爱。这是事实和价值的分歧。事实是可信的,就是如此;但是价值上追求的东西,在事实上能不能成立?他选择了事实,做事实的学问,做历史的学问。研究这些是否要对事实进行价值判断呢?西方崇尚事实和价值的两分法,我们当代也是如此,经济学是不讲道德的,地震过后很多银行要求那些房屋倒塌的人继续还贷款,这就是经济学。其实事实判断和价值判断对于人来说是很难截然分开的。王国维做了这样的选择,实际上也是内心的一种矛盾,挣扎过后就向事实屈服了。向事实屈服是不是就是承认历史上所有发生的都是事实呢?根据同等存在的价值,事实有好多种,有的是好人胜利,有的是坏人胜利。当我承认坏人胜利了,根据马基雅维利《君主论》讲的,是用一种赤裸裸的恶来取代善。其中存在着巨大的问题。王国维有句诗："人生过处惟存悔,知识增时只益疑。"人生过后,剩下的只有后悔而已;知识增多,随之增加的是自己内心的怀疑。我们把人生盘点一下,发现剩下的都是值得后悔的事情。人生是一次性的,徒留下很多的后悔,因为永远没有办法重来一次。人生不可能重来,所以"人生过处惟存悔",人必然会有悔感。在《神曲》的"炼狱篇"中,但丁就写了这种悔感。但是但丁在炼狱里设置的罪过都很轻,都是不成为罪过的罪过,所以那种后悔与内心的挣扎都有些轻飘飘的。而我认为这种悔感对中国人而言恰恰是非常重要的,这种跟自己内心的地狱抗争的力量非常重要。只有看到自己的罪感才有悔感,如果把自己的罪看得很轻很淡,"悔"就很浅。所以在天堂和地狱之间的人间既有天堂的属性,也有地狱的属性,既有善,也有恶。因此,在人间中途的时候,就应当有一种忏悔的心理。悔感不会人人都有。有的人从成功走向成功,从胜利走向胜利,他会感到高尚,然后不断地向前进;但是大部分人在人性发展方面会到达一个非常重要的关口,他是否能把自己的内心进行妥善的清理、进行挣扎,就是我们所讲的中年危机。

当人们有了这种危机,必然会想要改变自己的生活。假如无法改变自己的生活,就只能改变自己的生活态度。《离骚》《神曲》到最后都写上天,《浮士德》也写自己上天,他如何上天的呢?——"永恒之女性,引导我们向上",依靠永恒的女性。《洛丽塔》的开头:"洛丽塔,我的生命之光,欲望之火,同时也是我的罪恶,我的灵魂。洛—丽—塔;舌尖得由上腭向下移动三次,到第三次再轻轻贴在牙齿上:洛—

丽—塔。"看起来离经叛道、大逆不道,其实《洛丽塔》跟西方思想是一致的,找了一个女性作为引导者。从口腔之中的运动,写出"洛丽塔"深入到了肉体和灵魂的力量。屈原《离骚》也是如此,寻找一个女性带他向上飞升,把他的灵魂升华到非常好的境地。但屈原没能寻找到他的女神。西方文学里都找到了,中国文学里都找不到,灵魂就没法拯救了。带但丁上天堂的是贝阿特里采,但丁见到她时她才八岁,从此终生难忘,成为永恒的女神。后来她和别人结了婚,很早就去世了。但丁的诗集《新生》,就是写给她的。后来在写《神曲》的时候又写到她,她在天堂中让维吉尔带着他看遍地狱、炼狱、天堂。浮士德青春期的恋爱的对象是甘泪卿,在他死后把他带上了天堂。洛丽塔没有把亨伯特的灵魂带上天堂,而是让他的灵魂沉沦到了地狱。中年危机很可怕。

　　危机是情感上失去寄托,所以要找回初恋的感觉,把我们从危机中带出来,把我们带到天堂去。爱的力量可以做到这一切。中年危机是爱情的危机,人到中年感情上存在很大的危险。即使是和初恋情人结婚的人也会有中年危机。而只有寻找到永恒的女性才能得到解救。从精神的角度来说,这是一种对非常纯净、美好的感情的再寻求。这是一种可怕的力量,因为它被永恒化了,随即就形而上学化了。形而上之后,寻求的那个女孩,贝阿特里采,已经不是原来的那个具体的活生生的女孩了。原来那个女孩已经死了,无人知晓她是否上了天堂。浮士德让犯了大罪的甘泪卿进天堂,实则是让自己曾经有过的那份情感进天堂,是把自己的情感形而上化,把自己曾经有过的那份情感宗教化,变成一种女性崇拜。女孩是纯净的,比任何事物都高贵,应把她放进天堂。原本她是一个女"人",但她是永远停留在女孩阶段的女性,永恒把她宗教化、纯洁化,从而成为一种最高审美境界的象征。恋爱的感情,升华到至高无上,使它成为一种宗教。中年男人找了个年轻女孩,两个人牵手。王志文和徐静蕾演过一个电视剧,其中徐静蕾有一句台词:"你跟我在一起,我要帮你找到年轻的感觉。"(《让爱作主》)

但丁的《神曲》、歌德的《浮士德》、屈原的《离骚》,里面所有这些女性,引领我们飞升。上升到宗教也好、形而上也好,都让中年男性的灵魂重新品尝青春的感觉。姑且不论中年男人的出轨行为,作为一种心态、一种情感的结构、一种精神现象,人到中年会特别需要初恋、找回青春的感觉,甚至想把青春以前的感觉找回来。因为中年太可怕了,时间再往前走太可怕了。普鲁斯特的小说《寻回失去的时间》,莫里亚特把它叫做逆向的努力,是反时间的方向,想把时间转回到内心无比清白、充满纯洁的时代。这种感情里面不包含情欲,是异性之间的——用《红楼梦》的语言来讲——一种意淫的感觉。现在网络上把"意淫"理解得很不堪,但意淫实际指的是脱离了情欲,脱离了世俗的情感后,与异性在精神层面的结合。用柏拉图的精神恋爱来形容"意淫"就比较合适,它是一种精神上的两性情感。所以说逆向努力其实就是反抗时间,来与内心肮脏的东西斗争。时间给我们留下那么多肮脏的、世俗的东西,这种努力能不能让我们的心再次飞翔呢?谁来带我们飞翔呢?——找到那个我们七八岁时看到的美好女性,十二三岁的时候爱上的女孩,不能再迟了,我们寻找那种女性,那是一种最纯净、最美好的感性的象征———一种女性带着我们飞到地狱之上,飞到炼狱之上,飞到一个只剩下光的地方,那里只有美丽的天使和上帝。在这个时候,我们用一种审美境界来表达我们的宗教情怀。这甚至可以被叫做"审美的救赎","赎"的是我们的罪感,"救"则是以审美的状态将我们提拔出来,带我们上升。这本是一种纯粹的宗教情怀,但是这种宗教情怀在一个歧路上——在审美层面上有一个美丽的审美象征——永恒的女性——带着我们上升到一片光明的境界。这个时候我们的心地变得美好。但是中年危机向往的爱情本身就是反道德的,作为一种祈求、企盼,作为一种精神现象,从罪感、悔感到宗教救赎或者审美救赎的情怀,构成中年人内心精神世界的三维结构。这种三维结构是歧途丛生的,就像但丁所讲,走到人生的一半的时候,我们走在歧路上。我们有多种方向选择,但都包括在这三个维度当中,这三个维度能发展成不同的方向。

## 二 梦回"萝莉"

人到中年,会陷入危机之中,难以向前,却也回不到过去,产生了对走到人生终点的恐惧,对自己的人生也不再自信。在这一时期,会产生一种"洛丽塔"情结,想要努力抓住一点以往梦想中的内容,曾经有过的美好时光。

朝花夕拾。

这个时候最能迎合中年男性幻想的是小说中所描绘的洛丽塔式的形象。《红楼梦》也涉及了这样一个阶段。作者在中年阶段，怀想少年时候的人与事。"洛丽塔情结"是对自己曾经有过的、刚刚涌起、还未成熟的美好情感的审美感喟，亦是一种苍凉的叹息。

洛丽塔情结在中国人看来似乎很不可思议，但其实中国人到了中年阶段，内心也是如此。人到中年会产生一种莫名的亢奋和激情，与我们通常所想的情感都不同。人生进入一个通常的轨道，感觉到心里十分恐慌，仿佛一条轨道到了中途，往前是一样的路途，便回想到最美好的时期是青春之前的时间，在那段时间里，我们还有着美好的憧憬与信念，经历着似乎带有情欲、但又与之后的情欲体验完全不同的一种情感，萦绕心中而难以磨灭。在人进入中年危机之后，这种情感涌现，甚至会爆发。爆发有两种形式，一种是像《死于威尼斯》中表现的那种形式，带有同性恋的色彩；另一种是《洛丽塔》的形式，美国电影《美国丽人》也有类似的主题表现，男主人公爱上了女儿的同学，展示了情愫是如何突然迸发的：无法追求，却可以推广到很多方面。在这样的人生阶段，情感步入了危机的时刻，精神出现了一种断裂，一种崩溃的前兆，一种需要重新修补的机缘，需要重新考虑自己。而甚至，连"考虑"也是不成立的，因为此时的人只有心慌意乱，烦躁不安，处于危机的时刻之中。这样的时期让我们想要伸出手来乱抓一番，想要就此抓住那根救命稻草。所谓"萝莉情结"，作为一种标志性的表现，并不是说主体陷入到某种真实的爱情之中，而是陷入到往日的情致、回想之中。这是一个梦想。梦想与理想有很大的区别，它甚至可以将理想解构。纯粹的梦想多发生在少年时期,脱离一切功利与世俗的缠绕,最好最深地体现纯粹的审美。年少时候的友谊、想要追求的价值,到中年时期,已经被遗忘了好多年。回头去抓,最明显的抓取便是像《洛丽塔》这样的爱情,在绝望之中伸出手,抓取青年时候的梦与想要追求的价值,在朝花夕拾中寻回少年时期的美梦——或者说,残梦,重新经历近乎纯洁的情感历程。

《死于威尼斯》式的情感,是极为纯粹的,也许这和爱情产生于同性之间有关。爱上一个异性很容易,而爱上自己的同性,其中的障碍非常巨大,需要的勇气和决心也远大得多,正因如此,情感的力量也更加惊人。《死于威尼斯》中表现了一种柏拉图式的精神恋爱,涤除了欲念,诉诸纯粹的精神,更接近于审美的爱。最高的审美不是占有,而是在内心之中将对象呈现出来,用尽心灵全部的力量来抚摸、品味、揣摩她/他。这似乎与欲念相背,让我们几乎不把对象当做一个真实的人来爱。这就是审美。

另外,还有皮格马利翁式的审美。他爱上了自己的雕像,并向其中倾入了最深的感情。后来雕像被赋予了真实的生命,与皮格马利翁结为夫妻。这提示了一种更高级的审美:我已经爱上了我塑造的对象,然后将其变成了有血有肉有情感的真正的人——真正地对人的审美。

《死于威尼斯》表现了真正的人之间的交流,虽然因为不敢接近对象,真正的交流非常少,若隐若现。"死于威尼斯"仿佛是一个隐喻。威尼斯很美,象征着一个审美的圣地,是一个代表着享乐、代表着艺术的唯美主义的意象。"死于威尼斯"体现了一种唯美主义——我愿意死于美妙的幻景和审美的享受之中，并将所有的精神力量奉献其中，"牡丹花下死，做鬼也风流"。这种感情不求回报，只求自我的投入。也许我并不期望挚爱的对象有多少回应，但仍旧希望对象能有血有肉，活灵活现地呈现在我的眼前，让我感觉到她会时刻呈现出不一样的风采与情致，我的情感会随着她的改变而不断加深。小说中的主人公为了他的情感而付出了生命，这在中国传统文化看来几乎是过界的情感，我们的传统文化带有一种警戒，过于投入情感、过于贪恋美色会损伤到性命。《金瓶梅》便是这样一种警戒，代表着正常的文化对这种过分的情感的反对。

　　另外一种是《洛丽塔》式的，这种感情似乎带上了不伦的色彩。反道德的色彩在《洛丽塔》中非常明显，为了接近洛丽塔，亨伯特娶了她的母亲，这样一来，洛丽塔就自然而然地成为了他的继女；《美国丽人》有着相似的情节，男主人公莱斯特陷入了对女儿的同学安吉拉深深的迷恋之中。在这二者之中，《洛丽塔》的情节更为道德所不容，因为其中出现了亨伯特与洛丽塔母亲的婚姻关系，并且这一婚姻关系被亨伯特作为实现自己爱情的手段，超出了人伦的底线，进入了不正常的精神分析的范畴。这也集中体现了《洛丽塔》式爱情的疯狂，这种爱情是让人上瘾的，成为一种精神的痼疾。按照弗洛伊德的理论，任何的审美都带有不道德的色彩，因此《洛丽塔》的情节以去道德化的眼光来看的话，一切都是被允许的，更不必说《美国丽人》。然而一旦附着上道德的约束，中年人便不被容许追求年少时期的爱情残梦。

　　当人进入中年，情感会迫切地想要追忆少年时期，想要回到"大观园"的阶段之中——"大观园",大观之园,洋洋大观,一切美好的事物都可以在这里看见,大观园的墙垣将一切丑恶与肮脏隔绝在外。而大观园时期所展现的正是对园中"萝莉们"的迷恋,作者写林黛玉"冷月葬诗魂",这是一种极高的审美推崇。在《红楼梦》中,女子一旦进入青年时期,就已经步入了衰老阶段。因此只有大观园的"萝莉时代"才最为美好,"冷月葬诗魂"正体现了这种最美好的象征:时间埋葬最美好的年华。

　　所以人到中年,似乎就应当埋葬我们最美好的情感。"朝花夕拾杯中酒",将这种情感付诸惆怅是可以的,无论是年龄、道德还是社会等等都不允许我们荒唐地将其付诸实施。《洛丽塔》或是《美国丽人》,其中的情感都是可以理解的,是审美的,但是却触犯了律法或道德。反言之,不触犯道德的审美也就不成其为审美了。因此,这些文学作品在触犯之中触动了我们内心深处的某种情愫,打开了心灵的闸门,使得情感如洪水倾泻而出。《洛丽塔》表现的,是中年危机给人们带来的迷狂。一方面,作品中有对少年时期的自己的情怀的迷恋;另一方面,也有中年时期对自我的"不自量",与作品中的少女相比,作为男主角的男性已经老了,却在对感情的追求过程中,要胜过另外那些追求少女的少年们,尽管不择手段,但感情却更为真切。他以少年的心态来对待少女,是一种饶有兴味的错位。美学中常常会有这种错位,并带有很强的悖谬性。审美往往会要求我们以饱经风霜的心灵回到最纯洁无辜的情感之中,以老人的心态回顾童心,以老奸巨猾的心灵观照天真无邪的状态,交错与悖反由此而生,体现了审美的复杂与纠结。

中年男性有着很强的吸引力,同时又带有中年人普遍的老奸巨猾,这让他们显得魅惑而危险。但亨伯特们会遇上这样的麻烦：他想要回去寻找少年时候的天真无邪,但是他的心灵已经背叛了他,使他采取的种种手段与行动带上了中年人世界的痕迹,注定无法回到过去的自己；此外,他们追求的对象本身也是麻烦的来源之一。面对与少女之间巨大的年龄落差,即使用中年的心灵将对象想象到无比美好的程度,两者之间到底有着巨大的岁月的鸿沟,时间将二者隔离在了两个不同的时代,从而表现出二者在感情上的差异。浪漫主义认为爱情是不受时间阻隔的,但从现实主义的角度而言,时间与成长会带来遥远的距离。所以洛丽塔与亨伯特所想象的形象完全不同,她有自己的情感的历程与情感的当下,也就拉开了巨大的落差与错位。《美国丽人》也是如此,男主人公对少女展开了超前想象,他认为她出生的时代会让她对一切无所顾忌,放浪形骸,游戏人生,美丽如她,是一定不会寂寞的。然而女孩根本不是他想的那样。这种超前想象,与《洛丽塔》中的亨伯特对洛丽塔滞后的想象有相同的性质,都是一种与时代脱节的想象,注定了中年心态支配下的少年心态是一种"变态",与常态下真正的少年心态是不可能完全相同的。

女性也会遇到相似的情状。在司汤达的长篇小说《巴马修道院》中,男主人公法布里斯的姑妈爱上了他。这种爱十分克制,因而我们可以审美地接受这种中年女性的情感的回潮。无论男性还是女性,都会经历类似的中年情感危机,这种"萝莉情结"尽管现在已经被滥俗化了,当我们不用一种审美的状态来表述它的时候,甚至会令人感觉到肮脏、可恶，但它却也是玫瑰色的一抹曙光。

　　中年危机让中年人们想要回到少年那般的情怀之中，但这一情怀又带上了中年的色彩，随之而来的便是一种可怕的错位，这种错位一方面使得中年危机很难得到解决，但另一方面又使这一危机得到转化的契机，人到中年回首之时，看到自己最容易错过、泯灭的美好阶段，在感到焦躁、烦恼、痛苦和绝望的同时看到如同初生的萌芽般的希望，看到美丽的冲动与心潮的起伏，这一切审美的状态能否将人从中年的晦暗、雾霾、僵化之中救赎出来，从而在错位带来的势能之中产生出对心灵的冲击力呢？危机与契机仅仅一线之隔，取决于人能否从中做好审美的转化。

## 三　平庸智慧

　　人到中年，生活中不再有大的起伏变化，也没有什么激动人心的事情发生，便会陷入可怕的平庸。于是一切都变得"没意思"了，生活压垮了我们，奋斗，欲望，激情……无论成功与挫败，一下子都在这一时期进入了一个轨道，归于平静。所以中年危机最让人感觉到可怕的，是让人感受不到任何变化的可能，让我们不得不用平庸来界定自己的生活。"平平淡淡才是真"，似乎揭示了一个可怕的真相：其他一切都是假的，都是审美的幻象，只有平淡无奇才是唯一真实的存在。禅宗中说担水劈柴，平常心是道。也就是把心灵与日常生活打成一片，抛却往日的好高骛远与种种激情，感觉到了"道"与"真"，陷入了一种可怕的平庸。

"庸"在中国古代更多用来表现褒义。从中国古代哲学的角度来说，是一个可以代表更高境界的名词，它强调恰好就在其"中"，其庸常性、不变性都是中国古人所推崇的，体现了一种更高的智慧。到了明清时期出现了"平庸"这一词，与代表超越的英雄豪杰式的形象相对，代表了世俗性——英雄太多了，是对我们作为"人"的损害。

关注"人"性，确实是一种光辉的思想，但同时"平庸"也与审美相对。"平庸"不是"丑"，"丑"到了一定境界，恰恰是审美的一种表现。傅山说，宁丑毋媚；刘熙载《艺概》认为，极丑便是极美。并非只有"美"才属于美学的范畴，"丑"同样属于审美的范畴之内。极丑也是美的一种形态。美学是感性学，无论是丑还是美，都会引起我们极大的情感反应，"丑"有时会带来更加惊心动魄的感性体验，这也就是宁丑毋媚的原因。佛教中展现的一些极丑的形象、庄子《内篇·德充符》中所刻画的一些丑怪以及明清时期很多艺术大家作品中所表现的丑的对象，都展现出一种更加令人难忘的美。

"平庸"与审美相反。有《红楼梦》批评家写道，凡美人必有一陋处；而这一缺陷并不会使得美人不美，只会更添其风韵。真正的丑是让人看过后毫无感觉，留不下任何印象，是在人群中寻找不到，是平庸。正是你爱我也好，恨我也罢，都好过你根本不记得我。不被记得才是平庸。

"平庸"是中年时期要面对的最重要的课题之一。生活将人的棱角全都磨平，"曲率半径处处相等，摩擦系数点点为零"，又圆又滑的状态便是"平庸"，鲜明的个性从此被取缔，心灵甘于做一个平常的人，屈服于"平平淡淡的真"——我们便被生活打败了。在这样的时候，"平庸"不仅是"道"，甚至是"佛"，它让生活进入常轨，并在这种常轨中获得成功。我们在这样的生活里沦陷，用海德格尔的观念说，我们就成为了一个"常人"，进入了平庸。在海德格尔看来，平庸之人的一个特点是容易"好奇"。"好奇"应当与"惊奇"区分开来。亚里士多德在《形而上学》中指出，哲学起源于惊奇。"惊奇"中带有惊疑、追问，带有对世界的陌生感与不相信；而"好奇"带有的是无所关心的关心，鲁迅用"看客"来描述这种由"好奇"而产生的行为，当很多人在围观的时候，即使是刑场上杀人，好奇之人也会觉得很有兴趣。至于被行刑者为何被杀，好奇者只会觉得他"该死"，就像未庄的人得知阿Q要被杀头时的反应那样，不会真正去关心内里的原因，只是觉得杀头这一场景很少遇到，即使遇到一百次，仍然会觉得很好看，因为杀的是不同的人。这便是好奇心，以及好奇心的第一个特征，它是无所关心的关心，不考虑对象有什么值得深究的所在；而"好奇"的第二个特征，正如海德格尔所说，主体在对象上不停留较长时间。

　　黑格尔写的《谁在进行抽象思维》[1]这篇文章也以杀头事件为

---

[1] 〔苏〕古留加《黑格尔小传》，卞伊始、桑植译，商务印书馆，1978，第64页。黑格尔在《谁在抽象思维》一文中，以一个可笑的女人形象审视"抽象思维"的特征：一位女顾客对一位卖鸡蛋的女贩说："你卖的鸡蛋是臭的呀！"女贩听罢立刻没完没了地回敬道："什么？我的鸡蛋是臭的？你自己才臭呢！你怎么敢说我的鸡蛋？你？你爸爸吃了虱子，你妈妈跟法国人相好吧！你奶奶死在养老院了吧！瞧，你把整幅被单都当成自己的头巾啦！你的帽子和漂亮衣裳大概也是床单做的吧！除了军官的情人是不会如你这样打扮出风头的，规规矩矩的女人多半是在家里照料家务的，如你这样的女人，只配坐牢，你回家去补补你袜子上的窟窿吧！"

例：一位女性看到一个年轻小伙子被杀头，感慨这个年轻人长得真英俊，结果受到了他人的指责：怎么可以认为一个杀人犯英俊呢！一个杀人犯所具有的最大特征便是他所犯下的罪行，认为一个杀人犯英俊，是一种概念错置。黑格尔所说的抽象思维，其实是一种不动脑的思维方式，一种只按照惯常概念来判断的思维方式。罪犯为什么不能英俊呢！海德格尔认为，人在通常状态下不会去思考，只选择随波逐流，人云亦云，此时好奇心就把我们带入闲聊、闲逛、闲看之中。所谓"逛街"，就是东看看西看看，眼光不会在任何地方做长久停留。我们从商场一楼逛到七楼，感觉自己看到了很多好看的东西，但什么都没记住，这就是"好奇"，就是"逛"；闲聊的时候感觉到自己聊了好多好多内容，但没有任何语句进入我们的内心，"闲聊"便是"无聊"，也就是"平庸"的状态，甚至进入一种深度的"无聊"，这就是为什么"平庸"缺乏审美的力量，甚至是与审美相敌对的。这是人到中年最可能会面临的状态：无所用心，或者说，用心的无所用心。平庸的中年人并非是不用心，只是他将心力用在通常的社会规则所规划的领地之内，按照理性人制定的自私的、趋权的规则行事，维护自己的一切，不作自己的思考，不投入心力——心灵的、精神的力量，只作无所思考的思考。

　　阿伦特受到海德格尔很深的影响，提出了"平庸的恶"。"平庸的恶"不同于"恶的平庸"：恶是不平庸的，但却在以一种平庸的面目扼杀着人性的力量。鲁迅有个概念与此相似：几乎无事的悲剧。我们看不出发生过什么事，但一个人的精神已经悄悄地被杀死了。鲁迅在国民性中讨论这个问题，表达了他对精神力量消长的高度敏感。

王国维似乎也看到了《红楼梦》悲剧那种"几乎无事的悲剧"的属性。以往的悲剧都用英雄的毁灭来达到精神上的冲击力，《红楼梦》中没有大奸大恶、大贤大圣之人使人的命运发生变化，这种悲剧更深刻，也更可怕。王国维通过叔本华哲学也看到了这一点，只是想得还未有那么深。所谓"平庸的恶"，不是大奸大恶，而是人们按照正常的轨道运行的"恶"。

"日常生活审美化"也可以用阿伦特的理论来消解。日常生活中充满了悲剧，但当我们把它审美化的时候，用闲聊替代了无聊，用好奇替代了惊奇，使得日常生活中那些原应引起警觉的事物被消释掉，仿佛取得了合法的地位。阿伦特理论的重要来源之一是法西斯制定的屠杀犹太人的一整套规则。规则之下便不会思考规则本身。我们会意识不到去思考在这些规则、程序之上，又是谁来设定它们、以及为何如此设定。所谓"冤有头债有主"，我们应当去找导致种种悲剧的"主"，有时候我们可能会将一切归结于某些不可控的因素，总结出"命运悲剧"这一名词，但至少我们找到并思考它了，这已经是了不起的思考。但人到中年往往会感觉到一切都是不可改变的，仿佛只要跟着规则走就可以了，我们不再去思考规则本身，于是就产生了中年的悲剧。这种悲剧产生于我们人的精神的内部，我们将自己内部的不合规则的一部分精神扼死，彻底进入"平庸"，而这种平庸能让我们感觉到安心。

　　追究"平庸的恶"的来源,可以进入到政治美学①层面进行研究。"日常生活审美化"的提法是令人厌恶的,它让我们用一种平庸的智慧代替了审美的智慧。日常生活怎么能够实现审美化呢! 审美必然要跟日常生活拉开距离,甚至要像日本美学家今道友信所讲的,要将"日常意识垂直切断"。这与康德的想法有相似之处。康德认为审美要与功利心切断。在日常生活中,审美处于消解状态,只有进入到与日常意识完全不同的境界的时候,审美才能跃迁、升华。日常生活中很难寻找到诗意。日常生活审美化,也就是日常生活平庸化。我在房间里放一些花,或是附庸风雅地喝着好茶,貌似给了我们一些精神上的改变,但事实上是将我们与日常生活更紧密地联系在一起,而不是将日常意识垂直切断。

　　中年阶段的平庸化让我们变得日常。我们成为一个海德格尔所讲的"常人",面对鲁迅所讲的"无物之阵"。进入平庸是审美的毁灭,也是心灵的毁灭,我们不再有内心的追求,这种毁灭就如鲁迅所讲的,"几乎无事的悲剧"。这种悲剧可能会出现在任何年龄段,而中年阶段尤为明显。因为中年时期容易退让,容易自我取消,容易被各种生活的压力所改变。刘震云的《一地鸡毛》,池莉的《烦恼人生》,都指向了"活着"这一状态。《一地鸡毛》开头即写:"小林家的豆腐馊了。"日常生活就这样以逼人就范的力量,完成了可怕的战争。人到中年,在精神现象上都会经历小说所指向的这一时刻,经历某种精神裂痕阶

---

① 关于"政治美学"的论述,请参见拙著《形而上学 :美学新解》,中国社会科学出版社, 2004。

段。这完成了一个还原：哀莫大于心死。中年人在日程生活中消解了审美，却又悄悄地把审美放置到日常生活之中，使审美存在于更大的范围之内，用这种方式来稀释、消解审美。阿伦特讲"平庸的恶"，"恶"原本应当以震撼人心的形式出现，但当它以日常生活的形式出现的时候，让我们几乎以为它已经不成为"恶"了。"平庸的恶"取消了"恶"，"日常生活审美化"取消了"美"。人到了中年时期，难以抗拒平庸的美，因为生活被弥漫的广泛存在的恶所击垮，从而消解了自己的精神力量，投入到功利的计算与世俗的成功之中，忘掉了真正的审美。我们可以看好莱坞大片，可以赏花听音乐，购买各种昂贵的装饰，这些让我们的生活充满了审美，让我们难以发现真正的审美的缺失。

人到中年，或许成功，或许失败，但我们都已经成功地失败了，或者说，失败地成功了。我们忘掉了几乎无事的悲剧，让充斥于生活中的平庸统治了我们。鲁迅说的"几乎无事"，也是针对心事而言的，是指在我们的心灵里几乎激不起一点儿波澜。我们可以称之为"平庸智慧"，我们在中年阶段很容易养成这样的智慧，它与我们的精神文明如此合拍，使我们不自觉地进入"中庸"之中，进入一种哲学、一种常识之中。

成为庸人似乎变成了一个人成熟的标志。这种成熟让人的精神真正沉沦。如何在沉沦中警醒并找回智慧，是中年人所要面对的重要问题。我们随波逐流、丧失自我的时候最易平庸，对待平庸的方式，就是发现表象之下的深度。成熟的审美就是能在人们习而不察的状态下有很深的觉与察的意识，要有审美的穿透力，对眼前的世界有深刻的透视，我们才不会成为平庸的恶的牺牲品。丧失了审美的敏感，就会放弃思考，进入平庸。当我拥有很多金钱，足以把很多美丽的东西都装饰在我的生活中的时候，我就会对美失去了敏感。我们应当要恢复对美的敏感性。就像巴尔扎克眼中的巴黎，他看到了城市表面的荣华富贵下隐藏的深刻的审美层面，突破了无关痛痒的表层。伴随着审美层次的加深，实现有所用心的审美，在深刻的思考、探索、追求中指向日常生活审美的深层次。

牛顿看到苹果下落，发现万有引力定律，并非是因为好奇心。很多人都会对此感到好奇，但有质量的追问才会产生"万有引力"。一个农民看到苹果下落，他会知道苹果成熟了，根蒂不牢了，"瓜熟蒂落"，自然而然就掉落了。对现象的思考与每个人的知识储备有关，牛顿并不是说仅仅因为好奇才发现了万有引力定律，当他追问整个问题的时候，已经动用了他作为一个大物理学家的知识储备。审美不是无知，审美活动是凝聚了很多的知识能力的感性与灵感。

和少年、青年时期都不相同，中年的我们变得成熟，有了成熟的审美敏感与审美智慧，我们不愿意让我们审美的智慧被平庸的智慧所吞噬，所以我们需要强大的审美穿透力，我们要穿透的那个壳便是由我们种种常识积淀起来的。除掉人生的常识，还有审美的常识。我们需要像剃刀一样更锋利的觉醒，需要像深渊一样更深刻的智慧，来唤醒我们的切身感受，甚至让我们能重新产生刺痛感或沉痛感，然后我们才能进入到特殊的审美的智慧之中，跨入更深的中年之中。做到这些很难，需要我们做出很大的改变。

# 第十章 焉知天命

## 一 有限

孔子讲"五十而知天命"，人们对此有多种解读。一个人到了五十岁时，人生似乎进入到一个随时可能会死亡的阶段。"知天命"，知道天之所命，知道了人的命运的限定性。人到五十，就会明白人在很多事情上都是有限的，包括生命的长度。人们在年轻的时候尽力折腾，到了五十岁往往达到了辉煌的顶点——实际上也就是一个极限点。每个人的极限点都不一样，大艺术家在人生的终点还会有很绚烂的绽放，会有很惊人的创作，但是普通人在这个时候往往已经达到了自己的极限，所以也就看到了自己的限度所在。"五十而知天命"，"天"，在中国古代指的是大自然，古人到了这个年纪，会看到大自然给自己的馈赠是很有限的。有限的不仅仅是自己，也是自己拥有的"天"——一种盲目的，无法认知的力量。在这股力量面前，人会感觉到自己非常渺小。

这个时候，我们不再像年轻的时候那么张扬，不再有那种飞扬跋扈的气概，能做什么，不能做什么，在这个时候对绝大多数人来讲已经被决定了。庄子说"人生也有涯，而知也无涯"，以有涯对无涯，难免令人感觉到茫然、失落、无可攀援的堕落感。"生涯"一词来源于庄子,我们现在对这个词的使用似乎掩盖了它原本"有限"的这层含义。

对个人有限性的感知,伴随着感受到外界的无限。一个人自出生起,便处在各种各样的关系之中,无所逃离。这种关系有很多种描述方式,西方结构主义对此有比较新的阐释,认为当人陷入一种结构之中的时候,人会被结构牵引。中国有句古话叫做"形势比人强",人在某种历史的大势之中,会突然感觉到自己只能在既定的条件下有所行动,而所有的既定条件就是对每个人的"限",人往往在年过半百的时候会感觉到这个"限"的存在。

我们可以在知识上努力,可以在有限的生命中追索无限的知识。古人或许会致力于读完《四库全书》,但《四库全书》之外的书籍、知识呢? 知识以外的未知呢? 对现在的人来说也是这样。我们发现自己很渺小,因为我们无法驾驭广大的知识领域,更无法驾驭人、人心,以及人性。随着精力的衰退、年龄的增长,我们的知识增高到某个顶点,便很难再有更大的成就,于是我们就感觉到了有限感。"有限"在现代西方哲学领域很受重视。美学就来源于"有限"。只有在有限之中才能看到美。美是从瞬间之中看到永恒,是从有限之中体会到无限,是观照到"象外之象""言外之意",这一切似乎都是指向无限的。然而这个指向的前提便是"有限",我们从"有限"来眺望,来想象,来希望,以心灵的力量来寻找看似无限的事物。现在,我们更多的是从无限来看到有限。这个"限"字,也许就是"知天命"的"知"之所在。

知道了"限",更可怕的是知道了"天之所限"。"天命",我们看到了"大限"。人到五十,一切都很有力量地让我们回到了"天之所命"。项羽临死时说:"天亡我也,非战之罪也。"他感到即使人有无限的才能,也会被命运赋予的有限的条件所限制。一个人能否认识到自己的有限性,在很大程度上决定了他精神成熟的程度。

康德哲学的实质是把"有限"拉入了思考的核心。他从"知""情""意"三个方面考察,"人能够知道什么?""人应当做什么?""人可以希望什么?"这等于说,我们的知识、意志、实践理性等等,都是有限的。这个结论从某种意义上来讲很是悲凉。我们不能像蝙蝠一样有敏锐的听觉,不能像狗一样有敏锐的嗅觉,人的感性能力是很有限的,但我们误认为我们的很多能力都是无限的,这就是我们的"先验幻想",在康德哲学中体现为著名的二律悖反。当我们以为自己的精神能力无限的时候,就形成了悖论。这种"人"的悖论是无解的,从哲学上讲,我们不妨推论:悖论是人的根本的处境。而人过半百,最容易获得这种有限的意识。中国古代用"大限"来比喻死期,五十岁的人已经能够眺望到自己眼前的那个"涯",并且我知道它也在看着我,在我心里打下深刻的印记,这让我们对人、对世界、对自己的看法都不再如前。

我们年轻的时候可以挑挑拣拣,因为拥有无限的可能性。虽然从自由的角度上来说,无论我们是五十、六十、七十、八十,甚至是临死之前,我们也还是自由的,但是我们在年过半百的时候,自由已经大大地缩小了。如果我们在这时候选择重新起步从事一件事情,很难成为一个大家。因为我们有"过去"存在,这些"过去"决定了我们的"将来"。所谓"大器晚成",青、少、中年的一切储藏在我们的心灵之中,很大程度上决定了我们当下燃烧的纯度与强度。这便使我们容易产生一种悲悼的情绪,因为往日错过的事情可能便就此错过,再难挽回。

认识到生命的有限性,会激起我们强烈的反抗力量。人生到了这个关口,我们看到前路无多,被"有限"所限制和包围,几乎是困兽犹斗。在这样的情况下,如何进行反抗,并且迸发人生的光华,生发出新的力量的勇气,"在限制中显示身手",是五十之人普遍需要思考的问题。老之将至,我们要如何与自然规律抗衡,找到我们的自由呢?

人必然要按照自然规律活着,但人又是无限自由的存在,不希望自己的意志受到任何的束缚,哪怕是犯罪,在罪恶中也体现了自由意志。即使到了我们感受到自己有限性的年龄,人的自由的天性也会让我们仍然保留有主宰自己灵魂、力量、命运的欲望,会唤醒我们深层的勇气,让我们感觉到世界仍可能是新的,我们还有改变、更新世界的可能。这种反应不同于少年、青年、中年时期的反应,它不具有少年时天马行空的想象,不具有青年狂飙突进式的冲动,它把这一切都收拢、集中起来,表现为一种深思熟虑的稳定的深刻的智慧,指向一个特别的目标。这个时候的自由不体现为人生多种选择可能的那种自由,而是体现在面对既定目标的心灵状态的自由,体现在如何面对当下超水平地燃烧。

所谓的"限",包括了自然、社会、人的心灵对我们的限制与规定。一个人在巨大的心灵框架下,他的激情会受到心灵氛围的影响。每个人都会感觉到这种限制,但是对限制有所认知、对自己的内心世界有所认知非常重要,所谓"有人的地方就有江湖",这关乎如何在人心的网络上掂量自己的心。到了五十岁的年纪,世事洞明皆学问,人情练达皆文章,对人情世故已经看得足够多了,却也因此在心灵中生发出许多新的内容,譬如对人的宽容、同情,以及对他人情感的感受力等等。从中国古人始就一直追求扩大胸襟,追求更大的气度与生命容量。

"有限"让我们感觉到我的世界终有一天会缩小到"无我""无人",它始终在提醒我们,人终有一死。花开花落,我们才能从花有限的、易归于毁灭的生命中感受到美;人也是如此,假如人长生不死,一切都会"常在",而美是有限的、容易寂灭消亡的存在,有限的人生才给了我们无限的美感。

五十而知天命,在这一时期,我们有成熟的心理,有较大含量的人生储备,有广阔的胸襟气度,我们的智慧能对抗我们对人生有限性的认知,因此"知天命"既有一种沉痛感,又有着消解这一疼痛的智慧。

## 二　裂缝

孔子说"五十而知天命",我们也可以不单单从孔子的感觉出发——而是一个人进入五十岁,他的心灵面临的是怎样的外在境况,从这个角度来探究。

五十是怎样的情况呢?我可以自己想象,也可以综合别人的经验。五十是人生的一个关口。首先,人际关系发生了改变,或者说,他的一种爱的纽带发生了改变——也就是和他有亲密关系的人的关系发生了改变。对于所有人来说,这个时候最容易发生改变的是父母与子女之间的关系。这种改变对人的精神和情感都是一个很大的磨砺。我们把一个孩子慢慢抚养成人,等我们到五十岁的时候,我们的子女也走向独立,走向青春期,甚至走向他们自己的家庭。大多数五十岁的家长的孩子都已经过了十八周岁,到了青春期,走向了独立。这个时候就发生了代际的更替和交换。我们不妨回忆前面讲的问题,一个人到了青春期就开始了叛逆,开始有了自己向往追求的感情,开始和父母之间有了隔阂,开始有很多话不愿再与父母诉说,有很多事情要瞒着父母去做,很多事情想自己做主。也有的子女此时已经走向了自己的婚姻。在这样的情况下,这种爱的纽带发生了相当大的改变。纽带有所松弛,父母也面临着巨大的心理调整的过程,对所有人都是如此。前几年有个电视剧叫做《成长的烦恼》,讲的是美国一家人的故事,家里有很多孩子,最小的孩子和最大的孩子之间年龄相差很多,因此他们这样的家庭是一个把人生的各个阶段都呈现在一起的家庭。当然这样的电视剧不太关心老年人的情感,比如当男主人公的岳父岳母来了之后,大家都觉得他们特别讨厌。可是他们没有意识到,下一步,他们自己就要变成岳父岳母、公公婆婆了。在古代,到了五十岁左右的时候,很多人都已经成了祖父母、曾祖父母。虽然如今已经大不一样了,但无论是在怎么样的时代,人的心理都面临着一种转换,具体来说就是子女的翅膀长硬了,要自己独立地飞翔了,而这个时候孩子和家庭的关系和父母的情感发生了改变。总而言之,这种爱的纽带的改变就是代际或者人际的距离发生了变化。孩子和父母有了距离,这种距离是父母绝对不愿意扩大的,但是随着子女的成长,父母不得不看着它一天天扩大,或许就是到了五十岁左右的时候,父母有点无可奈何地接受了这样的距离。因为子女开始要飞走了、离开了,这种离开是一种慢慢发生的过程,是不太容易被觉察到的。孩子上小学、中学、大学的过程,实际上就是慢慢离开父母的过程。当子女上大学的时候,其实就已经离开了自己的身边,但是这个时候的离开,其中血肉相连的感觉还是很浓烈的;但等到父母五十岁的时候,子女结婚了,这种感觉就难受了。我曾经在一个老师家里,听她描述自己的子女怎样对待她,她说母亲节的时候女儿给她打了个电话,从国外打来的,很客气地说:"妈妈,母亲节快乐。"电话之后她感觉很伤心,为什么孩子长大后会与她如此疏离。长大的孩子开始有自己的家了,她对父母说"我回家了",这个时候父母才痛苦地感觉到,原来这里已经不是你的家了,你已经不把我们的家当作自己的家了。孩子对父母的亲密关系发生了一种革命性的变化:她自己要有自己的家。"我想有个家,一个不需要多大的地方"。子女开始想有一个家,一个精神家园,一个安放自己精神的地方。她觉得对待父母的情感发生了很大的改变,消解了对父母的归属感。"家",就是心灵的归宿,我们时常用"家"来比喻我们安放心灵与精神的地方,所以叫心灵的港湾,这是一个叫人"安心"的地方。

我们也说过,美学,就是安心学。心安理得,是"理得"然后"心安",还是"心安"然后"理得"呢?这是不同的美学取向。但是所有取向的归宿都是怎样才能使得心灵安妥,怎样才能使心灵有所寄托。

安妥心灵的地方，能让我的心在这里感觉到舒畅，这种感觉、情感使我们的灵魂找到了一个归宿，找到了一个安顿的地方。而现在的问题是，父母和子女的纽带发生了改变，所有的向心力变成了离心力，子女开始另外寻找安心的地方。对于五十岁左右的父母来说，这是一种撕裂感。原来的情感被撕裂了，慢吞吞地撕裂，慢慢地宁静，然后终于有一天感觉不可避免地到来。这是从什么时候开始的呢？从小孩要有自己的房间开始。有了房间，并且父母进门之前需要敲门，还把抽屉锁得好好的。这个时候你就感觉，原来他已经有了"自己"了。有了自己当然好，他可以自己慢慢学着飞。但是同时父母和子女的关系之间发生了很大的、静悄悄的、但某一天终将突然来临的改变。孩子开始约会了，他带女朋友回家了，她带男朋友回家了，这个时候父母就感觉到，他在找自己的家了，我们的家已经不再是他的"家"了。

爱的纽带的改变带来的是人际心理距离的调试。有作家很夸张地描绘女儿出嫁时自己心里的难受——当然也可能不夸张，我还没能体会过。但终有一天，女儿会出嫁，儿子会娶了别人的女儿。既然终有这么一天，为什么还要抱头痛哭？因为从那天感觉到，"咯噔"一下，不一样了，一种明显的心理距离瞬间产生：原来他有他的生活了，有他的精神追求了，他的一切东西。在代际之间我们感觉到巨大的差异。他和我不一样了，不再被置于我的呵护下、培育下，不再是线性的、向下传承的那样一种精神纽带了。他逐渐和我并列了。父母和子女之间是血缘的传承，同时也是精神的传承。希望有子女，希望子女好，也是自己一种内心的寄托，一种倾向。我们在孩子身上看到了自己，看到了自己想成为的另一个"自己"。每个人都会有这样的体会：所有的人都感觉到父母对自己会造成有形或无形的压力。这种压力就是父母在按照自己的理想、自己的愿望来打造子女，就是"望子成龙，望女成凤"。这个"成龙""成凤"，便是父母希望子女做自己原来想做但做不成、做不到的事情，或者做自己能做到但原本能做得更好的事情，总而言之，他是在子女身上塑造一个新的自己，一个更好的自己。所以从美学的角度讲，子女在某种程度上就成了父母的一种创造，一种精神的寄托，一种幻象，一种艺术品。当然，父母需要用很大的心血、很大的力气来扭转改变孩子，按照自己的向往、自己的理念、自己的理想，使孩子一步步向自己的梦想靠近。

　　这时父母认为，我可以让我的孩子成为那样的一个人。"那样"，是什么样子呢？从古希腊哲学的角度讲，就是柏拉图所说的"理式"。柏拉图认为，万事万物都有它自己的理式，桌子有桌子的理式，于是人也有人的理式。也就是说，人要有一种精神的最高标准，最高的美是理式的美，或者说最高的美就是理式本身。当我们一层层从下往上看：从事物中看到形式，从形式中看到心灵，从心灵中看到理式，一层一层地看，我们来分析父母想要我们成为的样子——实际上他们最终就是想让我们的心灵来合乎他们心目中的理式。在打造子女、创造子女的过程中，从哲学角度讲，是一步步使子女靠近柏拉图所说的最终的心灵的形式。柏拉图说"知识就是回忆"，因为我们所有人的灵魂在生前都有一个理式，我们学习的过程便是回忆的过程，我们觉得自己学会了，感觉豁然开朗了，便是"想起来"了，而它原来其实就在我们的心里。在心里为什么之前不明白呢？因为我们有了沉重的肉身后把前世的理式遮蔽掉了,现在通过学习把遮蔽的东西慢慢去除。去除之后心里又亮了,亮了之后心里的理式又出来了。父母对子女的关系也是如此,他们慢慢地想让子女按照他们的想法(实际上他们自己可能也没有这么清晰的想法)去成长,而实际上他们在塑造自己的"心象"。最终,"象"必然有其纯粹的形式在里面,是心灵的、灵魂的、精神的最终形式。这可是个大工程呵,一个小孩从他生下来,给他吃给他喝,给他培养,给他爱,一直按照自己的心灵形式来铸造他,希望他也有这样的心灵形式。然后,突然发现孩子已经有了自己独立的人格,一个独立的、独特的、自己的、别人没法改变的精神世界。这个时候孩子不再是父母塑造、指望、幻想、铸造的对象,而是已经成为了一个和父母平等的主体。平等的主体意味着拥有一个独立的精神世界,一个自己为自己打算的世界,一个自己独立生活的意志,一个自己具有的而父母无论如何都无法改变的意志。这个时候父母很失落,发现原来即使身为父母也改变不了什么了:孩子已经成为了一个和我平等的主体,和我之间应当存在一定的距离。这时父母开始慢慢接受这一现实,接受孩子与自己之间慢慢拉开的距离。这是距离的调试,或者叫做爱的纽带的调试。爱的纽带开始松了,但我还是很想它紧一点;它有离心力但我想让它有向心力;它松弛了,我想松就松吧,但弹性增强点吧,我还可以把你拉回来。我们知道,和拉力相对的是张力,这个时候的父母试图在拉力和张力之间找到一个平衡点。但这个平衡点很难找。

　　这是一个度，一个感情的度，一个心理距离的度。父母和孩子是怎样的关系才是一个合适的关系呢？在这样的思索中我们感觉到对事物的关系、对世界的关系，都发生了改变。我感到一种断裂发生了，我与世界的裂缝展现在面前。当我的孩子上大学了，离开家了，我必然会感觉到自己和世界之间出现了一个裂缝。其实，这种"裂缝"不知道什么时候就悄然发生了。例如，大学生感到的与世界的"裂缝"。大学生到了大学里面有了"我"，有了自己，不再是以往家庭里的身份。到了大学里，感觉到自己被孤零零地甩到了大学里，感觉到"我"被凸显了出来，感觉到我们的世界不再是那个家，不再是那个学校，一个更为广大的世界在我们面前铺展开来。这个展开的广大的世界和"我"之间，"我"和所有的人之间都形成了裂缝。裂缝凸显的时候，我们才能看清世界，看清自己，处理"我"和世界的关系。而也就是在这个时候，我们才产生了一种创作的要求，一种抒情、审美的要求。因为我们感觉到情感问题成为了一个突出的重要的问题。"我"突出了，也就是孤独感突出了，荒谬感、存在感突出了。

　　与此相对应，五十岁左右的父母面对的是子女和他们之间的裂缝，此时他们要调试的是自己与子女的心理距离。父母和子女本来是一体的，然而在家和爱的纽带中，原本两者关系紧密的世界在子女独立的一刻破碎了。这个时候，父母需要调整心理距离，他们自己和世界需要重新拉开距离。人都年轻过，但在家庭当中，在对子女的培育中，父母付出了年轻的时光，并在孩子身上寄托了很多东西，因此在孩子长大后，与父母之间的断裂可能比较残忍，这不是父母自己年轻的时候"要断裂",而是"被断裂"。他们是被迫重新审视、定位自己的情感。

　　情感的距离,也是心理的距离,是审美的距离。日本学者今道有信讲道,审美就是"日常意识的垂直切断"。对于子女成年的父母来说,便是已经习惯了的日常情感在这个时候被切断了。我觉得这种切断是慢慢的、静悄悄的累积过程,累积到一定程度,便因为难以承重而断裂。断而又断。第一次断的时候,痛感强烈清晰。在断裂的过程当中,父母和整个世界的关系有了非常大的改变。一个人到了五十岁的时候,由于他亲密关系的变革变化,由于亲情纽带的某种程度的断裂,促使他和世界上所有事物之间的情感也会发生很大的断裂和改变。变成什么样了呢? 无从得知。但是我们可以根据以往的经验来推想。原来很亲的人,现在你是你,我是我;子女还是我最亲的人,但也正是最亲的人和我之间发生了最大的断裂,这样的断裂在心里形成了一种伤痛感,伤痛之后又形成了麻木感,麻木之后又产生了距离感,使得我们的精神世界发生了相当大的改变——会不会使得我们在情感上对很多东西从此便无动于衷呢? 我不知道。

　　由于和子女之间亲密关系的改变,和周围所有人的关系也会发生相当深刻的改变。这种改变使我们对人与人之间的不同、人与人之间的情感、人与人之间的利益纠葛、人与人之间的争斗有了更深刻的理解。人到五十岁左右,处于最辉煌的时候,也是雄心勃勃的时候,是一个人处理人际关系最成熟的时候,是最有城府的时候,是一个人老谋深算、老奸巨猾的时候。对大多数人来说,六十岁这个时候不需要再和人斗。而在五十岁的时候很可能还剩下最后的一搏,这个时候是他积累的智慧和人生经验最丰富的时候，是他对世道人心了解最深的时候。而在这个时候他才发现，他跟自己最亲的人也没有那么亲了——这是一个可怕的时刻。连和最亲的人都没那么亲了，何况其他人？

这时他在情感上开始走向了一种冷淡，他可能更加注重实际的权利，更加注重实实在在的所得和所失的东西。黑格尔有句著名的话："涅密瓦的猫头鹰黄昏的时候才起飞。"说的是古希腊神庙里的猫头鹰到黄昏的时候才起飞。他的意思是：智慧要到人生的傍晚才成熟。五十岁时候的猫头鹰有没有开始起飞？起飞了。人生到了这样一个阶段，人便开始有了某种特别的智慧。什么是智慧？有的人认为理性是智慧，我认为智慧是在结合了情感和意志基础上形成的以理性为核心的发光体，也就是说，人在这个时期有了某种"光"。这是一种审美的光。智慧的光是穿透性的光，是看遍人心人情人性、看遍世事纷纭变化后找到某种不变的东西的光，能在纷繁复杂的人际关系中把握住最本质、最重要的东西。有了这样的一种智慧，就有了很强的历史意识。这种历史意识从情感上来讲可以叫做"轮回感"：看着下一代走向婚姻，产生新的下一代。轮回这个词不太好，但要表达的意义确是如此，尼采把它叫做"永恒回归"。这是尼采的核心思想之一。我认为人到五十岁的时候，应当感受到一种永恒的回归：原来人就是那么回事呵！一代一代，就像《春江花月夜》中写的，"人生代代无穷已，江月年年只相似"，又像"年年岁岁花相似，岁岁年年人不同"（刘希夷《代悲白头翁》）。这首诗妙就妙在有一种轮回感。春天又开出了与往年相似的花朵，人却一代一代都不相同，多么触目惊心！如果将诗句反过来，"年年岁岁人相似，岁岁年年花不同"，对不对呢？也对。用大自然的轮回对照人世间的轮回，大自然的永恒回归对照人世间的永恒回归，大自然的周而复始对照人世间的始而复周，所有的东西都差不多。如此一代一代下来，人的心理难免有些麻木：我们的下一代出生了，或者说将要出生了，又或者说必然要出生了。因此这是猫头鹰起飞的时候。五十岁的人觉察到一种强烈的历史感，其实从美学的角度来讲是归属感。西班牙乌纳穆诺写有《生命的悲剧意识》，这是在他五十岁写就的，他感觉到生命是大的悲剧，是自己开始老了，开始有沧桑感了。

"沧海月明珠有泪，蓝田日暖玉生烟"，这句诗道尽了沧海桑田，道出了地老天荒的荒凉感。我认为这有"山海经"的感觉，茫茫大荒，一边是山，一边是海。当然，《山海经》的"海"和我们通常理解不同，我这里只是从其字面义来做发挥；我们的历史就是沧海变作桑田的不断变化。人类的起源是大海，李商隐自然不可能知道。但他知道最早的是山和海，没有人，珠有泪。但是反过来，泪水变成了珍珠，"蓝田日暖玉生烟"，心变成了石头，但是没有被彻底石化，太阳一照，还有点暖意，还有点热气，有点生命的迹象，老远一看，里面还有一丝生气。它不是纯的石头，石头里面有玉。玉就是"欲"，是欲望，贾宝玉的玉就是欲望的"玉"。我们在此附会一下，"蓝田日暖玉生烟"，还有欲望，还想活下去。人到了五十多岁想不想活？很想活，而且是更加迫切地感到想活。"死去何所道，托体同山阿"，死了就变成黄土了。太阳照在身上暖洋洋的，心里面还有一点热气。前面说"锦瑟无端五十弦"，巧了，

五十岁感慨特别多,所有的感情如烟又如雾,像雨像雾又像风,所以说
"此情可待成追忆,只是当时已惘然",他的感情已经很迷茫了。李商
隐是个大情种,他联想到的是感情上的事情。所有的这些感情都离我
远去,在当时已经惘然,和我已经有了很大距离,似乎人到五十之后,
和那些感情已经处在两个世界了,那种美妙的感情经历和感情境界与
日渐坚硬的心越来越远了。从我们大部分人来讲,我们要看到另一
面:人生智慧成熟,轮回感加强,生命中充满了一种悲剧意识。所谓
悲剧意识,就是从结果看从头,再看到最后结果的一个过程,简单说来
便是从后往前看。一回顾,惨了,所有的一切都是一场梦,看到的是永
恒的回归。永恒的回归也就是永恒的不回归,于是我们对人、对历史、
对世事有一种悲凉的感觉。我们感觉进入到了一个新的阶段,这种心
态很复杂,一方面,一切都看够了,一切都看透了,甚至是一切都看破
了,但是这个时候却还得活下去,还得继续往前走;但是我们知道,这
时不是从生命走向生命,而是从失败走向失败,从回归走向回归,也是
从回归走向不回归。于是我们有了一种悲凉的感觉,这是一种沧桑
感,绝望感,在这种绝望中诞生了一种智慧。这是比较冷酷、无情、比
较苍老的一种人生智慧。老子、庄子都对此进行过探讨,历代的阴谋
家——法家、兵家、纵横家,都是从老子身上学到的道理。因为老子有
一种冷静、理性的智慧,他把人世间的纷纭变化都看透了,可以说拥有
一种早熟的智慧。人生到了这样的一个黄昏期,必然会出现这样一种
智慧,我把它称作"天若有情天亦老,人间正道是沧桑"。天为什么会
有情?"天地不仁,以万物为刍狗;圣人不仁,以百姓为刍狗",就是到

了这一黄昏时期,我们不要随随便便动感情,而应该使用一种不动心的智慧。不动心,表面上看来很消极,有人把它称为中国文化中的"高贵的消极"——看似无所谓、无动于衷、不积极进取的一种精神。"高贵的消极"有了一种沉着与冷静,甚至有了一种消极,不会轻易动感情了,是真的成熟了。我们不会轻易看出这样的人在想什么,感觉他很有内涵,格外蕴藉,他的心里开始形成了以理性为核心的人生智慧。这个时候,他在观察事物、对待事物的时候有了一种新的心态乃至情态,有了一种新的感觉结构,很难被打动,也很难不被打动。这时,他精神上处于一个特别的时期。黄昏的猫头鹰开始起飞了。

那么女人呢? 狐狸精开始夜妆了。对于女性来说,这也是最后辉煌的时候,是魅力值的顶峰,却也是即将走下坡路的时候。我们俗话常说"女人四十豆腐渣"。其实无论什么样的女性,随着年龄的增长与精神的成熟,体内同时增加了一种非常特别的内涵。所以在这样一个阶段,女人对岁月的惶恐逐渐消减,开始进入一种人生的常态。对于这个时期的女性我也不甚了解,便只随谈一二了。说她开始夜妆,像是参加晚会。晚会的晚是年龄上的晚。和这一年龄的男性相同,女性剩下的时间也越来越少了,到这个时候,她已经有了很多感情经历,但是由于家庭中情感纽带的变化,她发现对亲人、对子女的爱不是唯一的。现在很多新潮的小说家对母性的评价有了很大的改变,以往我们用母性比喻慈祥慈爱,比喻祖国,比喻某种让我们感觉到温暖、安全、归宿甚至是成为终极寄托的事物。有人说母亲的子宫是我们一开始的家,这样的比喻是完全有道理的。但是当母亲看到自己的子女长到了二三十岁,完全和当初的母体脱离了关系,产生了很大的情感距离,便会认识到:原来子女和自己之间的爱是无法维系到生命的终结的,且不是自己最终可以寄托的感情。像中国古代小说里写的那样,在过去的大家庭里往往有一种畸形的现象,就是婆婆和儿媳之间的天敌关系。现在的社会结构发生了改变,这种关系开始淡化模糊,但不可能消灭。西方这种对立可能少一些,主要是岳父和女婿之间的矛盾更大。婆媳之间的矛盾是有逻辑可循的:儿子本来是我的,我和他感情最好,现在你来了,你跟他感情变得最好,和他自成一家了。这时候儿子已经变成你的了,我能不恨你吗?显然,这起源于家庭当中情感纽带的变化。母亲和儿子的情感纽带已经开始断裂了,母亲便会将这种不满、仇恨倾泻到儿子现在最爱的人身上。有智慧的女人很清楚:她打不破自己儿子和别的女人之间的感情。因为他们之间是爱情,爱情更重要。所以有个女演员说:"世界上有两种感情:一种是我对儿子的感情;一种是我对情人的感情。"其实儿子长大之后,对情人的感情才是真的,母子之情赢不过爱情。所以到五十岁左右,是狐狸精的最后一次装扮,参加"晚会"。在耀眼的娇艳或竟是妖娆中,品尝人生的另一种况味。

## 三　敬畏

既然是"五十而知天命",考虑到"命",以及"命"的限定性,就必然会考虑到"天"。歌德说,不仰望星空的民族是没有希望的。"天",

对一个民族的精神有着深刻的影响。康德也说过："有两种东西，我对它们的思考越是深沉和持久，它们在我心灵中唤起的惊奇和敬畏就会日新月异，不断增长，这就是我头上的星空和心中的道德律。"星空，或者是中国古人所说的"上天"，都是超越性的存在。即使我们可以借助现代交通工具接近天空，但无穷之外还有无穷，"天外有天"，我们还是会对"天"产生敬畏感。孔子认为君子要畏天命。关于"畏"，一方面对对象有尊崇，而另一方面也对对方有恐惧。人过五十，看到了自然规律本身的无限与可怕，就会产生敬畏之情。

"天"往往是我们产生敬畏的根源，作为一种超越性的存在，在宗教中表现为上帝、佛祖，等等。当我们感觉到"知天命"时，无限浩渺的苍穹以其不可探究的样貌震慑了我们，从而让我们内心产生出想要与之抗衡的无限感与崇高感。"敬畏"，由"畏"转向"敬"，由"痛"转向"快"。帕斯卡尔说过，"这些无限的空间的永恒沉默使我恐惧"①。"天"对应的是无限的时间与无限的空间，这都让我们心生畏惧。人只有真正正视自己的有限的时候，才会认识到对象的无限，也才会产生对"天"的敬意，这与宗教上的终极关切有着密切联系。在《红楼梦》的开端也表达了这种情绪，被女娲锻炼过的石头有了灵性，具有补天的才能。可以说，《红楼梦》是一部"怀想天空"的著作，一块原该补在天上的灵石落在了人间，心中始终有着"天空"存在。在托尔斯泰的《战争与和平》之中，安德烈王爵中枪后躺在地上，看到了无穷的天空与渺小

① 〔法〕布莱兹·帕斯卡尔《思想录》，林贤明译，中国社会科学出版社，2007，第197页。

的自己,顿时觉得原本崇敬的拿破仑是那么的可笑。他那么矮小,却觉得自己是个英雄人物,殊不知在天空的映照下,他何其无聊。

所以人到"五十知天命"的时候,会产生这种类似于安德烈王爵的意识,天的无限让我们感觉到自身的有限。在这样的视野下,我们的精神境界会发生很大的改变。黑格尔称拿破仑是"马背上的世界精神",安德烈却认为他如此卑微可笑,这是值得我们深思的。人在天空的背景下,很容易显示出渺小与卑琐。"侍仆眼中无英雄",其实在天空的眼中——"天眼"中,才最没有所谓的英雄豪杰。当我们意识到这些,我们的精神境界就进入了一个新的层面。王国维写得好,"偶开天眼窥红尘","天"让我们打开了一双眼睛,看到滚滚红尘的一切是多么渺小,让我们对自己所做的事业有了新的衡定。王国维下一句说的更妙,"可怜身是眼中人",我们自己就是自己眼里的对象,我们在窥红尘的时候也看到自己,所以我们对自我的认知也就提升到了新的层次。

关于"无限",让人很容易联想到"恶",联想到"根本恶"。因此,似乎感到"根本恶"也是一种"无限"的"恶"。也就是说,"恶"似乎具有令人恐惧的无限性。我们之所以对无限产生恐惧,一方面是对无限本身所包含的不确定的恐惧,另一方面也是对其中包含的无穷的超出人类能力的自然力的恐惧,或者说,对无穷的魔力的恐惧,也就是对"恶"的恐惧。它给我们一种抓不住、摸不着的"无赖"感。"无赖",也就是无所依赖,从而也就无所信赖,没有信仰的人才是真正的"无赖"。人到"知天命"之年,对无穷的恶有了认知,"畏"也让人开始认真思考,如何才能不沦落到无穷无尽的"恶"之中,这也是康德所说的

"道德律"的作用方式。人到五十,容易产生一种恶的疯狂,因为"再不疯狂就老了",对自身的欲望有了新的发现。钱锺书写老年人恋爱,就像老房子着火,救不下来,强烈的情欲转化成巨大的破坏性的能量。康德的墓志铭在精神纬度上指向了两个方向,一个是向上,提升我们的境界;另一个向下,让我们不至于堕落至伦理底线以下。头顶的星空,是一种无限的自然,可是,它也提示了一种无限的自由,乃至一种无限的恶,无限的善:我们的心灵有了一个高远的天空,让精神可以向着一个崇高的方向升华。心中的道德律,则令我们又有了一个基本的限制,一种基于虚幻、空灵,却有具体而微的准则,它让精神不至于向下堕落到无底的深渊。这也是一种特殊的审美感受,虽说面对虚无,却似乎让我们面对那来自心灵深处的声音。这也是倾听,倾听来自虚灵的声音,却坚定而质实。

# 第十一章　退隐自在

## 一　谛听有情

孔子曰："六十而耳顺。"用一个器官的感觉来形容这段时间,用美学智慧来表达人生智慧,真是贴切而动人的体悟。"耳顺"不同于"顺耳"。先前的年龄段有"顺耳",也有"不顺耳";而六十时的"耳顺",是听什么都"顺"了,这就由听力转向了心情。

听力与视力有着很大的区别。我们获得的大部分的信息量都来自"看",哲学中多有以"看"作隐喻:看法,观点,等等。"看"是一种向外指向的行为,当然,亦可比喻为内在的审视。而转向"听",则更多意味着我们开始转向隐性的、内在的感觉。中国文化很重视听觉的表现,比如中国古代诗歌讲究"神韵","韵"实为听觉范畴的概念,也就是说,诗歌中的最高境界是一种音乐的境界。

"耳顺"的阶段,便是能够以内心来包容、倾听这个世界的阶段。所以本节的标题叫做"谛听有情"。"谛听有情","有情"是佛教的概念,也可以叫"含识",与"众生"的含义相似,强调了倾听的超越性。"耳顺"阶段最重要的,是谛听有情的众生的声音。这体现出一种慈悲、宽容、厚道,是在放下一切后进入的一种高妙的境界。这就是为何海德格尔晚年也强调"倾听"的重要性。康德把时间感叫做"内感觉",将空间感归为"外感觉";在康德看来,内感觉更多地连接心灵,通向了更为高级的能力。繁体字的"聖"字形中有"耳"字,强调了听觉对一个人成为圣人的重要性;老子名"老聃",相传为一大耳形象;文学作品中要刻画一个了不起的人物,也会给其配上一双大耳朵,比如刘备。以耳朵表现人的超凡,以显示其能听到不同寻常的"声音"。在宗教和巫术中,将倾听上天的声音看得非常重要。"此曲只应天上有",冥冥的声音指向的是人的内心。我有一次听女儿的钢琴老师上课,她说,如果能把钢琴学好,就会成为一个聪明的人。因为钢琴有那么多复杂的音符,曲调更是繁复多变,记忆曲谱再弹奏出来,形成复杂的音乐;可是,这些音符却是散落在时间中,需要连缀起来,而连缀后,形成美妙的音乐。这一过程能让人受益匪浅,成为一个聪明人。

　　无形的、看不见摸不着的声音,就提示着复杂的意义,显现着"形而上"的感觉。各种各样的声音到了我的耳朵之中,我主观上让它们成形、连缀起来,表达某种特别的意义,是一个复杂的高难度的过程。"谛听有情",是我能听懂所有有情众生发出的声音,并从声音中听出人世间的真理。我们常说要倾听大自然的声音,当我们倾听自然之中各种各样的声音的时候,我听不懂,但似乎又听懂了;当我在倾听之时,在有所感悟有所体会之时,我变得跟以往不同,我有了很大的包容性、吸纳性,我升华了我自身。

　　孔子的话包含了世俗的意义,将逆耳的话变为顺耳,表明了内心的一种深刻变化,变现了对众声喧哗的宽容能力。自然中有各种的声响,有风声雨声,有鸟鸣狗吠,有各种无形的音响。庄子《齐物论》对此有所表现,写风带起了各种各样的声音,如提笔而就一首"风赋"。"大块噫气,其名为风",似乎风起于有形,却又似乎起自无形。可是,无形的风,却吹奏出各种奇妙的"声音";人,也用自身的发声器官发出声音,那么,这些音声,怎么区分?

用自然科学的方式分析声音,恐怕分辨不出声音的意义或者意味。声音成为语言,它的意义就发生了关系。可以发现,人发出的声音与自然发出的声响是不尽相同的。人的声音与他的内心相关,人们会将内心的语言转化成有声的语言,所以倾听人的声音,便是倾听到了"心声",也便是谛听到了"有情",体会到深厚的情意。

这就是为什么我们要把听觉提升到如此之高的地位,我们在倾听大自然、倾听人的内心世界的时候,都可以体会到莫名的情愫,会催生出庄子那样万物平等的想法,可以听到自然之"道"。子曰:"天何言哉?四时行焉,百物生焉,天何言哉?"天没有明确说出什么,而"道"与"一"自在其中——只是"耳顺"而已。

六十而耳顺之时,便产生了新的精神姿态,能够平等地倾听一切外在的鸣声,接纳一切事物的内在。逆耳之言仿佛是苦口良药,人到六十,并不是从此就能将逆耳之言当做杨枝甘露的,而是可以平心静气地分析、理解、接受,对世界有了更大的包容度。就好像听摇滚,初听之下简直是噪音,但把自己投入其中、忘掉自己之后,激情裹挟着将我们融入到更大的生命之中。这是古希腊酒神精神所指向的精神境界。就像尼采所认为的,当演奏贝多芬的《欢乐颂》的时候,全世界的鸟兽、人类,都狂欢在一起,融合为了"一",消融了众生的界限,成就了完整的狂欢气氛。西方人的狂欢节使人可以随意放浪形骸,形成了一个仿佛世界大同的极度欢乐之中。音乐是一种既具象又抽象的美,儒家讲"乐统同",人在音乐中找到与他人的共同点,所以中国文明叫做"礼乐文明"。孔子闻韶,三月不知肉味,音乐让所有的生命找到了统一体,找到了康德所谓的审美的共通感。在这种共通感中,人们认出了彼此,认出了世间万类,将自我提升至一个新的境界。

"耳顺"也具有这样的意蕴。我们常说,我们要听取正反两方面的意见。当我们能够听取各方面的声音的时候,表明我的内心世界更为包容和强大。人过六十,已经具有如此巨大的包容性和理解力,人生的境界与体悟让我们产生更高的心境,使我们能听到世间万事万物的声音,感受到庄子《齐物论》中表达的各种生物不同的美感。这些美感只有我们在超出人类中心主义的时候才能充分体察大自然之美呈现出的各种样态与形式。这是"耳顺"时期的特殊体察能力。

"谛听有情",最重要的便是感受众生之"情"。这种感受除了对待自然万物的态度之外,更重要的是对"人",因为人对人是最为关"心"的。倾听人,是更高级更复杂更艰难更美妙的精神活动,人会因为自己的意气与情感反抗其他各种的声音,而"耳顺"之时,其他声音的内在情感也能够被我所接收。伟大的作家不仅能写英雄人物,他写娼妓、盗贼、堕落者,也能写出他们的心声与真情实感,写出恶的发展过程。事实上,要塑造一个十全十美的英雄人物很难,反面人物更能体现人生的曲折变化,因为生活本身便是艰难困苦的——难道不是锻炼了我们倾听的能力吗？在这些过程中，我才听到了以往不愿意听的声音，有了更为深层的体会，也就拥有了更为深刻的审美能力，能进入不同的心灵世界，以及，不同的审美世界。"六十而耳顺"，这个"而"所带出的"耳顺"与"六十"的关系值得我们细细品味与参详。人到六十，并非是对一切都妥协，而是对一切对象有了新的观照方式。

"听"成为"六十"的美学方式乃至美学境界："无听之以耳而听之以心，无听之以心而听之以气"（《庄子·人间世》），"耳顺"之"顺"，是否包含了"心"和"气"呢？当我们"听之以气"，似乎就达到了一种更高的境界——我们在"听"中，与万化流行之本体的"气"融合，感悟到万化的律动和内在的精微，心灵就可以进入"道"，进入"集虚"之境。"气也者，虚而待物者也"。"虚而待物"，正是"耳顺"境界的特点。所以，在这样的年龄段，只要"倾听"便足够了。我们的感性、审美——我们的心灵到了更高的境界，感受到世界的"真意"。

## 二　回望无际

人到六十，回望过往的一切之时，会发现，假如对各种声音多有倾听，一切是否会有所不同。所以这一部分的内容我把它叫做"回望无际"。"回望"，是对自己人生的总结。这一时期对大多数人而言，意味着一个转折。人们要告别自己的工作，进入新的生命阶段，这是反思最容易发生的时间。曾任美国历史学会主席的卡尔·贝克尔曾经说过，"人人都是他自己的历史学家"，每个人都有自己的历史，酸甜苦辣,令人感慨万端、心旌摇荡。人到了这个关节点,都开始回顾自己的历史,以及与自己的历史相联系的历史,每个人都会或多或少地被历史感所笼罩。历史感是我们带着审美的意蕴与哲学的思索对历史进行抚摸、扫描与审视,我们感觉到历史的无情与多变。"天行有常,不为尧存,不为桀亡"(《荀子·天论》)。历史的运行有着独立的规律,与人似乎相关,又似乎不相关,历史与人文之间存在一定的悖反。在历史的轨迹中,我们会感受到人的渺小与可悲。因此,当我们回顾自己的历史的时候,会发现我们的历史与我们的初衷有了很大的距离。我们的一生岂不是成了背叛自己初衷的过程? 回首往事,会不会发现我们自己跟自己开了一个天大的玩笑? 人生诡谲,我们应该归因于历史的狡诈,还是我们对待历史的态度? 抑或这一切是我们与历史的"合谋"? 可看似"合谋",我们似乎被历史背叛了……在这样一种复杂、纠结、危险的过程中,我们发现失落了什么,又得到了什么,我们油然而生的历史感使我们能更好地对待我们的未来。

我们"回望"的时候,将自己归到更大的"类"。"四面湖山归眼底,万家忧乐到心头",历史教会了我们倾听各种哀愁、痛苦与抗争,个人的历史与人类的历史打成一片,两种历史的叠加使得个体对整个人类历史产生苍茫的感受,从而体会到个人的历史感,也训练了个体的心灵,寻找到耳之所"顺"。

人类的历史是无边无际的,有写进书本的,还有更多未曾写出的历史,引发着我们的想象。历史是偶然的,让人无所抓摸。虽然我们常常提"历史规律",然而即使真的存在历史规律,也是很难为人类所把握的。却也正是历史的不确定性,才成就了历史的丰富性,激动人心且给人以审美感受。在历史的字里行间,以及在未曾书写出来的历史中,我们看到了新的内容,其中融合了我们自身的人生体验与人生感慨。

在海德格尔看来,只有具有未来意识的人,才会具有历史意识。他认为历史的精神是一种面向未来的精神。人到六十,固然还需要面向未来,但此时他所面向的未来与他要回顾的历史之间有了很大的偏差。

如何修正两者之间的偏差,并使它们能得到很好的衔接呢?这是一个既悲凉又颇具意味的话题。六十之年的回顾,颇具审美意味,此时的审美式的回顾与审视和未来的生活打成了两截。

在中国,六十叫做一甲子。我们经历的一切都在生命中留下了深刻的痕迹。也正是这些痕迹造就、改变了一个人,让一个人反思和反省,感悟历史本身所透露出的内容。这不仅仅是历史感,同时也是高级的美感。如果不具备洞察过往世事的能力,很难具有深刻的感受。中国古代诗词多有咏古叹今之作。当人进入六十,才会有渗透血肉、渗透精神深处的历史感受力,踏着一路过来的路程追寻历史的足迹。

很多人回顾"文革",回忆"文革"中经受的创伤。很多回顾仅仅浮在政治表面,而没有渗透到个人心灵史的内在层面。在动荡的历史面前,人们往往只看重"大历史",忽略了个体心灵变化的历史。只有将社会历史与人的心灵史结合起来,才会形成丰富的精神领悟与美感体验。

马克思评论巴尔扎克的小说具有"挽歌情调"。巴尔扎克很喜爱自己笔下的那些贵族,但是当写到充满改变历史力量的新兴资产阶级之时,便对笔下的贵族不由自主流露出哀伤之情。事实上,我们每个人都可以感觉到历史的变化,并在历史的变化中体会到那种野蛮的、生机勃勃的力量,这一力量必然吞噬过往,于是我们会产生被历史吞噬的哀伤。王国维之死与其自身的经历有关,陈寅恪说,人生都是理想的,古希腊有古希腊的理性,古代中国有三纲五常作为最高的理想,当一个人看到自己的理想架构彻底毁灭的时候,必然会导致内心的绝望,一切都失去了意义。当王国维看到君不君、臣不臣、父不父、子不子的时候,其所附的文化、价值都消逝了,便只能走向死亡。陈寅恪在《王观堂挽词序》中指出:"凡一种文化值衰落之时,为此文化所化之人,必感苦痛,其表现此文化之程量愈宏,则其所受之苦痛亦愈甚……盖今日之赤县神州值数千年未有之巨劫奇变;劫尽变穷,则此文化精神所凝聚之人,安得不与之共命而同尽,此观堂先生所以不得不死,遂为天下后世所极哀而深惜者也。"①陈寅恪的解释与马克思解读巴尔扎克有异曲同工之效,即当我们看到心爱的过去坍塌的时候,只能叹息精神的崩溃,吟唱历史的挽歌。对一个六十岁的人来说,他所经历的历史以及各种巨变在其精神结构中起着重要作用,在回顾以往历史巨变的时候,必然使得内心的价值进行调整与重组,历史成就、扭曲、毁灭我们,"满目山河空念远",我们在沧桑感与历史感中感受到一种"空",一种深深的失落。但作为人,还是要"念远",要指向将来,指向遥远的人生领域。尽管带上了更加厚重的色调,但使我们得以追问我

---

① 　陈寅恪《王观堂先生挽词并序》,见《寒柳堂集》附载《寅恪先生诗存》,上海古籍出版社,1980,第6—7页。

们的人生,这种追问加深了我们的情感,我们的时间感被推向了"无",我们产生了对冥冥之中"无"的倾听,产生了"终极听力"。如此这般,我们听出了自己和自然的联系,让我们往后可以安然地退隐到自然之中,顺利地进入晚年的生活。

## 三  欲回天地

人生到了六十,与社会的关系也会发生重要的改变。这种从原来拥有的社会关系中退出的事实,却并非是容易接受的。退出社会,也就在很大程度上退出了那种奋斗和拼搏,退出了意悬悬的忧虑和急切,从而在心灵的进程上,有了新的转折和调试。

目前,六十岁基本上是很多单位的退休年龄,而对有的人来说却是一个黄金时期。国外竞选总统,国内晋升某些最高职务,都在这一时期。这几乎是一个从事政治的黄金阶段。对于一些独裁者,六十岁说不定才是他统治生涯的开始,这个时候他不仅不想退出历史舞台,甚至是刚刚占据历史舞台,想好好地甩开膀子大干一场。所以,六十岁似乎不可一概而论。但从自然的角度来讲,女性这个时候已经完成了更年期,从一个妇女变成一个老年人,女性的一些特征开始淡化,引起心理上巨大的落差。当然也有生理上的。对于男性,无论是处于事业的黄金时期也好,还是即将退出工作也好,从自然规律的角度来看,他在生理和心理上都处于一个调整阶段。男人女人的这种调整,我想从以下几个方面来看。

　　首先是退出。人到六十,在很多方面需要有一种退步意识。退一步来想问题,退一步来看自己。对有些人来说,即使他没有退休,即使在事业上处于黄金阶段,但是——我们如果牵强附会来讲的话——他是不是也能从退一步的角度来审视许多问题? 因为在这个时候,人的身体发生变化,这和人的心理、精神有某种相适应的地方。医学家强调要注意身体。如何注意身体呢? 从青年进入中年,从中年进入老年,这个时候生理机能的变化是任何人都无法阻止的,所以要当心。一个人在六十岁,即使在事业上还有可能向前进步,他还是会在一些方面拉开距离,退后一步来看问题。这是一种什么样的心理状态呢? 很难讲。首先它是一种退出。有的人工作了两三年就会哀叹:如果现在退休就好了! 刚工作就想退休的人特别多。有的人快到退休的时候,看上去很豁达:退下来就好了! 但他其实心里不甘。一种是年纪轻轻就想退出,一种是到了退休年龄还不想退出。无论如何,其中都有一种退出的意识、心理状态和精神取向。刚工作的人为什么要退出? 原因之一是人与人之间的关系太复杂,比原来想象的复杂多了。无论是在公司、机关、企业或是别的什么地方,我们都要面对复杂的人际关系。这个时候退出的意念就是想办法切断这个关系。

　　什么是人? 马克思讲,人就是"一切社会关系的总和"①。西方一些哲学家从相反的方向来看问题:人是切断了社会关系之后剩下来的内容,是社会关系的剩余物。将人定义为从社会关系中剥除下来的

───────────────

① 《马克思恩格斯选集》(第1卷),中共中央马克思恩格斯列宁斯大林著作编译局编,人民出版社,1972,第18页。

剩余物,我觉得这样的人可能更接近自己,文学作品里把这样的人叫做多余的人,零余者。《红楼梦》中的贾宝玉原本就是被弃余的石头,是一块补天剩下的石头,是被抛弃的,是被弃余的。年轻人刚工作就想退休,就是想表达一种感情,表达一种精神状态:如果我们能从复杂的社会关系中退步抽身该有多好!《红楼梦》中贾宝玉和林黛玉一起欣赏一首曲子,"赤条条来去无牵挂",这个曲子的曲牌是《寄生草》,本身也颇有含义。一根草到世界当中寄生,"寄生"便是人生如寄。什么才是自己呢?"赤条条来去无牵挂",剩下的才是自己。人和大自然分离后,来到红尘中游戏;假如把红尘中一切社会关系排除掉,剩下来的就是自己。为什么年轻人想要退避?因为想要自由。在大学里还有相当大的自由,到工作单位就太不自由了。在学校学习了很多东西后,我想奋斗,感觉满身的力气用不完;可现在我到单位里一看,原来用不到多少力气,还有那么多人排挤我,打击我,黑我,阴我,整我,这样一来就产生了想退出的倾向。

真正的退出什么时候到来呢?六十岁,从工作单位退下来的时候。单位是你这棵"草""寄生"的地方。单位单位,就这么一点"单单的"一个"位"就把你锁死了。这个时候退出,是不是就获得了相对的自由呢?首先,退出切断了原来的社会关系。原来是领导,现在不是了,没有人往家里打电话了。人一走,茶就凉。你享受不到原来的东西了,但是能享受到另外的东西。一退出,就真正变成了"剩下"的,剩下的是什么呢?就是你自己。我们退回到了自己,自己属于自己。属于自己了,蛮难受的。为什么退休的人想到原单位转转看看?

因为这时候开始体会到孤独了。一个人不到单位工作,没有人强迫你做什么事,内心就感觉到了孤独,因为我们退回到了自己的内心当中。苏东坡有句词:"长恨此身非我有,何时忘却营营?"原来这个身体不是我自己的。是哪儿的?是单位的。有的领导说:"你的身体不是自己的,是单位的,是国家的,你要为国家保重,为学术保重。"退休之后,没人管他了,身体就属于自己了。当身体成为自己的之后,带来的一个后果就是退回到自己的内心当中,感觉到孤独。孤独就是自己面对自己的时刻。有人说:什么是孤独?孤独不是我在一个人时感觉到孤独,而是在人群中感觉到孤独。世界上那么多人都不可能理解我,都不可能和我有心灵的沟通,在人群中感觉到的孤独才是真正的孤独。这种说法很深刻,它指的是人与人之间精神不能沟通,没有真正的精神交往的情况下,我们很多人在一起更加感觉到自己孤单,人越多越孤单。而六十岁退休后的孤独是指切断了社会关系之后,远离了人群,进入了社会边缘,成了旁观者。这个时候很少有人再来关注我,我也很少关注别人。总而言之,这个时候我们更多地面对自己,也就产生了强烈的孤独感。

孤独感就是自己和他人之间原本有可能会有的在工作和日常生活当中的精神交流。现在没有了,外在的社会关系和自身的身份、地位等好多东西——当然不是全部,或者失去了,或者被弱化了。在这样的情况下,一个人怎么会不感觉到孤独呢?所以"自由"倒过来就是"由自",是由着自己,它和"他由"和"由他"是相对的。由着自己看起来挺开心,但这时我们发现其实没有那么开心,"由着自己",其实就是没有人想管我，我已经从整个社会关系中分离出来了。这个时候我固然由着自己，但我也只剩下了自己。于是我们产生了强烈的孤独感。这种孤独感，或者说一种自己回归内心的精神态势，是一种特别的境界。关于这样的境界，很多哲学家、思想家、美学家都进行了探讨。关于孤独，有很多探索内容，或许该写本《孤独论》，把"孤独"这一问题好好研究一下。写孤独的人很多，但是把它作为一个哲学的、美学的问题加以专门探讨研究的人可能还比较少。

我比较欣赏卢梭的散文《孤独的漫步者的遐想》。卢梭晚年感觉到很孤独，就自己跟自己谈心。孤独状态最能产生灵感，产生激情，产生艺术等。因此，很多人六十之后才学习书法、绘画等艺术，在这时人在情感上强烈地需要一种寄托。一个人从社会关系中退回到自己的内心，自己跟自己较劲，这不是一件容易的事情。在中国传统文化里，很少讲孤独体验，一个人也很难面对自己的孤独，更难享受孤独，把孤独转化为一种财富。按照亚里士多德的观点，只有野兽和神才能与孤独作伴。事实上，野兽也很难喜欢孤独，在我们的想象中，似乎只有神才能做到。我曾经分析过李商隐的《嫦娥》。"嫦娥应悔偷灵药，碧海青天夜夜心"。嫦娥肯定会后悔偷了灵药，飞上月亮变成神仙——为什么会后悔呢？因为她要独自一人来面对碧海青天。她飞得太高了，远离了人。李商隐说的是自己的灵性远远高过一般人，与一般人无法沟通，这是一种灵性的孤独。而一个人六十岁之后，脱离了人际关系，进入了自己内心的孤独，这时灵性又是否会觉醒？我们不知道，但是中国有句古话："退一步海阔天空。"这是一种庸俗的人生哲学，教人不要进取。但是我们不妨这样来创造性地曲解一下：它似乎来源于中国的道家传统，它指的是当你远离了社会，远离了人群或者远离了功利之后，将会获得一种精神解脱，甚至解放。原本我要的东西现在不要了，你们谁要谁拿去吧！这是庄子的思想，"不知腐鼠成滋味，猜意鹓雏竟未休"，你们把它当做宝贝，我只视它为发臭的死老鼠，你们抢夺吧，我不要了。什么时候才能放手不要了呢？六十岁，对大多数人来讲，这个时候想要的都已经没有了，就只能退一步海阔天空了。祛除了利害计较，反而获得了一种审美的智慧，审美的境界。这一种退步，使我们的精神获得了某种解放，我们可以从一个旁观者的心态来看待一部熙熙攘攘的人间喜剧。这就是叔本华的哲学：如果我们都带着欲望来看待整个世界，在这里面摸爬滚打，要了再要，将永远随着欲望的钟摆摆动，永远在欲望的海洋中沉浮；而现在我们退一步了，海阔天空，精神被解放，我们能以一种更加超脱的、超越的眼光来观看眼前的世界。

但我们切断了外在的社会关系之后，也就切断了自我内心对社会的某种——说是索取也好，说是进取也好——我们从内心切断了某种和社会的利害关系。当然这是相对的，并非指绝对的切断。这时我们的心态变得相对自由，也就是庄子所说的"无待"状态。"无待"就是没有"等待"、没有"对待"，没有了必须依存的那个对象，所以，"无待"不妨说就是自由。"无所求"也就"无所谓"，祛除利害，我们便获得了相对的精神自由，尽管是以孤独为代价。这样的一种自由使我们的精神变得孤独，我们常常要自己面对自己。这是什么滋味呢？很难说。

就像嫦娥,神仙也孤独,就像一首摇滚里唱的"孤独的人是可耻的",那么孤独的神呢? 也会觉得没意思,就有了一种想去到滚滚红尘的欲望,所以《红楼梦》才讲述一块石头落到人间。人到了六十岁之后就不一样了,他已经从人间——或者庄子所说的"人间世"——退出了,这种退出使他不能再抱着某种功利的态度进入人间,他需要一种精神疗法把自己许多的欲望抛开,从社会关系中脱离出来。这种退出必然使人倾向于回归自然。

退回大自然是排解孤独的重要方法,中国古代文人的思路就是这样,叫做"隐逸"。隐逸之士就是退避之士。

李商隐的诗:"永忆江湖归白发,欲回天地入扁舟。""永忆江湖归白发",老了的时候到江湖上安顿下来。"欲回天地"有两种解释:一是想要退隐,回到天地之中;二是"回"作"改变"解,即想要改变天地。当然,李商隐可能指的是后者,经过奋斗,把世界都改变了,然后我进入我的小船,在江湖上飘飘荡荡进入一个舒畅的世界。这里的江湖和武侠小说里的江湖不是一个意思,武侠小说里的江湖是武侠小说家发明的。而中国古人所说的江湖指的是大自然,是离开了社会的地方。古典小说《水浒传》,水浒的意思就是水边,"率土之滨,莫非王臣",跑到水边,就是跑到了社会的边缘。这种边缘就是在江湖之中,在大自然之中。

人为什么会在这时想要回归大自然呢? 也许是在冥冥之中感到人和大自然存在某种相似的地方,大自然花开花落,人也有花样年华和落花时节。六十岁的时候我们进入了人生边缘,到了钱锺书所说的

"人生边上"。到了人生边上,也就到了大自然的边上,我们便和大自然亲近了,感觉到自己和大自然一样,在冥冥之中被某种力量所支配——是什么呢? 是中国古人所说的"大化",对大自然而言就是造化。我们和大自然都处于扭转变化当中,是整个扭转变化当中的一部分。陶渊明有句诗:"纵浪大化中,不喜亦不惧。"陶渊明这句诗的思想来自庄子。我们感觉到我们就是大自然的一部分,无须过分高兴,也无须过分害怕。人生和大自然一样就是这样一个过程,人何必要害怕它呢? 自己就是无穷变化中的一个环节,所以我们未必要特别突出、特别强调自己,未必要特别强调自由。我们在自然之中极为渺小,我们成功过、失败过,爱过、失恋过,痛苦过、快乐过,然后一眨眼就过了。在大自然的大化中,就是不断地"过",过去——过掉了。我们发现自己折腾呀——想这样想那样,我们就像孙悟空,想称王称圣称帝,心比天高,有一天终于发现自己无能为力。孙悟空是心猿,就是我们的心的象征,"心猿意马",我们的心也像猴子一样的跳呀、活动呀——《西游记》写的就是从猿到人——实际上是人的心在大自然中遇到了一定机缘就要翻江倒海,纵横变化,但孙悟空一个筋斗十万八千里,还是翻不出如来佛的手掌心。他在如来佛的手指头上撒泡尿,写下了"齐天大圣到此一游";我们人也是这样,到处撒尿,写"到此一游"。我们做了教授,欣欣无限,不也是"齐天大圣到此一游"吗?

当我们开始退出的时候才发现:我们想要扭转天地,但天地不会被我们扭转;我们在天地面前太小了。"念天地之悠悠","天地悠悠,过客匆匆,潮起又潮落"。在这个过程中,我们自以为是潮起潮落,然而不过是终将被推翻的"前浪"。"昨日黄土陇头埋白骨,今宵红绡帐底卧鸳鸯"(《红楼梦》),逝去的逝去,创造的还在创造,生生不息啊!以为自己在自由,在奋斗,等到从机制中退出,我们才发现原来如此:原来我们就是大自然,我们就是大化,宇宙是时间和空间的统一体,我们不过是非常渺小的一部分。我们的声息在无穷空间、时间之中等于无声。曾经有个学生问我:"您觉得写作有终极的意义吗?"我回答说:"终极的意义就是把自己的文字留下来,同天地自然一样不朽。"然而不朽怎会成为可能?我们向后想想,时间无限推移,一百万年甚至一千万年以后,再来看现在的人类,有意义吗?什么都没有了。康德在《纯粹理性批判》中已经思考过这个问题了:时间有开头吗,有结尾吗?这是人类有限的感性和理性无法解决的问题。我们人类在无限当中感到自己太有限了。海德格尔把人类称作"此在",在时空中我们不过是"此时此地"的"此"在,而已。这个概念,有人翻译成"偶在";有人翻译为"亲在";有人则以佛教的观念译作"缘在"。无论怎么翻译,都体现了人类在时间和空间当中是很渺小、很荒悖、很偶然的。我们到了从人世间退出,进入大自然、进入大化的时候,我们就体会到了"在"。一个刚进入工作单位的青年会想要自由;而在走过那么长的人生历程之后,他应该体会到自由是不可能的。什么是可能的?自在。

　　人在年轻的时候更多地感受到的是"自我",而非"自在"。海德格尔《存在与时间》中的"此在"有很强烈的"自我"的味道,显示出人是一个非常不安分的"此在"。但当"自我"变为"自在"的时候,人没有了狂妄的自我意识，感觉到自己变为大自然中的一个"存在"。这个时候我们由自由走向了自在——"自己"存在。自由，是自己由着自己，自己管理自己，自己支配自己，自己由着自己的心愿来行动；而自在不一样，与"自由"不是一个意义。"自在"的对应词是"他在"，他人在，大自然在，很多其他的东西都在，但是现在感觉到自己是这么多"在"的一个部分，也是某种存在。但现在这种存在和以往不一样，我是"自在"，没人管我了，原来在物化的单位的那个位置没有了，而恢复了自己的"在"，是无管理、无约束的一种状态。在这样的状况下，我们体会到原来世间好多"在"都是他在，我们和其他事物一样，只是一个"在"而已，是一个存在物。这个时候，我们体会到了从自由到自在的变化。以前工作时觉得不自由，是因为我们有一种想按自己意愿做事的心情，但这种心情到这时已经被冲淡了，我们觉得自己不过是大自然中所有存在物的一种而已。

"自在"是否可以在此转化为"自由"？"自在"在中国文化语境中不同于"自由"，"自在"强调一种"自得"，更多地带有"消极自由"的意味，我什么都不做，只做回我自己；"自由"带有更多的积极方面，努力争取做成一件事情，拥有积极的态势。当然，二者也有很强的联系，当我感觉到自己只是自然中的存在之时，"自在"便回到了"自由"。西方将"认识你自己"当做最重要的哲学使命，当我们到六十岁之时，该如何认识我们自己？我们感觉到自己的"自在"，便是很深层次地认识自己的存在。在"自在"的情调下，我们感觉到自己是万物之一，我们人便可以诗意地栖居在大地上。我们更深地感悟到自己、感悟到众生,更深地感悟到"自在",感受到真正的"自由自在",由此更好地向着未来进发。

自由和自在是两种不同的哲学取向,也是两种不同的精神取向。前者是主观唯心主义,后者是客观唯心主义,甚至是走向了唯物主义——我们感觉到我也是一个存在物。假如说是客观唯心主义的话,我就是一个自在的精神实体,同时又是另一个很大很大的精神实体的部分、一个环节;假如说是唯物主义的话,我会发现,原来我也是有过青春的,现在我老了,感觉到有一种力量超出我精神的力量,感觉到物质第一、精神第二。在此,我并非是要评价唯心主义和唯物主义,只是想说明一种不同人生阶段的精神取向。有两种哲学家:硬心肠的哲学家倾向于唯物主义,强调客观,强调人受制于各种社会关系,强调人的无能为力;软心肠的哲学家强调人性,强调人能够做什么改变什么,强调爱。这样的精神取向,在人的不同阶段跟人的精神发展也有关系。当一个人开始想从社会中后退之后,精神也会逐渐发生改变。

那么,退出社会以后能到哪里去呢?只有一个地方,家。人退出社会就回到了家,回家待着去。这个时候,我们真正需要一个家,真正需要回到某种能够让心灵安顿的地方。文学作品里写回家题材的作品太多太多,陶渊明的《归去来兮》,他不愿当官,情愿回家。《荷马史诗》有两部:一部是《伊利亚特》,讲的是远征,打出去,代表了西方文化的扩张精神;另一部是《奥德赛》,写的是回家,坏事好事都干了好多的一个老奸巨猾的家伙,很多年后想要回家。陶渊明写回家,貌似很容易,轻易就回去"种豆南山下"了,过上了"悠然见南山"的好日子,多么舒心;奥德修斯的回家是一个艰难的历程,要经历很多艰难与险阻,很多诱惑与斗争,很多艰险与战斗。回到家里,老婆孩子也不是在炕头就等着他了。有那么多人追求他的妻子,整个家庭的财产、奴隶都可能会随之落入旁人之手。这时奥德修斯回来了,把追求他妻子的人统统杀掉了,甚至一同杀了那些相关的奴隶,然后和妻子团圆了。但他回到家后,妻子是否还是原来的妻子呢? 不是了。奥德修斯是个很狡猾的人,他伪装起来试探他的妻子。这是一个回家的故事。

我们中国人讲"叶落归根","根"就在家乡。这是一个植物的比喻,是农业社会所特有的。斯丁格勒的《西方的衰落》中认为,农业社会的人是植物人,工业社会的人是流动人。一是植物的比喻,一是动物的比喻。按照"叶落归根"的比喻,根源上中国人就把自己当做植物,从哪儿长,还得回到哪儿去,达到原来的状态最好。这是中国人基于农业社会的一个比喻。而在现代社会,我们老了是不是仍然一定想要回家? 斯丁格勒也讲到,现代社会哪里是家? 哪里好,哪里就是家。所以很多明星、官员都在国外买房子,他们的家在别处,不是在家乡。因此"回家"的"家",从这方面来讲,是我们情感的记忆,比如鲁迅的《朝花夕拾》《呐喊》《彷徨》《野草》里很多的篇章都表现出他对精神故乡无比眷恋的深厚情感,这种情感跟我们每个人小时候养成的一种感觉是密切相关的。《朝花夕拾》里写到小时候吃的罗汉豆,鲁迅在书里说:"现在再也吃不到这样的罗汉豆了。"为什么? 因为那种味觉里沉淀了他的情感价值。这样一来,六十岁以后的回家就有了某种很复杂的含义。乔伊斯的《尤利西斯》借用了《奥德赛》的结构,写一个现代人回家，表达对精神家园的感觉。书中最后一小节写布鲁姆的妻子早晨躺在床上胡思乱想，想自己那么多的情人。这节没有标点，写得很精彩。这和《奥德赛》截然不同，《奥德赛》中奥德修斯的妻子在家忠贞不屈地等待着他，忠心不二；而现在社会的妻子躺在床上，在想各种各样的男人，有那么多美好的不美好的感情。假如说荷马时代的回家的艰难是外在的客观的艰难，那么《尤利西斯》写的就是内心的艰难：家里没有妻子在等着你，你要克服的困难不是外在的诱惑，不是跟求婚者的斗争，而是跟妻子内心世界的对情欲对爱情追求的斗争，也就是说，他注定已经回不了家了。没有这样的一个家可回。

当我们从社会当中退步到大自然，无论往哪儿退，都要有一个人间的家。而这个家是难得的，所以我们所有的精神挣扎，所有的一切，都处于一种失落的、海阔天空的、空荡荡的状态。因此，人们就需要一个很强的心理转型，或者说自我的精神治疗、精神抚慰的过程。

# 第十二章　无欲从心

## 一　何所求

"人生七十古来稀"，古代能活到七十就已经很不易了。孔子说，"七十而从心所欲，不逾矩"。有人认为"从心"也可以说是"纵"心。我还是赞成"从"心所欲——跟着心的方向。这样可能比较适合七十岁的精神状况。纵心，有些放纵，有些亢奋，跟七十岁老人的情况不同。古籍当中，一旦改字，就带来好多"曲为之说"。

从五十而知天命，到六十而耳顺，到七十从心所欲不逾矩，一步一步，回到内心。它是关于人的精神历程的现象学的描述，恰好也符合黑格尔的精神现象学。黑格尔的精神现象学，其实也就是精神形态学，指出了精神从一种形态如何转变为另一种形态，所以说也叫意识形态学。但是意识形态后来有了固定的含义。实际上，从知天命，到耳顺，到从心所欲，也是写出了精神的一种嬗变，并且写出了黑格尔意义上的，如何从必然到自由、从自在到自由的历程。孔子的这段话，里面有很精深的意蕴在。

从心所欲不逾矩，用哈耶克的话翻译一下，就是指出了心灵的"自由的秩序"。哈耶克有一本书，叫《自由秩序原理》，当然他说的是政治经济的问题,我只将其借用。在孔子看来,我们的心灵,如何获得一种"自由的秩序",这是七十岁的人所面临的精神上的重要难题。当然对于孔子这样的圣人来说,或许不存在难题,就是很自然地发展到七十岁,有了这样的实际的形态。"自由的秩序",这一悖谬的命题,几乎是美的恰切定义。

王维的《夷门歌》中有一句"七十老翁何所求"。这句话非常有名,因为它同两个重要的人有关。一个是明代的大哲学家李贽——中国历史上少有的因为思想获罪被抓起来,而后自杀的人。好友袁中道给李贽作了传记《李温陵传》,里面是这样记述这一过程的:"……久之旨不下,公于狱中作诗读书自如。一日,呼侍者剃发。侍者去,遂持刀自割其喉,气不绝者两日。侍者问:'和尚痛否?'以指书其手曰:'不痛。'又问曰:'和尚何自割?'书曰:'七十老翁何所求!'遂绝。"另一个人,是很敌视李贽的顾炎武,他也引用了这句话。当年康熙开博学鸿儒科,顾炎武三度致书叶方蔼,表示"耿耿此心,终始不变",以死坚拒推荐,又说:"七十老翁何所求?正欠一死!若必相逼,则以身殉之矣!"[①]这是顾炎武快到七十的时候说的。当然,这两个人的用法、想法,还是有微妙的不同,而他们跟王维本来的想法就更不同了。王维的"七十老翁何所求",是写战国时候的人[②],意向更加不一样。

---

①　顾炎武《与叶讱庵书》,见《顾亭林诗文集》,华忱之点校,中华书局,1959,第53页。

②　题材出自《史记·魏公子列传》,即信陵君窃符救赵的历史故事。

　　到了七十岁的时候,好多人还有很热衷的追求。人老了,戒之在得。所谓戒之在得,也就是戒之在贪,贪得无厌。好多到了快七十的人,反而变得更加贪得无厌。中外文学名著中,写老年人写得很好的不多。而老年作家的写作,大多在回想自己的少年时光,追忆似水年华,对自己的老年生活,很少有兴趣,很少有鉴赏情怀。更何况,在全世界各个国家,可能都会形成用老年来压制青少年的这种所谓的老年政治。如此一来,我盘算了一下文学作品中写到的老年人,很多都是带有很强的欲望的老年人。像葛朗台、高老头、《儒林外史》里面的严贡生,这些老年人,在大家的心中,就成了贪鄙的象征。

　　现在我们常谴责一类老年人,他们坐公交车,一定要别人让座。这是很没有尊严的。当然,这跟我们这种敬老的文化有关,车上有老弱妇孺专座,也与公交车上的宣传相关。可是,从某种意义上说,对老年人的这样的一种特别的尊重,其实就是一种不尊重。因为老年人(年纪大的人)并不一定身体都老了。在人格上,大家都是平等的,应当得到同等的待遇。西方很多老年人穿着、举止都非常体面,行走时拒绝别人的搀扶——年纪大了,就一定要别人搀扶吗? 一定要别人让座吗? 在某种意义上,对老人的“老”的强调,深刻地贬低了老年人,而这,恰好迎合了中国的某些老年人。上了公交车,就一定要别人让座,人家没来得及让,甚至对人家打骂相加。这就是一种贪——觉得自己应当占有。

　　首先,他觉得这是应得的;其次,一旦得不到这些应得的东西,他就感到很大的亏欠感,接着这种亏欠感就变成了恼怒。然后,就诉诸一种舆论。现在终于走到了反面。大家发现,原来,这并不一定是你作为一个老人必然应得的,并不一定是大家亏欠你的,你这样不得体的行为举止,反而从功德变成了一种公害。当然,还有更可恶的老年人,他们通过被撞进行讹诈……这都是葛朗台式的变体,又变本加厉,比葛朗台可恶得多。什么都求,处处都求,形成老年人心态当中最可恶的部分。

老人政治当中,老人们把手中的那些资源、价值,抓得更紧。对年轻一代来说,就形成了很大的压迫。就像在公交车上一定要让年轻人让座一样,在其他地方,一旦他有了资源,就紧紧地将其抓在手里,这样就极大地挤占了年轻人的资源。所以好多年轻人对这些老人十分仇恨,以至于孔子说他们"老而不死,是为贼"(《论语·宪问》)。把他们视为一种祸害,视为贼。白居易的"两鬓苍苍十指黑",不妨曲解:就是说好多人看起来两鬓苍苍很值得尊敬,其实十个手指是黑的,攫取东西的时候毫不留情。在现实当中,我们看到过太多这样的老年人。他们占据了这个位置之后,就以占有为特征,就用他的那套,用以前的话说,叫"花岗岩的脑袋"——年龄大了之后,就以自己已经占有的东西,包括他的思想观点,来盘剥下一代。思维如此固化,已经到了僵化的地步,就让我们认识到,他们已然应该是被踢开的石头。

"何所求?"还可以是反问句。其实是问:他想求得的是什么?如此,问句中已经有了现象学的"意向性"了。而这意向并不具体、并没有被充实。它仍然是一个流动的、可变的、自由的、可以不断被重新进行选择的对象。何所求的何,充满了好奇、探索的趣味,充满了很新的愿望和欲望。我们文学院古代文学专业的一位老师,在自己七十多岁的时候自杀了。我们关系很好,所以想起这件事情让人很唏嘘。他写旧体诗词写得也很好,他曾经让我跟他学写旧体诗词,我却没学。很是遗憾。我问与他关系很是亲近的另一位七十岁的老教师,他为什么要自杀? 那个老师说了三个字 :"无生趣。"没有了生活的趣味。

　　对有些人来说,无生趣,所以就要抓住那些死的东西,抓住物质,抓住自己能够抓住的和已经抓住的一切东西。这样的抓的行为,以及手中抓着的这一切东西,使他的思维僵化、心灵固化,使他的想法显得顽固,而他,也就成了好多人前进当中的绊脚石。这是客观存在的。但是,这位老教师觉得没有生趣,几乎是丧失了生命的希望。其实他的生活富足,学问也很好。那么,这大概就是一种知识分子的精神之死吧。这个现象似乎还很少有人探讨。这个"无生趣",很深刻。我们的生命是需要有一些乐趣的。当我们感觉到生命已经没有乐趣时,我们就感觉到活着的什么滋味也没有了。即使让我左抓一把,右捞一笔,我还是觉得无趣。这与西方人说的生命无意义之痛苦,似乎有点相似。但是我觉得它更多地指向了美学的层面。我曾经跟这位老教师一起吃饭,我发现他吃起菜来相当贪婪。看他的吃相,让人感觉到些许可怕。或许那个时候,他已经感觉到自己生命的无趣,于是就把它转移到对某些东西的某种程度上的疯狂占有上来。一旦觉得吃菜也无趣了,没有在这方面感受到像其他饕餮之徒能感受到的乐趣了,那么大概,他的生命之中已经没有能点亮自己的小火苗了,他就感觉到，再活下去也无趣了。这样，他就想离开。

我们的生命，确实是需要某种情趣，某种趣味的。康德说的趣味批判，实际上指出了这一点。如果，我们燃不起对任何东西的兴致的话，就没有了审美的惊奇。没有了审美的乐趣，就会感觉到茫然、陌生，有一种不知道、说不清的感觉。与此相反的，是王羲之写的一句诗："群籁虽参差，适我无非新。"这句诗让我感觉到舒适、心情愉悦——对我而言，一切都还是新的。为什么到了七十，我们才感觉到占有的欲望占了上风？因为群籁虽参差，但对于好多人来说，已经不新鲜了，丧失了新鲜感、丧失了新奇，丧失了兴致勃勃的趣味。到了七十岁，如果看到什么都觉得无趣，丧失了审美的力量的话，确确实实会让人丧失生趣。我前面写到了，丧失生趣的表现之一，就是占有，无尽的占有，棺材里伸手。另一种，就是他感觉到想死。无论哪种，都可恶、可怕，让人感觉到内心无限的悲凉。

可怕的现象比比皆是，戒之在得，贪得无厌的现象，是比较常见的精神现象，在这样的情况下，就需要一种审美的力量来化解。七十老翁何所求？把它变成陈述句，其实七十老翁应当是有所求的。处处都有求。这个所求，应当放在对世界的更广的审美式的欲望上，放在对世界很难满足的好奇、新奇上，然后才有对世界的重新的探索，这样，才能让老年人具有生命的情趣，才会重新感到有生趣。

好多老年人喜欢旅游，去更远的地方去看世界。有人说，到了六七十岁之后，人就获得了一种自由。没有人来具体地管你了。那么如何利用自己的自由来走向自由？工作的时候当然也可以游山玩水，而到了老年,我们就可以更加自由地选择自己从没去过的地方。所谓游山玩水,到底怎么游,能得到一种乐趣? 吴冠中曾经举过一个例子,当时他想画三峡,船过三峡的时候,他紧张地看周围的景色,感觉到眼睛都不够用了。可是这个时候,好多同他在一起旅游的人在游轮上打牌,还有的在睡觉。他感觉到一阵悲哀。我们有"文盲"的说法,在吴冠中看来,好多人是"美盲"——他们的眼里从来没有美,没有美景,也没有美的观念。我去欧洲旅游的时候,导游告诉我,旅行团去欧洲旅游,往往在最美的地方,会给大家留出一两个小时请大家好好观赏一下,可是中国旅行团的好多人会在这个时候席地而坐,围在一起打牌。把这两个小时的时间打发满,然后再走。所以,的确,好多老年人是去旅游了,去到了好多好地方,但是他是否有了一种审美的情趣? 是否在旅游当中得到了真正意义上的旅行的、非占有的乐趣? 这些乐趣,并不在于跟人们到处说,我去过欧洲了,我去过非洲了,我去过哪些著名的、地理位置上遥远的地方了……

　　一个人的精神境界,未必跟他去过多少地方相关。当然,我们在竭力地扩大自己的认知范围,扩大自己的灵魂、心灵的境界,恨不能将整个宇宙的精华、精彩的东西都收归我们精神所有。在这个过程中,我们当然要用我们的眼睛去看更为广大、浩渺的世界,看更多的奇景,看更多的东西。但是,未必一定要身体走过很多地方。艺术,还有我们周围的种种一切,都是重要的扩大我们视界、认知的珍宝。当我们退休之后,一切都有待发现。比方说,我们一直身在南京,但有那么多地方没有去过。我们错过的美妙的东西,实在太多了。而在拼命抓住一些东西的时候,我们或许也失去了更加重要的东西。南京师范大学其实就很值得鉴赏。冬天是冬天的景色,秋天有秋天的美,一年四季,精彩万分。整个南京师范大学,就像一个花园。好多同学离开南京师范大学之后,会突然想念随园的风景。他在的时候未必挂念。我觉得,到七十岁以后,你的一切想念,都可以有。一旦时间可以自由安排,在这种闲暇当中,人生才更容易寻得真正的意义。马克思设想的共产主义社会,实际上就是物质极大丰富后,闲暇也极大丰富的情况。而在这个时候,我们就感觉到自己的精神有了愉悦,有了自由发挥的空间。

所以说,何所求呢? 我们能够追求的东西太多了。一些老年人上诗词、国画的班,就是开辟了新的审美渠道。七十了,我们就可以真正地进入到感悟艺术的那种境界。因为心灵是需要润养的。理工科的老师对我说,那你们文学院真好,"研治"的学问可以养老。因为你学的一切东西在你将来老了的时候都可以咀嚼不尽,可以不断地用它来滋养自己。而我们的理工科学的工艺性、技术性的东西,到了一定的年纪,过了一定的时间之后,它会变得"没用",那么学习这些东西就感到很无趣。确实。所以,我们常常要重新培养自己的兴趣和生趣。然后在勃勃的生趣当中,寻找我们自身的世界。这样的生趣,当然有西方人说的关于人生意义的意味。中国的老年人之所以会这样丑态百出,有人说,就是因为没有信仰的支撑。很有道理。我们的审美情趣,或者说生趣的培养,确实需要某种支柱,需要能够从心底里燃烧出来的火苗,需要能够引导我们的欲望进行升华的元素。所以,好多大作家，大艺术家，晚年还谈恋爱，就是因为他们觉得，必须要恢复青春的激情。他们需要跟创作激情相应的激情。这样的一种追求，在我看来，它或许未必妥当。我想，在我们的生命当中，能否用一种更加美好的、有着信仰性质的东西，不断点燃我们的生命，让万物"静观皆自得"①。

我们在所有的东西当中，都能看到令自己赏心悦目的那部分，而它们都是"适我无非新"这样的。因而我们需要慈悲心，需要对世界的爱，需要爱的根源、爱的底气———一种很深很深的根，生发出更加广泛的世界之爱。冯友兰曾经把它叫做"天地境界"。"仁者以天地万物为一体"（《孟子·梁惠王》），我感觉到与整个天地万物都是一体的。当然就像马克思说的："自然界就它自身不是人的身体而言，是人的无机的身体。"②在身体化的过程当中，我们才体会到这种人的精神，体会到我们人与万事万物相通、相融的气概。这样就跟古代的仁人之心相通起来了。当然，我也认为，我们跟天地万物在审美的意义上，并不是一体的。所以说，我们才以又是亲切又是陌生的这样一种态度，来看待万事万物。这就是马丁·布伯所说的"我与你"的关系③———我跟你，既是一种相亲相爱的关系，同时又是互为主体的关系。我看到了"你"，而不是"他"，变成了跟我亲密、亲切的，很有亲缘关系的存在。这样一来，我们就能感觉到，在万事万物当中，确实都有所求，同时也都能够无所求。如此，我们就不致于在对下一代资源的占有，以及破

---

① 程颢《秋日偶成》："万物静观皆自得，四时佳兴与人同。"
② 马克思《1844年经济学哲学手稿》，中共中央马克思恩格斯列宁斯大林著作编译局译，人民出版社，2000，第56页。
③ 见马丁·布伯《我与你》，陈维纲译，生活·读书·新知三联书店，2002。

坏性的开采当中,丧失掉我们的尊严和审美的高贵性,以及我们厚实的年纪所带来的崇高。

## 二  无所求

要问七十老翁何所求,答案其实很简单。可以回答:无所求。都已经七十了,我还怕什么呢? 有人说,我们老了,无所谓了,也是一样的意思。

为什么老了就无所谓了? 这里面包含着的心理,我想所有人都能意会。对他来说,以往束缚过自己的一切,不再需要在意了。衰老,对自己反而是一种解放。与死亡结成的这种亲密关系,让人对人世间的一切不再有很强的执念。或许可以叫无欲则刚——我们没有年轻时的那种欲求、打算、计较了。这个时候,生命就进入到了从心所欲的阶段。

如果可以无视死亡的话,那么我就敢来做自己愿意做的事。无求,在很大的程度上解放了我们。李贽与顾炎武说的"七十老翁何所求",其实也都有这样的意涵和想法。那么,"无所求"的"无",是什么意思呢? 我们在七十的时候,非常需要开阔的精神境界。它能够让我们体会到跟以往再也不会相同的状态,也就是中国古代常说的"体无"的状态。体会、体验到"无"的境界。

什么叫体验到"无"的境界呢? 南京方言里面有两句经典的话极有哲理性,我让自己的女儿一定要记住这两句话。时常想想这两句话,就能感觉到没有什么事是无法克服的。第一句话叫"多大四

（事）啊"——多大的事情啊？把纷繁复杂的很多事，用一种很高的高度渺小化。这个事情算不了多大的事情，我们就可以在战略上轻视它，就可以一笑置之。通过这样，把事情的严重性大为降低。这当然有阿Q精神，而同时也让我们获得了一种解脱，精神获得极大的解放。第二句话，叫"不存在"。一个人说："实在是给你添麻烦了。"另一个人回答："不存在。"不存在，并不是说不"存在"，而指的是，这个事情不值得提起，你不要太放在心上，是一句客气话。不存在，是原来确实存在，但是对于说话的主体来说，是在表示亲密、亲昵。意思就是你无须多言，以我们两个人之间的关系来说，这个事情简直不算事情。

从"多大事啊"，到"不存在"，形成了一种跃迁——指向了"无"。

到了七十之后，很多事情对我们来说，变成了"多大事啊"，变得轻了、小了、微不足道了，因此，也就"烦不了"了。因为这个时候的好多事情，跟我们的生命相比，跟我们的年龄段离死亡已经很近了这个事实相比，确实重要性大为降低。所以说，是从否定的角度，指出了一切的一切对我们都不再重要，不再需要用那样的执著、执念来对待它。七十老翁的无所求就表现了这样一种大智慧。这种智慧，对于李贽他们来说，是一种勇气。而对大多人来说，就是一种"不存在"。

不存在的哲学意味，就是无。世界上有不存在吗？能把自己的思想，跨入到不存在，跨入到"无"这个层面的关口，首先需要我们把很多东西放下，佛教叫"应无所住而生其心"（《金刚经》）。就是说，我们应该对一切不要执著，这样，我们的心灵就具有了很大的自由。《论语》中说"子绝四：毋意、毋必、毋固、毋我"（《论语·子罕》）。要求我们要排除掉意、必、故、我这样四种东西,排除掉对这些事物的偏执。所谓毋意,就是不要执著于自己的意图,总用自己的意图来观察问题。毋必,就是不要把事物都看做一定的、不变的。毋固,就是不要固守某种东西。毋我,就是不要什么都以自我为中心。总而言之,就是用否定的方法指出了我们原来的以自我、意识为中心,以及这样一来带来的固念和执著。无所求的"无",让我们看到了虚无的本质。我们已经离死亡很近了,在随时随地准备着死亡了。也就是海德格尔说的,我们可以提前到死中去。这个时候,我们的心境就变了。当然,海德格尔说的是这样可以激发出精神的变化,做一个本真的自我。这个在后文的"求所求"里面再论。提前进入死亡状态,从无所求的角度来看,实际上是指向了无、死亡。

没有谁能够言说死亡。对所有人来说,它都是一个虚无,都是空白,都是无法来解说的存在。这是一个很可怕的、同时也是跟人的精神关系最密切的"东西"。七十岁的时候,比从前看起来似乎更可能随时随地到来的死亡,让我们看到了无,看到了空,让我们体会到了无的存在,进入到体无的境界。这个时候,我们就感觉到,其实我们任何东西都抓不住。这几年我就很深地体会到了我们以前常常说的"身外之物"。看待身外之物那么认真做什么?我们的年龄,确确实实在很大的程度上能够消解掉我们对世事人生的执著,我们感觉到,一切实际上都是很虚妄的,随时都可能消逝的,我们曾经固守的那些东西,只能短暂地拥有。比方说,艺术品的收藏,苏东坡说看到这些名画,他也没有执著的贪念。把这名画归我,我说不定什么时候死了,这些东西归了我又有什么意义呢？苏东坡的《前赤壁赋》上说："且夫天地之间，物各有主，苟非吾之所有，虽一毫而莫取。"物与我都是不能占有的，我们只能享受它。揭示了一种空灵的境界。这种境界，我把它叫做无的境界。《红楼梦》里有《好了歌》。无所求的境界，无的境界。

　　西方人也慢慢发现了无的境界，也发现了无的问题。那么，从人生的境界上来说，无的境界，就指的是我们能够从种种"得"当中解脱出来。一方面，从对自己的自得当中解脱；另一方面，是从自己的精神状态上解脱。我曾经叫一个学生写一篇论文，名字就叫《论潇洒》。潇洒、洒脱，其内蕴包含了虚无。虚无在这里面，应当是有一种积极的意义。还有一方面，是从这执著状态变到无累的状态。在对待自己和对待万事万物的态度上，很重要的一点，是我们可以解脱自己，觉得自己有很多的精神储备了。这个时候，我们很可能要自我消解，消解自己的精神力量。西方人可能对此比较难以理解。实际上也即我们消解自己的知识、经验，变得自由。比方说，我们学了某种知识，那么我们就会执著我们得到的知识。我们看到任何东西，都容易用它来进行分析、理解、解决。其实呢，面对一个对象，应有无穷无尽的解释的角度，无穷无尽的方向。当我们用一个固有的方向来解释、解决它时，特别是在引申其意义的时候，它就被这样的意义束缚起来，被迫变成一个固定的东西。以前我说老鼠的时候说到，中国人对老鼠都是很厌恶的。但是在动画片《米老鼠与唐老鸭》里面，那个老鼠就是可爱的。

　　"小老鼠，上灯台，偷油吃，下不来"这首儿歌当中，小老鼠也是可爱的。我们解脱固有的知识的限制,把原来的知识"无"化,就可进入对自由的理解。

当我们看到一种颜色,比如红色,是美还是不美呢? 很难说。这首先是随着我们的心情而变的。另外,也有对我们心灵的敬畏的因素。所谓敬畏,有着很深的道德内涵。传统的、我们固守的道德观念,我们是不是也要把它有所消解? 如果始终处在一种紧张的状态中,固守一种道德观,必然的会被束缚。这个时候,我们就需要洒脱、潇洒的心态来应对。哪怕是一个玩笑,也可以消解特别紧张的道德感、道德观念、道德体系。所以,在儒家文化里面,就出现了孔子所谓的"与点之境"——他说,"吾与点也"(《论语·先进》),赞成的是逍遥、潇洒的境界。本来他很推崇的那些东西,为什么不再推崇了? 从道德境界,进入到审美境界,是境界的提升。潇洒,是否比道德的"敬畏"要高? 我们有时会说一个人有很深的蕴含,有很深的城府。可是哪怕是蕴含,哪怕这个人很含蓄,在中国人看来,他其实还是有点讨厌。因为我们还是会喜欢潇洒一点的、洒脱一点的个性。

就像王国维说的,有我之境,无我之境,最终它跟物有关系。王国维说,"有我之境"是"以我观物","无我之境"是"以物观物"(《人间词话》)。比方说"寒波澹澹起,白鸟悠悠下"就是无我之境,以物观物。在那样的诗句里面,我们几乎看不到一个人的"我"的存在。王国维的有我、无我之境,跟宋代的理学家相应的想法,是一致的。我们在大自然当中,在对一切事物的观照当中丧失了自身的主体性。这个时候不再是以我观物,而变成与物一体,简直就是以物观物。这样一来,我们主客的分别就被消解了。本来是一个主体在观照一个客体——这是海德格尔也很反感的审美类型。因为在这样的审美关系当中,要么是灌注我的激情进入对象当中,要么是我从对象当中汲取一种精神,总而言之,是要一方来吃掉另一方。以物观物,似乎是一种解放,更是一种心灵境界的提升。我们以往感觉似乎很难理解它,实际上我想,最根本的是一种齐物论。因为万物都是平等的,所以才会产生以物观物的情形。

人到七十的时候,处于无欲情况下,并不是说,我们的欲就不存在了,也并不是说,我就不存在了,而是在很大程度上被"无"所消解。当然,这种消解不可能彻底。如果是彻底的,那就变成佛教的涅槃、空,变成道家所指的真正的无了。但我想,在审美当中,应当有这样一种境界和追求,所谓生不带来死不带去。跟前面的我们"来"的源头,我们"去"的归宿连接起来。这个联结,使我们回到关于无的思想。这样的一种思想,给我们豁开了一个天空,就让我们看到了审美的、我们所处的世界之上的另一个世界,让我们感觉到"无"的无比广阔。

这种感悟用庄子的话来说,叫做"忘"。年龄大了之后,好多人忘性增大,感觉到很难记得一些琐碎的事情。当然,好多人的记忆当中,很多都是自己小时候的事情。这个就不说了。忘性增大,恰好符合道家思想中的忘。忘,从消极的角度上来说,忘怀得失,忘怀一切,对七十多岁的人来说,显然是较之其他年纪的人,更容易做到的事情。

更深刻的"忘"是怎样的? 庄子在很多地方描绘了忘的境界。一个是，要忘掉自己，另一个是，忘掉一切东西。在这个过程当中，升华自己的精神。上课的时候，我们头脑里面开小差；在坐地铁的时候，我们发呆，地铁坐过站。这都是我们走神的时刻，精神不在状态。我们的精神打开了一个空白，在这个过程当中，我们的精神一下子游到了别的地方。所以说，它让我们能够从原来的种种束缚当中解脱出来，指向一个无的境界。武侠小说里，写到令狐冲练剑，老师要求他把剑的招数全部忘掉，忘得越多越好，能够全部忘掉，那么他的剑法就到最高境界了。怎么来理解呢？实际上就是指，当他融会了所有的招数，并能够很自如地运用它们的时候，他必然会忘掉原来的每一个具体的招数。同样，当我们忘掉我们人生当中所有的繁琐细节的时候，我们的精神就可以进行更加自由的发挥，也就是进入所谓的空灵的境界——因为"不滞于物"，就可以自由飞翔。

如要体会到无，就需要更高的精神。我在前面说了，我们的心灵，心之所以"灵"，不能够很"实"。在古代，强调空灵，说虚灵，说"空""虚""无"的必要性。所以古典诗歌说要浑厚，但同时它也强调要空灵。只有空灵，才会有灵动，才会让审美具有生气，才会让一切流动起来。在古典美学中，是这样强调的。当一个人把所有的以往的一切，一切的"实"，都能够或者很大一部分化为"虚"的时候，他就可以变得洒脱。对待道德，对待知识，对待自己所执着的物，如果都能够有这样的心态，就能进入到另一种更高的自由当中。正是这样的自由，让我们进入到一种更高的精神形态当中。这也就是很多哲学家把审美境界看得更高的意思。他们所说的审美境界，指的正是包含着

"无"的审美境界。这在不同的情况下，有不同的含义。不同的含义搅到一起，才让它变得异常复杂。因为审美有的时候是带有欲望的含义的，有的时候则带有其他含义，因此有各种各样的审美。用统一的词来表达，不太恰当。

我这里说的指向无的境界的审美，是无所求的想法。这无所求当中，固然表现了康德所说的反功利的审美，但同时，也不是消极地跟功利切断关系，还是有着积极的指向的。它指向的是在种种的实在当中，在知识、道德甚至包括情趣等当中，有一种消解性。这样的指向，这个无，哲学家们已经从哲学的角度说了好多。前文已提及，我把它的指向，叫做"高贵的消极"。它在我们以往看起来是称之为消极的种种举动当中，为自己留下了新的空间。也即，对以往的执著、追求、欲望等等，有了种隔离的意思。

好多人年纪大了，我们发觉他们好仙风道骨啊！我们所看到的仙风道骨，实际上是对世俗的一切不再介意的神情。这样的神情，让我们感到一种特别的"清贵"——跟清空相对，又由清空而来的清贵。我为什么把它叫做高贵的消极呢？因为在他们的世界当中，很多东西都已经是"弃之如敝屣"的情况，似乎整个的世界，都可以被脱下来扔掉。这个时候便有种解脱之后的美。这种美，正好应当是到了老年应当追求的那种美。所以，无所求，就跟更深刻的审美境界挂上了钩。

# 三 求所求

"七十老翁何所求"另外一层的意思很明显,无论是李贽也好,顾炎武也好,他们说的就是"求所求"。七十岁年纪,没有什么好追求的了,那么,咬住不放地"求"的是什么? 是我愿意追求的东西。这显示了一种意志、精神。这种意志、精神,才是原来的话里包含的意思。

在李贽、顾炎武的话里,以及包括原来的诗里面,都有一种情感的震撼。一方面说明自己年龄大了,另一方面,说明在这么大的年龄下,我应当是追求只能追求的东西。所以才叫"求所求"。到这么大的年龄,好多东西都应当被舍弃了,好多过去我都应当不再介怀了。这个时候还不舍弃的,就应当是我生命当中最为看重的,重要性可以跟我的死相提并论的东西。这就是这句诗的另一种含义,也应当是这句诗最重要的含义。所谓"老了,无所谓了"也是这样的意思。当我们感觉到自己的生命当中,其他的一切追求都不再重要的时候,就在"不逾矩"的前提下,跟着我心的方向"从心所欲"了。这个心的方向,孔子没说是什么,可以很合理地引申出,应当是我自由的心灵朝向的方向。而不逾矩说的是我要在一定的规矩、一定的秩序之内。看起来是矛盾的,因而叫"自由的秩序"。

在这样的情况下,我们感觉到内心最珍贵、最需要保存的东西,是无论什么样的力量都不能够摧毁或打垮的。已经是"壁立千仞"的情志。这样的情志,能够彰显、突出生命中最重要的东西。这样的东西究竟是什么? 对李贽来说,当然是他的思想、学说;对顾炎武来说,是他的民族大义、道德情怀。这两种都是值得我们推崇的,都具有悲剧性的美感。因为他所面对的力量,跟他所坚持的力量,形成了某种剧烈的矛盾冲突。李贽和顾炎武,他们面对的是与自己的力量势均力敌的一种力量,甚至是一种压倒性的力量。在这样的力量面前,他仍然坚守着自己原来的情志,让这样的坚守有了一种悲剧性的美感——我已经到了七十的年龄,我还面对着如此之大的挫折。为了自己坚持的真理,我要不惜以生命与它抗争。所以,他的"无所求",实际上是"求所求"所必然的代价。在这样的代价面前,不能够屈服。

是不是七十了,生命就不重要了? 生命对任何人来说都只有一次。一个人怎么能确知自己能活到多久呢? 从这个意义上来说,生命在任何一个阶段上,对每个人来说都同等的重要。李贽、顾炎武,他们也都有这样的意识。所以,何所求,它实际上也是以一种蔑视的方式来表示对方不值得重视。而这,恰好也反向地表现了对方力量的强大。这几乎,是用"好罐子破摔"的方式,来跟对方抗争的精神。在"七十老翁何所求"这里,为什么我把"求所求"放在最后来写——按理说,应该把无所求放在最后——表现了我对他的最高的敬意。即使已经到了七十岁,我还可以坚守我们生命中珍贵的某种价值、某种意义。

现在,我们也许会从另外的角度来看顾炎武的不仕清。但是无论如何,他的人格力量、人格尊严,以及在这当中显示出来的审美的崇高感、悲怆感,给我们很强烈的震撼。更不用说,李贽是第一个以思想获罪被抓的大家,为了抗争,为了捍卫自己的思想而死。中国这样的人、事比较少。这样的坚守,是否具有很强的审美的力量? 当然,这里已含有一种悲怆的激情。这样的激情显然具有更加崇高的美感。在文学描写当中,很少有这样的悲剧英雄。他们以这样的形态显示出来的悲剧性,更加值得我们注目,值得我们凝神,值得我们仰视,值得我们敬佩。这就是七十岁的时候我们所感受到的精神。

　　这样的一种精神力量,它给了我们一个契机——我们到这个年龄,为什么还能够不放弃一切,来追求我们内心真正要追求的东西?如果在这个时候,我们还不能求我们所求,那么我们可能以后也不会再有机会了。韩国有部电影叫《诗》,说一位老太学写诗,取得了很大的成功。其实全世界范围里都有这样的例子。当我们到很大的年龄之后,突然意识到我们曾经错过、失去很多东西。这个时候是最好的求所求的阶段。没有生存、生活的种种顾虑之后,就可以更好地进入到我们的所求当中。在这样的求所求当中,我们才能得到最高的愉悦。在这愉悦中,我们才感觉到生命具有了意义。这个时候有这样的追求,不就让我们的生命得到了升华么?

　　我们常常在感慨,我们在国内看到的老太,大多数都挺丑陋。有一天早上,我在瑞士著名的琉森湖边上散步。我在其他地方早上都很少散步,到了那里,我舍不得那么好的空气,那么好的风景。路过一个教堂的时候,遇到几位老太正准备进教堂做礼拜。其中一位老太把教堂门拉开,叫我进去。其实我本没想进教堂,我想接着去逛那个湖。但是她拉开了门,以一种很优雅的姿态。我一看,这个老太好美啊,就不由自主地进去了。很感慨! 我们的老太太,好多是令人讨厌的糟老太。但我们文学院有一位很美的老太太。七十多了,依旧很美,美到让我忍不住当面称赞她。原先我读研究生的时候,她四十多岁,我的好几位同学都爱上了她,没想到这么多年过去,她还保持着这样的美。大概就是因为提着一股"气"——我不要被时间打败,不要被岁月打败,我要还保持我的知识分子的气质。她没有像有些老头老太,渐渐地沉湎到柴米油盐酱醋茶当中,她还保持着精神上的存在,所以始终很美。庄子说:"藐姑射之山,有神人居焉,肌肤若冰雪,绰约如处子,不食五谷,吸风饮露;乘云气,御飞龙,而游乎四海之外。其神凝,使物不疵疠而年谷熟。"(《逍遥游》)这个神人,后来在金庸的小说里,把它写成美女,逍遥派。写成是王语嫣母亲那样的,长得很美。王语嫣也很美。这个神人,为什么美呢? 关键是,其神凝。神凝,才美。有人说,"其神凝"这三个字,是《庄子》一部书的精神。我觉得也颇有独到之见。当一个人的神"凝"而不散,精神不垮,就会很美。

国外的好多老太婆都七十了,还都那么美,仪态万方,没有被岁月打败。年龄在她们身上没有留下影子——我可以有皱纹,可以老,但是我还是有我的美,还是有岁月赋予我的尊严,以及岁月赋予我的新的美感。

"其神凝",一是刚刚说的那种情志——对坚守真理、情操等等东西的无坚不摧的意志力。二是从审美意义上说的,其神凝,就让我们能够保持一种审美的精神,像庖丁解牛那样的。《庄子》里面说了好多"其神凝"的人,有粘知了的,有做车轮的……他们都能够做到"其神凝"。而且有一种可以意会不可言传的东西在其中。庄子甚至是由此来消解语言,反对语言的存在。他认为古代的书上,我们读到的只能是糟粕，因为我们很难感受到古人的真精神。当然他有很深的见解。它强调，有一种语言所不能表达的东西，也是一种到了语言当中，就会被当成渣滓、糟粕的东西。在庄子看来，人的精神，哪怕是在简单劳动里，例如粘知了、宰牛、做车轮——当然做轮子在古代应当属于高级劳动——在这简单劳动当中，如何体现出他的神？最重要的就是要凝神。凝神，从最浅的角度来说，就是集中注意力。

到了老年，我们的注意力、意志力容易分散、解散。在这种解散当中，人容易变得无所求。在这样消极的无所求和随波逐流当中，生命容易被无端消耗。而凝神，要求我们的精神全部凝注起来，凝注到一点。怎么样凝注到一点？"庖丁解牛"说得很精彩：让我们的心灵完全凝聚到这把解牛的刀子上。凝聚到这个上面的时候，就可以"以无厚入有间，恢恢乎其于游刃必有余地矣"。

有人说，庄子哲学是钻空子的哲学，因为他在所有的地方都找到了空间，找到了空明之处。对人生来说，就是一种在紧密的地方找到缝隙的方式。刀子在牛身上游动，人与刀成为一体，刀子成为人身体的器官。在这种情况下，解牛的整个过程变成艺，近乎道。解牛的过程似乎都是技术，但是这个技术通向了最高的哲学。篮球、乒乓球等等中，也都可以看到。当打到最精妙的时候，打出运动员自己也意想不到的好球来的时候，体育就变成了艺术。运动员也就能感觉到篮球、足球的哲学所在。凝神，然后使之变得具有艺术的风采，具有了节奏，具有了感受。所以说，庄子"庖丁解牛"当中的庖丁，简直就是一个大艺术家。他解牛的动作，跟舞蹈的动作相合，跟音乐的节奏也刚好相合。在凝神当中，自己的行为和心灵都艺术化了。我想，我总结那个老教师还这么美，就是她的精神不散，提着这样的一股劲。我想，这跟凝神确实是相合的——可以超越时间的精神力量的美，才会让我们感觉到进入到精神层次。

其实，人老了之后，倒是有的时候，她的本来的容貌变得不那么重要了。有的人越老越美。我在公交车站常常观察，有时候会觉得某些老太年轻时候肯定很美很美，现在为什么如此丑陋，我就明白，其神散。散了，垮了，松了架了。其神凝，从哲学上来说，哪怕是凝注到一个不值得凝注的点上，都会使人的精神发生很大的改变。我曾经把这叫做劳动哲学。只要你进行了某种劳动，就能使我们的精神完全凝注起来。当然这种劳动跟通常的劳动不一样，是我们心甘情愿的一种劳动，所以可以变成艺术化的劳动。当然，凝注到值得的地方就更好了。像李贽他们这样，凝注到对精神、道德的追求上，那便是最崇高的，哪怕是付出生命代价也不会后悔的力量的凝聚了。以前，说散文要"形散神不散"，颇有中国古典哲学中道家的意味。相反，形散神也散，从道家的意义上，那是更高妙的境界。可是，在世俗意义上的"形散神也散"，那就是一切美的销毁了。可惜，我们中国现在的许多老人，真是"形散神也散"了。

跟前面说的"无所求"比起来，"求所求"是我们中国文化里面缺少的。中国文化还是认为"无所求"是最高级的。而我觉得，如果我们能够求所求，我们的精神力量就应当可以燃烧到更炽热、更光亮的地步。所以说，"求所求"是值得我们追求的。

# 第十三章 浑厚华滋

## 一 老境

日本人特别崇尚樱花。他们赏樱花的时候,电台、电视台都要报道:哪一天樱花开了,哪里开得最盛。日本把它叫"樱花盛"。这体现出日本人的一种审美取向。中国也引进了日本的樱花,南京就有很多。但很少有人有那么大的兴致,专门空出一天来赏樱花。这是日本人在那种朝向破灭的冲动下,一刹那绚烂的激情的表现。死,和最灿烂的美感,就这样紧密地结合在一起,构成了日本文化的主要特色。

我们中国人赏梅花也好,看松树也好,体现的审美情趣是,"老不死"。喜欢的东西要"老",同时要"不死"。赏梅花并不是光看这个梅花,还要体会它们冬天仍旧开花。梅花枝干还要显示出又老又苍劲的状态,"老树开花"。这就跟日本人的审美情趣截然不同。樱花一定在最美最绚烂的时候死,这就表现出一种对青春、对最美丽的时光的贪念。

日本有部电影叫做《楢山节考》。人老了,家里的年轻人就要背着老人到山里面,将他们弃在深山里,让狼把老人吃掉。这跟中国是两种不同的文化,两种不同的审美取向。崇尚老、老境的文化,不是中国特有的。西方的美术当中,比如《拉奥孔》,比如一些现代的雕塑,像罗丹的一些雕塑,对老人也极有兴趣。但总的说来,还是中国文化对此特别重视。中国文化特别将"老"提升到很高的高度,甚至提升到国家意识形态的层面,提升到道德的层面。所谓尊老爱幼,也成为审美上的特点。

这种审美,重视老年人的智慧——当他具有老年人的智慧特点的时候,就容易被神奇化。杜甫之为"老杜",似乎杜甫是没有青年时期的。杜甫写庾信,"庾信平生最萧瑟,暮年诗赋动江关"(《咏怀古迹五首·其一》)、"庾信文章老更成,凌云健笔意纵横"(《戏为六绝句》)——老成。写庾信的诗赋,是悖论式的。最萧瑟的老年的时候,也是诗赋最动人的时候。萧瑟,是其本身就包含着人老了之后的某种情境、意态。这便是萧瑟苍凉的境界。他老了,但他的笔反而更加雄健了。老了为什么"更成"呢?我们现在常说,"老辣",越老越辣。老的这种状态、境界,把他提升到美学的范畴了。这种提升,在宋代尤为突出。

宋代比较崇尚老的文化。从文学风格来说,苏东坡更偏向李白的性格,思想上更偏于道家。但是他有很强的复古的心态,对消散的、简古的风格有着发自内心的喜爱。所以他特别喜爱陶渊明的风格,喜欢六朝甚至更远的诗风。他总是说,写文章越是头角峥嵘越好,越是绚烂越好。但是渐渐地,"愈老愈熟,乃造平淡"。

黑格尔曾经说过,同一句话老人说来就比一个孩童说出来,富有更多的含义。老年人说的时候,融汇了老人很多的人生经验、人生感喟,就有了很复杂的内容。而在一个小孩来说,可能就是一句平常、平淡的话。苏东坡说的愈老愈熟、乃造平淡,也是这个意思。老年人的智慧,使他不容易轻易感到惊奇、惊叹。智慧的孕育和推出,让我们感觉到无穷的意味。

所以苏东坡崇尚"发纤浓于简古,寄至味于淡泊"。淡泊、简古当中,要有浓烈得不得了的东西,要有至味,至高无上的趣味。他喜欢枯淡的诗,但不要内里也枯淡。内里反而要是膏腴。中间和外面都枯淡,就无味了。所以最值得崇尚的风格,还是古代的风格。对"古"的崇尚,本身就包含着对"老"的崇尚。古,就是老了。苏东坡、欧阳修等人,都崇尚远古。所谓古代的风格,本身就包含着"简单"的意思。因为,越往远古,艺术形态越简洁。传统的诗歌读起来十分简单,如《诗经》,四字句的形式很简化。但是我们现在读起这些句子来,似乎就被加上了几千年的文学史的分量,反而读起来正如苏东坡所说,有了一种"纤浓"的滋味儿。古,蕴含了漫长的时间。现代的解释学也说了,漫长的时间距离,本身就赋予文本复杂的意蕴。

中国文化把人的晚年的成熟的艺术,提升到一种人格境界。复古,实际上就是要追求成熟、苍老的境界。

萨义德写过一本《论晚期风格》,没写完就去世了。可见西方人也重视人到了晚年之时,风格就发生了巨大的改变。但是西方人从前很少把人的年龄跟他的创作风格,或者说,把年龄跟美学范畴联系到一起来思考问题。而中国在宋代对这方面的思考和研究,就已经相当高妙。因为宋代文化本身就是一种趋于成熟的文化。陈寅恪说:"华夏民族之文化,历数千载之演进,造极于赵宋之世。"①意思就是,中国文化到了宋代,登峰造极。作为历史学家,陈寅恪这么说,必有他的依据。到了宋代,生发出思考型的文化,多的是思考型的人。宋诗,以议论为主,亦趋于思考。在思、史、诗三个方面,宋代都达到了登峰造极的地步。

是否西方的艺术家到了老年,也都还有种种艺术追求呢? 萨义德写的《论晚期风格》里面,好多人到了晚年就开始有了一种脱离尘世的平静,也即具有了古希腊美学里面提倡的"伟大的宁静""高贵的单纯"。但是他发现,好多艺术家的艺术风格,还是发生了断裂式的变化——还是有着很旺盛的年轻的追求。这跟我们中国美学当中所说的关于老境的追求不同。

老境,有一种特殊的审美风格,不追求樱花开放式的绚烂、热烈——在刹那当中,我们观照到永恒,在极度的绚烂当中,我们获得顿悟,得到对生命情调的理解。中国人崇尚的松、梅等等,体现为一种"老不死",追求的是一种不死性;要求的是永生,是永远不死的精神,跟道家有很深的关系。鲁迅先生曾经说过,中国思想的根底,全在道教。从美学上来说,对老的崇尚跟我们思想文化的根底有很深的关系。比方在《西游记》当中,最早打动孙悟空的就是生死。做了美猴王又能怎么样,将来还要死的。他觉得要能不死就好了。于是他只能求仙。《西游记》三教合一。求仙是道教的事,而教授他的人,是菩提

---

① 陈寅恪《邓广铭〈宋史职官志考证〉序》,见《金明馆丛稿二编》,生活·读书·新知三联书店, 2001,第277页。

祖师。他的师父用了一个《六祖坛经》上的故事,特别对他进行了单独授课。后来到地狱里面,他勾了自己的生死簿;到了五庄观,吃了人生果——长生的果子,等等,都是想保持长生不老。无论有了怎样的保证,似乎他都觉得不够。其实,他是要在追求长生不老的时候,也追求一种特别的智慧。这在中国文化里是一个恒久的积极的主题。但在《圣经》里不被容许。《圣经》上说,生命之树上的果子不能吃。我们一旦吃了智慧果,就能分清智慧,知道是非了,就"不简单"了。

黑格尔也注重老境。他认为最高的哲学智慧,要像神庙上的猫头鹰那样,到夜晚的时候突然起飞。可见他也是崇尚暮年的——暮色中的智慧。暮色不绚烂,但平淡当中包含无限的内容。很深很深的意味,蕴藏在这种看似白开水一样的语言中。而这水里面包含着好多矿物质、维生素,包含很多能够激发我们的生命力的成分。也只有这样的平淡,才是老年的平淡。

八十之后,一切都熟了,一切都老了。如何寻得更深的平淡? 这需要智慧,更需要高度的无技巧。平平淡淡,似乎感觉不到作者的技巧。这就是巴金所说的无技巧状态[①]——进入了至情无文的境界,但睹情性,不睹文字。媒介在眼中消失了,我们便能直接观察到作者的性情了。这样的境界,是"老奸巨猾"的老家伙们,在自己的人生智慧和艺术智慧得到历练之后,达到的至高境界。

到了老境,又有了"瘦硬"的风格,就是苏东坡的"书贵瘦硬方通

---

① 巴金《讲真话的书》,四川文艺出版社,1990,第408、430页。

神"。"瘦""硬",是一种强劲的风格,在百炼钢化作绕指柔之后,又出现了新的强悍。冬天的树干,在树叶尽脱之后,呈现出来的就是瘦硬。宋代的诗歌、宋代人的人格历练,就强调在如此苍老的现象下。

宜兴的紫砂壶、供春壶等,甚至强调做树上被虫蛀过的盘结,老的像疤痕、像疙瘩、像鼓起的囊肿。这似乎显示出一种病态的美。这种美,就跟罗丹雕塑的老妓女一样,看起来奇丑无比,但我们从它体型、肌肉的形态上,感受到带有沧桑感的雄"劲"———一种不屈服的跟外界斗争的精神。

我们看到的中国画当中的梅花,基本上都是老树身上发出来的新花。中国人欣赏的梅花美,是"老树春生更著花"的美感。所谓"疏影横斜水清浅,暗香浮动月黄昏",写的是月光朦胧的情境下的梅花的美感。我们读这两句诗时,感觉既苍凉又绚烂,似乎能够捕捉到默契与平淡之中的暗香,那种在朦胧的月光下显示出来的清浅的光影之美。于是在梅花身上,就恰好表现出不同美感的美妙交融。苍老之美,让我们更多地体会到在千锤百炼中,在岁月的沧桑和磨难当中,仍然不死、不屈,仍然保持可怕的生命力的美。这样的美,体现出一种智慧——在瘦、劲当中,有着强悍的意志的美感。

我们到了老年,生命的自然告诉我们,人生必然慢慢地变得枯淡。老年人吃东西,不能吃得太肥厚,他们需要吃软的、烂的。表明老人的机能在退化。提倡瘦劲,就是要到了老年,还要有这样的精神境界,这样的追求,使自己的老境有很多滋味。苏东坡说的滋味,从哪里来? 我想,就要从瘦劲的精神当中来。瘦劲的劲,表明一种劲头、力气、势能、气概。

古人赏松竹梅,都是欣赏他们的节操,欣赏他们的岁寒然后知松柏之后凋也。当我们的人生过了青春,进入到冬季的时候,我们看到,还有松树在郁郁葱葱,还有梅花在开放——他们有着多么高的品格啊!这就是中国人的比德说。这种比德说,更深层的,与中国人对生命的理解相似。对老境的思考,有了道德的标志。道德的比例,同时也扩展到审美上。在这样的境界里,从平淡,到瘦劲,就完成了审美精神的扩展。

当然,萨义德说的西方的晚期风格当中出现的断裂——奇峰突起式的新创造——在老境当中,当然是可以出现的,也可能出现的。"看似寻常最奇崛",看似寻常、平淡、苍老,但在这里面已经暗生奇崛,出现了人们没有意识到的令人惊叹的变化。这种变化就造成了跟以往的东西之间的巨大的裂痕。

所谓奇崛,最重要的,是出现了一种以往未曾出现过的因素,出现了以往未曾梦见过的境界。为什么会在晚年这样出现?冯友兰有一句诗,"海阔天空我自飞"。过了八十之后,心灵就自由地飞翔,感觉到海阔天空,没有什么能限制自己。所以说才可能造出这样的奇崛之境。"看似寻常最奇崛,成如容易却艰辛"。我们在过了八十之后,还能够具有这样的审美的奇观,这跟永不松懈的追求、探索、努力是分不开的。在高龄的情形下,如何让自己的心灵以及心灵的智慧从表面的平淡当中,显示出瘦劲和奇崛,大概是我们很多人需要重视的问题。

就像"老树春生更著花"最能够引起我们的瞩目,在老年,"老狐狸"，"老家伙"，也开了新花。所以在中国文化当中，就有了对老人的尊崇。有人说，学问做得高，就要熬年头。看谁学问做得好，就要比谁活得久。活得久了，看起来就学问高了。当然，这只是一种说法。当我们活得久了之后，我们的人生智慧，也会在不断的蕴积当中暗自运行。在这种运行当中，在不同的阻碍当中，会突然出现某种奇妙的迸发。这种迸发，有可能超出往日的形态，而突然剧变到一种新的形态——是为前人所未曾梦到的那样的境界。所以巴赫在晚年发现了音乐当中新的东西，写出了新论。我们的智慧，我们的审美等等，其实还是一个不间断的、漫长的、发展的过程。

海德格尔把时间引入了更深的哲学的维度。黑格尔的辩证法，最了不起的就是把时间跟空间联合起来考虑。对他的辩证法，当然有很多不同的看法。但他强调了在事件的绵延、时间的流程当中，一切都在变。越是到了晚年、老年，一切越是具有了不同的境界。人类的精神，也就是在这样的流程当中、进程当中，发生了巨大的改变。海德格尔也是，《存在与时间》通过一个人存在的时间，用此在来感悟存在。他们在哲学上都是很了不起的。为什么要那么重视老年，那么重视历史和历史的演变？ 就是因为他们看到，在这种漫长的时间本身的变化当中、变化之后，会产生巨大的精神形态的变迁。

八十的年纪，让一个人容易产生懈怠，但也让我们进入到更加美妙的、与衰退衰减的肌体相对的、与青年时候的敏锐相似匹配的境界，进入删繁就简的平淡里，进入看似平淡的奇崛中，进入岁寒而知松柏后凋的岁寒式的境界。这是对所有人晚年生活的最高的馈赠。

这便是我们中国文化当中对晚年的思考，也是中国文化对养老的独特的贡献。

## 二　孤独

中国文化中说"鳏寡孤独"，"孤"，本身跟"年纪大"联系在一起。这样的体会和理解古今相合。

我最喜欢《百年孤独》。它用了一个百年的框架，写了一个很老的家族的世事变迁。有人说它有《圣经》式的结构——确实有那样广博的时空涵盖面，精神巨大变迁的历史蕴涵，和那种俯视一切风云的气魄。而它落脚在孤独上，又让我们在对那段历史的扫描里，感受到了别样的情调。我们看到了世事变迁当中，永恒不变的孤独。

在这部小说里面，孤独就是审美核心，是它美学的精髓。人到了八十岁的时候，孤独就成了非常重要的主题。原因多种多样。比方说，衰老令自己很难有旺盛的活动力去跟别人交流；以前的熟人、工作单位，跟自己相隔甚远；子女渐渐分离，甚至跟子女的关系恶劣。我们现在提倡子女要孝顺，但是中国过去的几代同堂的大家族很难再有了。即使有，大家族里的家长，也还是面临孤独的问题。过去的太上皇，不孤独吗？被服侍得很好，但他也还是在很孤独的境地当中。

孤独，与寂寞不一样。老人，首先是寂寞。人的交往一旦减少，就会寂寞。甚至填补无聊的方式到了八十之后也很难有了。无边无际的寂寞就会包围着我们。大部分老人的病痛是寂寞造成的。说是孤独,也可以。当寂寞积攒到了一定的深度的时候,就会变成孤独。孤独好像现在是老人面临的重要问题。

为什么呢? 首先是时间决定的。八十的老人经历了那么多的风云变幻,有着那么多的人生感慨,却很难找到听他诉说的对象,很难有人来分享他的内心。这是孤独的最深层的来源。

每个人在每个年龄段,都有孤独的时候。比方说,到了我这个年龄段,我与我的小学同学往来很少。中学、大学的同学,以前的同事等等,不断地变化,不断丧失。当然我也可以交新朋友,有新的交往对象,但是所有的这些人、事,都跟你的过去隔开了一个很大的距离。

我们每个人实际上都不断地处在孤独的境遇当中。这种孤独境遇的最深层次,就像拜伦的诗里面写到的,"纷纭的世人/不能把我看做他们一伙/我站在人群中/却不属于他们/也没有把头脑放进/那并非而又算作他们的思想的尸衣中"(《我没有爱过这世界》)。当然,拜伦那样的浪漫主义诗人,很强调自己的情感。满眼都是跟我有着交往的人,但是我却突然感觉到陌生,跟他们格格不入。这个时候,内心升腾起非常深刻的孤独感。

我们到了八十多岁后,很难进入到原来很熟悉的人群当中。但是,那种人群中的孤独感也还可以有。比方说,我站在新街口,看到熙熙攘攘的人流,我也会感觉到孤独,但那还不是拜伦所说的人群中的孤独。直到我眼前所有的人都是我熟悉的,比如一个都是熟人的酒会,其中甚至有很多与我交往亲密的朋友。而在某一个刹那,我突然感觉到跟所有人都无法进行心灵的沟通———一种很深的孤独感。而我说的老年的孤独,是知音难觅,是我们饱经沧桑的心灵所具有的内容,很难跟其他人找到对应,这样产生的强烈的孤独感。所谓知音,就是能够听到内心里面最深刻、最美妙的音符的人。而当唯有我独奏,无人可以和鸣时,很深刻的孤独感就袭来了。

我为什么很欣赏《百年孤独》?就像鲁迅写的,"梦里依稀慈母泪,城头变幻大王旗"。百年孤独写的也是这样的情形。在沧桑巨变当中,我们能看到很多变化。变化,对我们来说已经不稀奇了。对我们来说,徒有不断的变化,而不再有不断的惊奇了。在已经感觉不到惊奇的体会当中,升腾起来的某种感慨、感受、感想,要跟谁去说呢?就像歌中唱的"情到深处人孤独"(《是否》)。当我们的情感体验、心灵体验进入到这样的晚年期,也就进入到一种变化中。这种变化,有着常人很难企及的、由时间而来的深度。在这变化里,我们的内心陷入与别人无法沟通的泥沼。

当我们谈论孤独的时候,主要说的是两个层面。一个,与爱相关。我们的情爱到达最深层次的时候,很难跟别人言说,即使是跟我最爱的对象。我对她的爱超出了她的理解与接受范围,反而让我陷入更深的孤独。到了八十,这种爱,就会更加难以言说。因为我们明白,爱本身是不断变化的,需要不断更新的。当然,我们可以把经历过沧桑事变之后,内心里生长出来的"爱",倾注向广泛的下一辈。但是,在这个过程中,很多老年人对年轻人就产生出来某种虚假的情感。他们实际上追求的是,自己不能被时代抛弃,不能被时代甩在后面。所以,当年轻人和青年文化出现的时候,比方说郭敬明与《小时代》等等,很多老年人是看不惯的。但是奇妙的是，也有一些老年人对他们吹捧有加，赞赏有加。比方说王蒙。他就说，《小时代》，很了不起。在这里面，就有着不同的心态，些许"逢迎"年轻人的心态。通过这样的逢迎和对接，就觉得似乎自己也具有了年轻的心态，可以跟年轻人沟通。这样的想法，其实大学里面也有。老教师们为了拉近同学生的距离，要说年轻人最喜爱的东西。似乎达成了这样的默契、沟通。但这是很表面的。苏东坡说的"愈老愈熟，乃造平淡"，经过了老和熟的变化、历练，看遍千山万水、千变万化的老奸巨猾的"老狐狸"们，心里怎么会对有些东西看不透？还能够那样赞赏？这本身就是一种不正常的心态在作祟。假装的老来俏更可恶。就像赵树理小说《小二黑结婚》里的三仙姑，"小鞋上仍要绣花，裤腿上仍要镶边，顶门上的头发脱光了，用黑手帕盖起来，只可惜宫粉涂不平脸上的皱纹，看起来好像驴粪蛋上下上了霜"——变得不大正常。

　　老人同年轻人之间很深的代"沟"，造成了两者之间的互不理解，造成了老人的孤独。沟总是有底的，是有河床的，在这个底下，应当能够找到沟通的点。但找寻的进程可能非常缓慢。老人和年轻人之间的爱的关系，之所以会发生阻隔，就是因为代沟本身不同的分类，已经使他们之间有了很大的距离。若想要以一种夸张的、轻易的方式将距离犁平，就必然让人感觉到虚假。

　　老人跟年轻人之间的爱和友谊，他们内心的交往，应当是建立在真正的沟通上。我后面会说到，对青年一代，对小朋友的爱，会进入到很深、很真、互相理解的层次，到一种最真挚的人生情爱当中来。

　　情感之间产生的很多沟壑,使老人群体中产生了因为深爱而形成的孤独感。这是一个方面。另一个方面,从康德"共通感的"角度考虑。这跟我们情爱的共通感,跟人与人之间最深层次的沟通是什么样的关系?跟我们的精神深度,又有什么关系?

　　康德所说的审美的判断力、审美的共通感,是一个悖论式的存在。要我们从个别到一般的反思型的,或者叫反省型的判断得来。但是,它又能够契合从一般到个别的普遍性的结论。所以审美共通感是一种悖论式的存在,我们很难把它彻底明白。我觉得这里面就有很深刻的意蕴。

　　共通感的缺乏,使我们老人的孤独进入更高的层面。他曾经所钟爱的世界,在眼前几乎完全变了。常常有人感叹,这个世界对我来说已经不可爱了。他感觉到跟世界的隔绝和陌生——在我眼前的这个世界,不断变化。在现在,我们看到的整个的世界,已经是一个加速变化的世界。若规划建一栋楼,它很快就崛起了。而在过去,楼房这样的建筑在一个地方多少年都不会有变化。苹果手机从4到4S,到5,到5S,现在已经出了6和6 plus,更新换代越来越快。新街口,今天去、明天去、后天去都大不相同;今年去、明年去、后年去,焕然一新。它在我们眼前,眨眼的工夫,很快就变了样子。

　　这种加速变化的现在,加速到来的未来,映在我们眼中,和我们已经变得苍老的、沧桑的心灵,形成巨大的比照。我与这个世界之间,似乎隔了很大的一层膜。我钟爱的世界,究竟是哪一个?有人喜欢问,如果可以挑选,你愿意生活在哪个朝代?比方说,我愿意生活在宋代。这是一种狂想，历史的狂想。对我们个人来说，我们经历了不同的时代。我想生活的时代、时光、时间点我回不去了。很多人希望自己再有一个童年，一个青年，想要生活在自己年少时期的某个点。这个时候，我们就容易产生对往日的缅想。在这种缅想当中，就容易产生孤独感。你的某个时代已经成为过去，没有几个人知道了，似乎只能埋在自己内心深处悄悄咀嚼。这样，我们就感觉到眼前的时代似乎不那么可爱。

有的老人觉得自己眼前的时光还是蛮可爱的，因为他的物质生活各方面都比从前的任何时候来的丰富。但是，仍有很多方面，令他无法接受，让他感觉格格不入。就像《子夜》当中的吴老太爷，到了大上海，一下子就散了架，急病去世了。这是茅盾写的一个寓言——你已经老到要被这个世界所扫除的地步了。对老年人来说，在不同的程度上，不都面临着这样的精神困境吗？为什么老年人会产生那么强烈的孤独感？不就是因为自己的内心世界与时代已经不能够相通了吗？

老人有孤独感、寂寞感，要把这种孤独感变得积极、审美，就有可能使老年人的孤独进入到更高的境界。首先，这种孤独是一种"百年孤独"。他从那些看遍的沧桑变化、潮起潮落当中进行提炼，有所面对。他面对的历史，他面对的材料，是属于哪一个阶段的？他抽取的是哪一段的历史？在这抽取里面，就显示出老年的智慧特点——一种很高、很深的历史智慧，在青年、中年等，都不可能达到这种历史智慧的深度与高度。在这样的智慧当中，是否能发现历史的某种不同的取向？在人生的历史当中，怎么样汲取特殊的智慧？这里的历史智慧，如前面所说,可以推广到无限。而在此,还是体现为个人的对人生的智慧。在这样的智慧当中,如何来思考本真的历史? 如何思考自己人生的审美境界? 如何咀嚼自己的内心? 在咀嚼内心种种经验与历史的时候,如何体会某种特别的要素? 在这种要素当中,如何来升华自己的精神境界?

首先,对老人来说,对历史智慧的沉湎,是在一种观照当中的。这种观照,实际上是一种反省——在对所有历史的观察当中,反省自己以往的人生,就可以在其中提炼、升华出某种特别的东西。这些提炼可以让自己的人生境界得到扩展。另一个重要的命题,是怎么样进入一种宗教境界。当我们的人生进入"晚年"这一人生的暗夜的时候,也即我们以往儒家文化说的"夜气""中夜扪心"——就进入到了对自己的内心深刻反省反思的时刻。在这样的时刻,我们如何把自己的心灵与某种崇高的、超越的实体相联系? 如何具有一种宗教的情怀? 现在有些人说,好多老年人不自重,是因为缺少宗教信仰。所有的宗教,和它们的宗教仪式,都强调很深的孤独体验。唯有孤独,才能让我们自身的内在灵魂,跟终极的实体相联结。司空图《二十四诗品》有言 :"素处以默,妙机其微。"在我们独处之时,我们内心深处一种最重要、最特别的成分就会被激发起来,带领内心进入到一个微妙的阶段,一个"独鹤与飞"的境界。内心出现奇妙的飞翔,把我们的灵魂和心灵带向更远更高之处。

《二十四诗品》里说"太华夜碧,人闻清钟"。进到泰山的顶峰,碧空下,青峰上,清夜里突然听到传来某种钟声。是从我们内心里面传来的"心音"，还是外界传来的未知的神秘声音？孤独啊。西方的绘画也好，音乐也罢，都强调在最高的高山上，在无垠的大海边，独自感受自己内心的涌动，感受外界和内心的交叠。在交叠中感受到一种说不清的、特别的、似乎是前所未有过的东西——从我们的灵魂深处，产生出一种力量，一种要素。这就是尼采等人所说的境界，孤独之境。这种孤独赋予我们一种灵魂的高贵，而这种高贵是在任何情境下求之不得的。当然，这是一种很高的要求。

我们八十以上了，具有独特的孤独感。八十的老人当然也需要与人交往，有时为着扩大交往，还需要想方设法。不仅是扩大普通的交往的层面，更重要的，还指向了孤独所赋予我们内心的交往的深度和高度。这是至高无上的审美的精神，指向我们对内心的孤独的另一种寻找。这种审美的精神，指向了冥冥之中的对历史和人生的把握，对人类的爱的把握。如此深度，那样深情。"情到深处人孤独"，就变成深情的美。这种深情使我们在老年对世界丧失信心。在老年不同的心灵境界、心灵的体验下，孤独成为一种更高的审美感受力。深刻的孤独的要素，可以被用来体会这个世界的深度和广度，也包括前文说的代沟的深度。我们从中也反向体会到人类情感的共通点。如此，就使我们的情感在老年得到了沟通。这种沟通，使我们无论是否与其他人相处，以何种方式相处，我们都能感觉到属于人间的种种情爱，种种欢乐，体会到独属人间的审美情趣，就能更好地体会到这个世界带给我们的美学精神。而这种美学精神，使我们无论经历过怎样沧桑变化、世事变迁，都感觉到自己的"老"有着通厚的生命力。

　　所以，孤独能使我们探寻到人生历史的某种新的态势。同时，倘若能够将此扩而大之，也就能够为一群人的历史，为我们人类的历史探求到新的曙光。这样的历史感所具有的创造性，令我们即使身处无尽的孤单、孤独、寂寞中，也能感觉到某种热度与热情。我们的心不会就此寂灭、悲凉，不会就此感觉到空虚。这大概就是对进入到八十岁的老年阶段，应当怎样对待自己的孤独的解答。

## 三　郁勃

　　八十岁以上的老年人的美，应当是怎么体现的呢？努力实践的艺术境界，跟审美境界相通，和每个人的心灵世界也相通。大画家黄宾虹八十多岁了，他欣赏中国古代的北派山水画。他提出来，应当是以浑厚、华滋为美。浑厚是郁，华滋是勃，故而本节以"郁勃"为题。

　　关于浑厚，黄宾虹提出了积累、繁复、重叠那样的美感。"郁"，说的便是积累、蕴含——一种精神状态。北派山水画的山水，全是密不透风的景象。人到八十多岁，一生当中所经历的、积淀在心灵里面的东西已经太多，真是到了密不透风的地步。而华滋指的是枝叶繁茂、润泽，乃至一份带有丰富的润养性的勃勃生气，包含着很强的生命力。蓬蓬勃勃，由它激发。

　　屈抑在内里的东西，造成一种爆发。郁，显示着内心的压抑，回旋，曲折的状态。所以，郁勃本身还包含着某种阻碍。郁在当中，再发出来，就有了更强的力量。这样的境界，才符合老年的境界。我们用

"沉郁顿挫"说杜甫的诗,实际上,也就是说杜甫的诗具有这样的情调。郁,既包含着"沉"、也包含着"顿""挫"。我们的情感,我们的经验,我们的一切意志,到了八十以后需要寻找一个爆发点。这爆发,不是绚丽多彩的、山花烂漫式的、华彩的爆发,而是没有夸张的声响的,看起来还是平静、沉稳的爆发——于无声处听惊雷。没有声音,但是在这希声当中,体会出大音。这就跟青春狂飙突进式的"发"不同。因为他保持了些许混沌,和一种说不清、道不明的厚度。让力量用拔河的形式,一个加一个,再加一个,再加一个,进行美妙的叠加,所以才浑厚。在这种叠加之上,显示出集合式的、集体性的华滋的生命力。

到了老年之后,我们的光彩发出的方式,可以是层层叠叠的。黄宾虹画画,左一层又一层。有人说,他那个时候已经老了,眼睛不好,所以画了一次又一次。画作乍看起来邋遢得不得了,但是仔细一看,精彩至极,简直就是画出了山水内在的郁勃的灵气。那样密不透风的表达似乎就说明,我们的经验,我们的经历,我们以往的一切,都可以叠加起来,形成无比丰富的美感。而不同要素的叠加,自然便产生了一种华滋感,就产生了带着水分、带着生气的力量。这种力量,就像繁茂的枝叶,彰显着很强的精神能量。

古人也有浑厚华滋的概念,在中国古代的山水中十分常见。北派的画好多都是荒寒之境,既荒又寒。但哪怕荒寒,画面上呈现出的密不透风的形态,也让绘画具有了复杂的内蕴。中国的艺术,无论是书法,还是绘画,都强调意蕴的叠加。书法里面,即便只是一笔,其中也饱含意味。一个书法家写一笔下去，这里面可能包含了篆、隶、王羲之……包含了好多书法家的意味在。绘画跟书法相通，也是如此。有人说黄宾虹的画简直就像印象派的画，笔触相当粗率，甚至很粗放，且笔触不断重叠。沧桑感，赋予它们很多的感慨。

李泽厚提出积淀说，他认为，好多艺术要一层一层积淀起来，然后达成无限的意味。我想，这跟我们中国的文化相关。积淀说本身就包含着历史的意味，也包含着对晚年文化、对年岁累积智慧的重视。叠加、重复、变化，在粗率的笔墨里面显示出无穷的意味，就跟积淀学说很相似，异曲同工。把千变万化、千繁万复的笔调融为一体，再散发出来，便具有了无穷的生气、生机。

中国话里面常说的，密不透风，又疏可走马。在那种看似紧密的、让人喘不过气来的节奏当中，也有清风明月，透出了一股气来，让我们感觉到这里面透出一种无穷的生命力。所以黄宾虹说，山水应当主要是浑厚华滋，花鸟应当是刚健婀娜，表现出不同的情调。自然，山水是一种更为长久的东西。花、鸟都是短期的，花开花落，很快就消逝了。山水——山的沉稳、水的灵动，在我们看来是某种永恒的象征，某种历史的、无限的存在的象征。这与我们这种苍老的、沧桑的人生，有着很好的对应。所以，黄宾虹把这个特别提出来，其实是一个很大的贡献。在这样的山水当中，也即，在我们人生的积累、积攒当中，在我们对积攒、积累的巧妙、灵动的运用当中，我出乎意料地发现，他们突然都焕发出一种美妙的光华——我们的一切积累、积攒，都不是无用的。让积淀动起来，有了爆破，有了勃动、勃发，有了一种闷声的爆炸。可能就是从两个方面提出了审美的内在的精神。李泽厚的积淀说,缺少的是华滋的那一面。

中国画,无论是画梅、兰、竹、菊,还是画山水,似乎那些东西本身的形态是不变的。跟西方人画人物、画故事、画场景之间,有着很大的不同。中国艺术,是一种象征性的艺术。无论画什么,这些物象都是固定的。诗歌亦然,好多意象重复出现。首先是因为,画的这些物象,每个都有了固定的象征。所以说,西方现代艺术大师克莱夫·贝尔把它定义为"有意味的艺术"①——意味。而我说,我们中国古代的艺术,其实是一种有"意谓"的艺术。用不同的方式,将对积淀之后的艺术经验的积累,放置到同样的对象身上。我们希望在一件书法或绘画作品当中,看到很多种笔法。但是,其目标指向,就是艺术指向,却是单纯的、固定的。

中国艺术的这种有"意谓"的形式,其实指明了我们的心灵还是有某种固定的指向。同时,既有一个固定的主要的含义,又生发出一种无穷的意义,使画面更加精彩、精美。这是与前文所说的平淡之美截然不同的另一种美。在这里,平淡的、简古的、消散的高峰绝尘式的美,在另一个方向上达到了。是积淀、积累,积攒……把这些东西组织在一起散发出光华。这对我们漫长的人生有着很深的启发性。

如今,好多现代艺术只追求新、变,简直就是被创新的狗追着跑,一不小心狗就要咬到自己。传统的艺术,以往的积累,如何在新的情

---

① 见克莱夫·贝尔《艺术》,薛华译,江苏教育出版社,2005。

况下,散发出新的生命力,这就是值得研究的艺术课题。同时这也是一个人生的课题。我们晚年的生命力,如何协同以往的经验一起努力,积聚在一起,共同放出光华来? 用审美的方式,或许可以比较好地来解决。

黄宾虹的艺术为我们提供了一种思索的方向和渠道,让我们体会到人生的艺术,和心灵的艺术——我们的心灵,可以让以往的一切慢慢叠加。在叠加当中,这些以往互相激发、映发出一种新的审美境界。而这种审美境界的气韵、气质,要比往常显示出更加丰厚、华美的生命力来。

所以,整个这一章用"浑厚华滋"做标题,就是想要说明,我们的生命力固然愈老愈熟,乃造平淡,但是以浑厚为根基,还是会散发出华滋的、美妙的审美形态的。这样才使我们的这一段晚年有了更高的、无可取代的价值。这种价值是智慧型的,是积累型的,是更高的孤独的攀升。华滋也好,平淡也好,清爽甚至是清空也好,都为我们呈现出不同的心灵的历程、心灵的境界。

# 第十四章　归零与通灵

## 一　返璞归真

人一旦过了九十岁,就开始返璞归真。九十岁的人,身体的某些部分或许变得僵硬,心地却越来越柔和了。其实,身体的一些部分,也变得无抵抗地温柔。九十岁老人的手,就像小孩子的手一样,没有力气,又很松软、很可爱。从前的一切世俗的礼仪、戒心等等,全都"放下"。我家乡的方言里,有"老小"的说法,意思是,人越老,反而心地越纯真;老了,人的行为也开始变小了,越老越小。

尼采说人生的三个阶段,第一个阶段像骆驼,第二个阶段像狮子,第三个阶段像婴儿①。古今中外的大思想家,很多人都对婴儿、赤子有很深的思考。返璞归真,就是开始回归到一种童真的、天真的状态。天真,就指向了天才。没有天真的人,是不会有天才的。

九十以上是很难得的年龄了。南京师范大学文学院有些老教师都活到九十岁以上。古文献专业的一位老先生,他年纪大了,身上的皮肤就会痒。要挠痒。开始他觉得这很痛苦,后来,他有一天突然想

---

① 〔德〕尼采《查拉图斯特拉如是说》,钱春绮译,生活·读书·新知三联书店,2007,第21—23页。

开了，他说，这也好，痒了就挠一挠，知道自己还活着。"知道自己还活着"，实际上这也体现了一种天真。年龄达到一定的地步，就会突然有了一种儿童的心态。当然，我们听到这句话时，内心似乎还有点悲凉。这种天真，其实就是《老子》里面说的"返璞归真"。返璞，归真。说得"玄"一点，就是生命的"还乡"，回到生命的故乡。"返"和"归"表示是很坚强、很遥远的运动。我们已经从原来的路走了好远好远，少小离家，老大回，所以才会"儿童相见不相识"。这里，当然，有一种"回不去的故乡"、岁月的"故乡"之感；可是，儿童最能撩拨起那种"故乡"情怀——"儿童"，本就是我们自己的生命的"故乡"啊！此时，我们最关心的、刹那间涌上心头的，正是在"相遇"之中激起的"童年"！哦，要是能回到儿童时候的状态就好了。

　　这样的返回的、回归的态势，就是我们精神上的一场漫游，一场游历，里面就有很复杂、很深微的含义。旅行已经出发、远离。远离的一路上都有风尘，经验，风霜雨雪，酸甜苦辣。固然我乡音无改，但是我鬓毛已衰，我已经从原来的主人，变成了客人。表明我的人生已然发生了巨大的变化。这个时候回家了、回头了，想回到儿童的状态，还可能吗？

　　我从何处来？这是个值得思考的问题。对于我们所有的人来说，都有一个回不去的故乡。"甚荒唐，反把他乡作故乡"，《红楼梦》指出了人生的"荒唐"感。故乡在中外文学中，都是一个永恒的主题。这主题里面有一个要点——"原来"的故乡，已经回不去了。你离开了故乡，故乡本身也离开了原来的你。

向往当中的故乡,往往是一个回不去的故乡。想回去、达成的精神形态,也很难回到。所以,必须要经历了年龄不断地增长,再经过了各种各样的繁华的演变之后,才有所谓的"豪华落尽见真淳"①。豪华落尽,对于一个人来说,似乎是一切全部消除殆尽之后,突然回到了自己真正的、本来的面目,回到了自己本来的精神故乡。此时,即有可能回到了自己的儿童的状态。

中国古代文献中有很多老年人,都似乎在年龄大了之后,就回到了原先的婴儿状态。按照传说,老子就活了很久。有的老人感叹说,他有了孙子,自己就成了孙子了,要为孙子服务。其实,有了孙子,自己就真的成了孙子,从某种意义上说,倒是一种非常好的状态——有了孙子之后,就开始有了小孩子一样的精神状态。

当然,作为大思想家的老子跟孙子的关系就更复杂了。老子的思想,跟孙子的思想,有一种一脉相承的关系。所以说好多人说,老子本质上是一个兵家。老子最擅长装"孙子",他善于搞各种各样的阴谋诡计。但是,老子确实也真正想要复归婴儿,他要求要返璞归真。九十以后,心态变得天真。但是,就像前面说的那样,这种天真把高度的智慧进行了提炼、返回,在这个过程里变回婴儿。

这个婴儿,不再是初生的婴儿,而是几乎具有了非常复杂的智慧,非常丰富的人生经验,非常深刻的人生感悟……这种"老小孩",什么都懂。因为懂得,所以纯真。这就是他经历的一个很大的悖反,一个

① 元好问《论诗三十首》:"一语天然万古新,豪华落尽见真淳。"

很复杂的精神运动。所以，尼采说从骆驼，到狮子，最后再变回到婴儿，在这个婴儿身上，就有着从骆驼到狮子再到婴儿之间的变化，在这变化里，人类经过了非常复杂、精深、辽远的过程，才有了达致婴儿的回返。

这个时候的婴儿，天真、烂漫当中，具有了很深刻的、人类学的含义。婴儿不再简单，这是我们要注意的第一点。金庸的小说《天龙八部》里，写了天山童姥，还有一些像周伯通这样的老头子。这些人，都有这样的特征，像老子说的"大智若愚"式的智慧的特征。也像乔布斯说的，"Stay Hungry. Stay Foolish."保持饥饿，保持愚蠢。这些，都跟尼采说的回到婴儿状态，有相似之处。

返璞归真。道家的"璞"，道家的"真"，指的是什么呢？璞，指的是一种没有经过开发的混沌。是混沌无知的状态。真，表示能透过接触到的一切表象，透过种种繁杂的外在的变化，找到本真性的东西。所以，复归为婴儿，首先就要返璞归真。我们在婴儿状态的时候，当然是最柔弱的。好多文学作品中，都写了一种婴儿似的、白痴一般的心态，像前文提到的《愚人颂》《巨人传》、陀思妥耶夫斯基的《白痴》、福克纳的《喧哗与骚动》、阿来的《尘埃落定》。这些人对这个世界有着一种诗意、敏锐的感性。当这些老人回归了儿童状态、婴儿状态时，实际上，他们的感性就开始不再像原来那样有明确的指向了。要做骆驼，坚忍；做狮子，强悍。但它们都表现出一些欲望的精神。而做婴儿，似乎处于无知无识的状态，因此就摆脱了社会的种种观念，摆脱了社会加于我们的种种欲望，回到了天真无邪的状态。这种状态，使我们获得了更大的自由。

　　婴儿具有更多感性、自由的对待世界的态度，和更本真的情趣。小朋友想要什么的时候，直截了当。他们喜爱什么，厌恶什么，是直觉的、不加思考的。所以一个人若像婴儿那般可爱，就会有这些直接的表露，就为自己的感性大开大门。

　　为什么都说一些大艺术家天真，就是因为他们把我们平时全都忽视的感性方面显示了出来。就像"童心说"说的那样，要回到最初一念的本心，去除掉在本心上层层笼罩的东西。李贽主要针对的是儒家特别是道学家的那一套。道学家在我们的心灵上加了重重戒条，将我们婴儿一般的本心遮蔽了。若把这个东西拨开云雾见青天，显露出我们的本心就好了。李贽的童心说，既有道家的色彩，同时也有佛教的色彩。李贽后来以和尚自称，虽然是在佛教当中，也是让我们感觉到诗回到了本真的境界里，也是道家所说的"复归于婴儿"①。

　　儒家也有这种类似的想法，孟子说"大人者，不失其赤子之心也"，推崇赤子之心。而赤子之心跟老子说的回归婴儿，有什么不一样呢？赤子之心被赋予很多道德的含义。它指向的，是我们天生具有的道德心、道德感、良知。关于这种良知，我们曾引述过一个关于王阳明与贼的笑话。当贼不肯脱去最后的一件衣服时，王阳明说，你看，这就是你的良知。良知在这里显示在他的羞耻之心。即是说，不断解除外在的东西，到最后不能、不愿再解除的这一块，就是他的良知。孟子说的赤

---

① 出自《老子》第二十章："常德不离，复归于婴儿。"

子之心很深刻。赤子之心,跟恻隐之心有很深的关系。当我们能够感受到他人的痛苦、伤痛的时候,就说明我们还存在着赤子之心。所以,年纪大的人,在脱离了世俗社会原有的种种束缚之后,就往往具有了一种对所有人的恻隐与关爱,就有了跟整个世界的一切的相融的关系。

尼采是很反基督教的,但是在基督教里有赤身裸体走向上帝的传统。在伊甸园当中的亚当、夏娃,都是赤身裸体地生存、存在的。这样的状态,才是天真无邪、像婴儿一样的、什么都不懂、什么也不知道的状态——还根本不懂任何的道德规则。当他们吃了善恶树的果实之后,第一件事就是把自己的羞处遮上,表明有了羞耻感。就像王阳明抓到了贼,贼觉得这一层防线无论如何不能去掉。羞耻感跟美感也有很深的关系。我以前说过,美感就是来源于羞感。因为当我们感觉到羞耻的时候,我们就开始关注一个人的表现。这种由羞耻感而来的美感,《圣经》上写道"他们就互相相认了"——眼睛明亮了,看到了对方的"美"。因为害羞,所以从这里面产生美丑以及美丑的观念。这样,羞耻感与美感之间就有了复杂的关系。以至于,我们认为,美感就跟羞耻感相通。

我们在上帝面前是无须害羞的,只有在人面前,我们才会害羞。所以,当我们面对的是上帝的时候,我们就可以坦然地、赤身裸体地面对。西方的海滨常有"天体"运动,好多人全身赤裸着晒太阳。这就是赤身裸体走向上帝的一种实践。有人跟我说,当我们穿着衣服、带着猥琐的心态看他们游泳的时候,我们感觉到自己好羞耻、好可悲啊。自己裹着衣服,看着别人什么都不穿的时候,却感觉到羞耻的不是别人,而是自己——在一种更高的美感的精神下,显示出了一种由羞耻感带来的美的猥琐。赤身裸体走向上帝,让我们无所顾忌,让我们的感性无所遮挡。我们的感性能力达到一种前所未有的自由。

耻感、羞感固然带来了美,但是我觉得这种美,相比而言就低了一层。应当有一种更高境界的美。这种美就是,我们在精神上也赤身裸体地走向上帝。当我们在精神方面也感觉到没有什么是羞耻的,没有什么可自省的,没有什么需要遮蔽、遮挡的时候,我们的精神就进入到一种赤身裸体的状态,也就进入了更高境界的美。

所以王阳明的贼不肯脱去最后的一件衣服,从另一个角度来说,恰好证明他还没有进入到更高境界的儿童状态。儿童生下来,就是赤身裸体,光着屁股来,也光着屁股走。走的时候,也以一种赤裸的状态重新呈现。这样的儿童状态,就走向了上帝,走向上天,走向了最高的本源。天真就跟天才在这个地方接通了。这是我觉得对以往的美学观念应当反省、反思之处。王阳明说"无善无恶心之体"[①]。当我们还在谈论善恶的时候,他已经超越了善恶。而当我们超越了善恶的时候,我们才发现有一种更高境界的真实、真理。所以,璞也好,真也好,其实强调的不是分别,不是伸出手来的种种等级、界限,而是指,在我们的眼中,世界又还原成纯朴的、真实的状态。这才是返璞归真。

为什么喜欢婴儿的状态? 我想,这在西方的美学当中,主要跟席勒所说的"游戏说"有关。研究幼儿教育的老师非常喜欢研究"游

① 王阳明《传习录》:"无善无恶心之体,有善有恶意之动。知善知恶是良知,为善去恶是格物。"

戏"。席勒的话,"只有真正的人才游戏,只有游戏的人才是真正的人",似乎更妙合了"真正的人""游戏的人"与儿童的天性的关系。当然,婴儿的游戏可以有很多种的意蕴,我们就不深入了。但是我想说,婴儿的游戏是以一种虚拟的方式,让我们的精神处于一种自由飞翔的状态。这种自由的游戏的状态,能够让我们感受到真切。一方面,我们看到小孩字在做游戏的时候,显示出很认真的神态,如果精神散了,就不叫游戏了。另一方面,在我们看来,游戏不认真、不严肃。这种不认真、不严肃,恰好表明了它处在的自由的状态。所以,我们的心灵是在自由当中,进行专注的活动——不认真的认真、不专注的专注的游戏状态。这在很多大哲学家看来,是人类很多活动的审美上的本质。

比方说,在西方法庭的陪审员制度里,选的陪审员是随机抽选挑出来的人,他们并不一定是很深地懂法律。让这些陪审员来投票辅助判定案件,就好像是在开玩笑。原告和被告的辩论,有很强的叙事性,也有很强的游戏性、戏剧性。所以一旦拍成法庭戏,就能让人看到法庭里面的抗争有着波诡云谲的意味。美国的辛普森案,就是经过种种情节、种种环节的比拼,最后让几个陪审员决定胜败。是不是有游戏色彩呢?为什么他们认为这样的才是合理的、真实的,才是回归到原型的?在《尘埃落定》中的傻瓜土司看来,一切天翻地覆式的变化,就是一场游戏。而他在这场游戏里,总是有最准确的直觉,最准确的判断。这种判断、直觉、感性,这种用审美来对待政治的方式,就是政治美学①。他的政治美学当中,显示出这场游戏真正的内涵。这内涵,让我们感觉回到了人类活动的真实情态当中。

返璞归真之后,我们就有了一种游戏的心态。这种游戏心态是一种审美的心态。为什么我们要历经骆驼、狮子,最后还要再回到婴儿? 就是因为婴儿的状态让我们能保持无知、饥饿,保持对世界的勃勃的好奇心,保持对世界的探索欲望。同时,又将这欲望控制在一种游戏心态下,以此来看世事变化、人世沧桑。这样,我们就能够看到世界的本真,进而抓住我们生命的本真。

## 二 华枝春满

"华枝春满,天心月圆"②,这两句话,是李叔同临死的时候写下的。我们从中好像能看出人生的圆满无憾。花(华)枝春满,它表现了生命达到了圆满具足的境界,有着发自内心的喜悦。天心月圆,指的是一种永恒不变的东西,跟花(华)枝春满之间,似乎就形成了很好的对应。这两句话,是对老年之后快要进入死亡时间的精神境界的描述。

人的一生,本来应该充满了丧失、遗憾。李叔同自己一生当中经过了那么多变化,却说出"花(华)枝春满"。怎么会感觉到美满呢? 当然这个偈语本身很有禅意。这禅意,产生于一种"人间感",它不是

---

① 参见拙著《毒蛇》,南京大学出版社,2012,第251页。
② 弘一法师快圆寂时,写了一封遗书给弟子刘质平,其中有一偈:"君子之交,其淡如水。执象而求,咫尺千里。问余何适,廓尔忘言。华枝春满,天心月圆。"

指向高远的、微妙的佛理，而是似乎在里面渗透了很深的人生感悟。这种人生感悟乍看起来有些奇怪，但是仔细想想，当我们的一生经过众多的坎坷、磨难、曲折回环，看过种种很深很险很恶的事件，在临死的时候，就容易感觉到美妙、圆满———一种瓜熟蒂落式的心态。

　　瓜熟，蒂落，原来是佛教里面，用以形容我们的思想和生命处于一种圆熟的状态。这样的状态，表现了内心的无牵无寄的，同时又非常满意的精神。瓜已经熟了，就同原来所牵寄的根本脱离了关系。但是失去了关系，也能够有新的愉快，精神可以进到新的境界。瓜熟了，我们的生命似乎也就到达了圆满，精神就有了一种圆满具足。的确，我们面临着生死，但这"面临"使我们获得了对死亡的另一种态度。假如我总是感觉到闭不上眼，就会总感觉到种种不如意。所以，"闭上眼"，表现一种顺畅地进入死亡状态的适意心情。相反，总是闭不上眼，则展现的是一种牵挂、不安，对生命的巨大的不满足，乃至一种仇恨的意绪。所以，在汉语中，死不瞑目，几乎成了一种永远的缺憾的象征。

　　托尔斯泰有一部写死亡的中篇小说，叫《伊凡·伊里奇之死》。我们在面对死亡的时候，死亡的光芒一下子照亮了我以往经历过的一切，我就看透了所有人的面目，和这些面目下包含的以往一切的虚伪。可是，快到死亡的阶段，"鸟之将死，其鸣也哀；人之将死，其言也善"（《论语·泰伯》），事事都是可以被原谅、被饶恕的。鲁迅说"一个都不宽恕"，当然是在他还没有过濒死体验的时候，是一个特例。当然，鲁迅活的年龄也不是很长。从一个也不饶恕，到原谅一切、瓜熟蒂落，这之间我们的心灵发生了怎样的变化呢？像老子说的，当我们进入到九十岁以后,我们就处在做减法的状态。"为学日益,为道日损,损之又损,以至于无为",说的就是不断减去。把生命当中不必要的东西都给剔除之后,就进入无为,就进入了更高的自由。这种减法,我叫它"归零",归结为零。

所有的一切,到了死亡似乎都被归零。老子把归零叫做无为。佛教叫"空"。有的叫"无"等等,无论叫什么,都是零。可是这个零,不是什么都没有。在数学当中,零的作用相当大。数字当中,只要有零在其中,一切都不一样了。

零是自由,是自在,是至高的哲学范畴。在归零之后,我们的生命、精神出现了一种神奇的变化。西方有的书专门研究人的濒死体验。我们文学院以前有一位老先生,徐复先生,九十多岁的时候有一次生了重病,几乎死去。我去医院看他。老先生是搞古汉语、训诂学的,但是他那天跟我说的话,突然变得很有诗意。因为他有了濒死体验。他描述了自己的一种飘忽感,恍惚感。我当时听了,觉得好奇怪,同时自己也觉得恍惚。恍惚,现在在东北话里面被提炼出"忽悠"的意思,指的是用一定的方式让人错乱、上当。但是最早,应当是老子里面说的"为之惚恍",就有一种飘忽的美学意蕴。"恍惚"和我们的时空感有关,一个是指很快,一"晃"就过去了,表现出"不确定";也和空间上的模糊相关,是物象的不清楚。其实,还是"不确定"感。实际上,这是我们的感性的根本特征,那就是不确定、不清楚。从另一方面来说,就是说不清,道不明,不能够用理性的方法来表达。

后来过了大半年徐老去世,他把手头要写的那本书写完了,就去世了。有人说，他应当多计划几本书，那还可能活得更久。我想，他感觉到的那种恍惚，就是归零之后，一切都变成缥缈的东西的状态。世界在他心中成为图像化的、飘忽的意态的呈现。在我们的生命快被归零的时候，我们就有可能会通灵——我们的心灵通向了另一个世界，通向一种似乎是灵感的状态。

我曾经让学生写文章，题目就叫"孤独与灵感"。有学生就写，当我们进入到孤独当中时，所有的感觉都被归结为一，处在一种孤绝的情境中。我们似乎不再关心其他任何事情，这个时候，我们就进入一种通灵的状态，也就可以进入一种灵感勃发的状态。"面对死亡"这件事，是否会把我们带入到更深的审美体验、心灵状态当中？西方研究濒死体验的人，有几种主要的说法。当然，我觉得这些体验是姑妄听之。第一种说法是，感觉突然进入了黑暗当中，心很慌，什么都看不到。可是走着走着，过了一会，黑暗的隧道当中出现一丝光明，并且越来越光明，接着戛然而止。有的心理学家说，这就跟孩子出生的时候，从产道里面出来的体验相似。我们不知道自己是怎么出生的，但当自己快要死去的时候，突然就回到了当初的那种体验当中。

由黑暗到有了一丝光明，然后进入到全然的光明，这似乎是我们对人的精神的重要描述。启蒙，指的就是将人从黑暗当中带入到光明里。汉语里面说，一个"明白人"，明白表示精神的豁亮。所以"明"亮、聪"明"，都是用视觉的隐喻来表现我们的精神在被开启之后的体验。

濒死体验，为什么通于灵感体验？这跟濒死体验研究中的另一种重要说法有关。当他们开始进入死亡状态的时候，眼前清晰地出现了很多已经死去的人，往事一幕幕都在眼前快速放映。心灵发生了奇妙的改变，感觉跟宇宙融为一体。再后来怎么样就不得而知了。这种体会，其实也是很多大哲学家早就有的体会。陶渊明写"死去何足道，托体同山阿"。当我们死去的时候，我们感觉到自己跟原来觉得不相吻合的东西有所相合。这就写出了更高的灵感。

普鲁斯特写《追忆似水年华》的时候，把所有往事调动起来。他是处在濒死体验当中吗？并没有。但是不可否认，当死亡把我们归零之后，回忆似乎更加能够被激发起来。所以，普鲁斯特的逆向的努力，是反方向把以往的一切调动出来，让它们栩栩如生地呈现在自己面前。这还是跟我们归零的意识相关。人生即将变成一个零，人就开始对以往的一切特别珍视。归零的意识激活了以往，产生出茫茫荡荡的时间之流，就逐渐进入到与整个宇宙合一的状态。我们的生命，原来就从整个宇宙而来，然后还到整个宇宙中去。心灵似乎有了归属感，有了瓜熟蒂落的安心。死亡让我们看待生命时似乎有了还乡感。当我们把生命归零之后，我们就可以获得类似这样的至高的体验。这种体验，使我们被激发的灵性与灵感，有了一种更高的向往。

还有一种濒死体验，是发现自己的灵魂慢慢跟身体脱离了——他看着自己的灵魂跑出来，注视着一个那样渺小的形态的自己的肉体，审视自己的一切。灵魂跟肉体脱离的状态，在很多宗教里面经常出现。正如李叔同的偈语所说的，看到了花（华）枝春满式的圆满具足，对自己以往有限的存在本身觉得满意。

　　其实我们的灵魂脱离身体，是通常状态下就可以产生的现象——我们可以自我审视、自我判断。而在通常的状态下，我们人很难得以如此奇妙的方式来审视、观照自己的身体。《西游记》里孙悟空可以灵魂出窍，把身体留在现场。其实，我们的心灵本身就可以脱离肉体，身在一个地方，心在另一个地方。《庄子》说："身在江海之上，心居乎魏阙之下。"甚至，美学的意境，可以用经由昆德拉之口改造过的兰波的话来说，生活在别处。我们还可以把它改成——心活在别处。苏东坡有句词，"长恨此身非吾有，何时忘却营营"，常常恨自己的身体不是自己所有，实际上也都是指出了我们的身体和灵魂之间的矛盾。人的心灵缥缈，跟肉体的存在常常不在同一个地方。这位濒死体验者，简直是一位大哲学家了。

　　心灵跟身体相分离的状态，是一种更纯净的、更高的灵感的状态。几乎是没有身体的灵魂，进入到更高的精神自由之中。这样的濒死体验，让我们在此时此刻具有强烈的归零意识。当我们感觉到一切都可以归为零的时候，我们就可以进入到与那些大思想家、哲学家、文学家常有的感受相符的灵感的状态里。这种相符合的感受，很可能确实是这些人在面对死亡时的感受。不过这种感受来自我们已有的经验。所以我对这些关于死亡的确定的感受，始终感觉到很难相信。

　　徐复老师说的他的体验，跟以上所有人的体验都不一样。所以，可能还是有各种各样的体验。归零，让我们有了通灵的感受和能力。这种通灵，具体来说，是让我们具有一种神圣的心灵感受。因为它是来自于天堂的、天国的，总而言之，是来自于另一个不同于我们的世界的世界里面的感受。归零的时候,我们在世俗、俗世中所有的感悟、体验全部被切断。而在切断的过程中,恰恰就激发出对过往的自己,和对关于自己的一切的形态上的飞跃和升华。也就是说,这样的剧变是通过切断、阻断的方式来达到的。这样的心灵感受,恰好是我们面对死亡的时候的最高感受。

其实,在我们任何年龄段的日常生活中,我们都可以用这样的方式来激发自己的灵感。但是当我们进入生命的晚年的时候,就有了精神的极端的成熟。这种成熟不是在精神形态上的成熟,而是在年龄上的成熟。瓜熟蒂落式的"熟落"状态,是由年龄而来的,所以,就有可能具有我们通常状态下所触不到的人生感慨。在死亡的情态下,我们得到的体验体会,让我们的心灵一下子进入到另一个世界。这另一个世界,当然不是指我们就此跟人间告别,而是指我们的心灵可以创造出更高级的东西。徐老进入到老年,在九十多岁快要去世的时候,突然感觉到有了一种恍惚感,有了一种飘忽感。但是他没有把这些东西写下来。可能因为他不是诗人。我觉得很遗憾。但是我相信他具有了这种感受后,还要用这种感受来品味、体会灵性的变化。我想在他的内心深处,大概还是会享受的。具有审美特质的这种人,如果有这样的感受,他的心灵就会进入到更高的境界,有更高的形态。有人可能会指责说,人家都快要去世了,你还有这样的想法。可是我想,人到了这样的形态的时候,确实需要一种"花(华)枝春满、天心月圆"式的欣慰感,才能把自己的死亡的喜悦,跟某种最高的实体,跟来自于天上的美好相结合。他就能够让自己从归零当中得到圆满,跟自己的灵性、内心的满足，以及外在的更高的、不可知的、天心月圆般的圆满契合，对超越了我们的世界的精神，有所欣赏。

所以，我也很理解鲁迅所说的"一个都不宽恕"。鲁迅一生都坚持如此。这对鲁迅来说，本身也是一种圆满。因为圆满也体现为我们的本心、本性，不会为任何东西所改变。当我们知道它们不会改变时，它在我们看来就是花（华）枝春满。即使在这个时候，我们生命的花朵依然那般绚烂，不会为突然到来的死亡而改变。对鲁迅来说，生命之花是愤怒地开放，是怒放。这样怒放的生命花朵，迎接着天心的那一轮很圆满的明月，生命状态就达到了一种美妙的圆满。对圆满的感觉，大概就是如此。

尽管我们可能会觉得，自己很得意的时候、圆满的时候很少，但是仔细想一想，又会对自己和自己的生活很满意。如果同别人比较世俗意义上的成功程度，我们或许常常会觉得自己的生活太没意思，要是能像人家那样就好了。可是这个时候，如果产生一个念头——假如跟别人换一下生活、身份，换不换呢？至少我会肯定地对自己说，我不会换的。我就做我自己，这样感觉最自在。我所经历的幸福、苦难、挫折，都是由我的本性所决定的，是必然会发生的事。我的本性不让我背叛的东西，我没有背叛，不让我剔除的东西，我视它们为珍宝。别人的本性让他们经历其他的事情，他们也照着经历了，也就很好。不必想着置换。

求仁而得仁，保持我的本性不变，我就已然觉得很圆满了。在这个意义上说的花（华）枝春满，是确实的。当我们一个人在人生中，始终能保持自己的本性、本真走下去，不为某些东西而后悔——即使是后悔，也成为生命当中的养料，然后，此刻抬头一看，月亮也是那般团圆，这些元素交杂，就让我们感到自己的生命，已经进入到一个圆满而具足的境界了。

## 三 悲欣交集

很奇怪，弘一法师写了前面的话之后，临死的时候又写了四个字，"悲欣交集"，还写在一张用过的纸上，让人看起来心里五味杂陈。

我非常喜欢他的这四个字。悲欣交集，本身就写出了人生的状态，悲伤与欢喜的交融。弘一法师临去世的时候写下这些字，大概正好能表达他当时的心态。佛教里面，悲欣自有其特定的意蕴，所以，当然也可以用佛教的思想来解释。但是我想，从通常的解释来说，也体现了一个人在到达死亡之前所具有的复杂的心态，既感觉到悲凉，同时又有莫名的欢喜。

当然，这完全是从情感上来说的。中国文化里本身就体现"忧乐圆融"（庞朴《忧乐圆融——中国的人文精神》）的境界。从哲学的角度来说，就是一种达观、超脱，一种放下一切之后的对世事的理解。但是，我不这么看悲欣交集。它似乎是一种放不下的悲凉，交集着对即将到来的死亡的欢喜。说它们是交集而不是圆融，是因为圆融之后其实就没有悲欢了。在这交集当中，我们的内心进入到难以言表的悖反里，表现出一种对生命、对人生、对世界的总结性的感受。所以我很喜欢这句话。

在撒手人寰之际产生出这样的感慨,不仅可以用佛教解释,同时也辐射出更深广的、心灵美学的意蕴。这几个字的书法,也跟他从前的书法不太一样。当然也有临终时手有些颤抖的原因。但是他的这几个字里面还是透着苍茫的、无穷的、很深刻的人生感慨。这些感慨,可能就不仅仅是用佛理可以说清的。对这个世界究竟是留念,还是放手?究竟是有什么样的精神意态?这都给我们留下了很多很深刻的思考。

实际上,这两句话更深刻地体现在美学上,是一种更高深的审美感悟力。西方美学范畴中,有悲剧,有喜剧,有荒谬,有各种美感,却没有悲欣交集这种复杂而深刻的美感。这句话真正地深入到我们的内心层面,可以作为我们人生的归结点。在我们的人生面临最后阶段的时候,我们最关注的是什么问题?是宗教问题。蒂里希把人的最深切的关切叫终极关切。这种终极关切,到了我们面临死亡的阶段,可以简单总结成什么问题呢?杨绛写《走到人生边上》的时候,已经近一百岁了。她在这个时候最关心的,其实是祥林嫂式的问题——有另一个世界吗?或者更简单地说,有鬼神存在吗?也可以说,灵魂存在吗?再换句话说,我们的精神能够永恒地存在吗?当然,祥林嫂的关注没有什么哲学性或宗教性,因为她只是想要确认自己未知的将来。尽管她很粗浅,却也指出了人的终极关切。

在思考这个问题的时候,中外的大圣大哲,几乎都有着相同的思路。尼采在《查拉图斯特拉如是说》里面,有着永恒轮回的学说,这实际上是中外大哲的共有发现。生命不断轮回，轮回让我们感觉到虚无。《圣经》上的传道书，就充满了虚无和迷惘。太阳每天升起落下，所以说，太阳底下没有新鲜事。花开花落，潮起又潮落，似乎世间的一切都是按照这样的节奏，这样的周期律在演变。

有些宗教宣扬来世，来世自有好报或恶报。可是，有来世吗？在现实生活当中，往往好人有恶报，坏人过得更圆满——一种悖论式的报应形态。而假如我们有不朽的灵魂，有天堂、有地狱的话，我们在这个世界上就可以有一种安慰。由轮回而来的这种虚无，让我们感觉到人生的无奈，感觉到一切痛苦与快乐都是毫无意义的。痛苦一旦都变得没有意义了，就更难忍受了。美国在古巴有个关塔那摩基地。在这个基地里面对他们抓来的人使用一些酷刑。让这些囚徒屈服的只是酷刑吗？其实，除了酷刑的折磨，更重要的是要他们觉得失去了坚持的意义。因为他们感觉到，自己所有的痛苦、忍耐、反抗、放弃，都没人知道。这就是所谓"意义的丧失"。当一个人感到丧失了意义的时候，精神就趋于崩溃。一方面，大自然和人类社会可怕的永恒轮回，就有可能让我们感觉到我们的人生丧失了意义。另一方面，当我们感觉到我们的灵魂可能并不是不朽的时候，我们就对来世失去了指望。

究竟怎样的悲哀是悲欣交集的悲？弘一法师是坚定的佛教徒，他觉得自己会成佛。但是对于大多数人来说，如何安顿自己的灵魂，就是一个非常重要的课题。花开花又落，潮起又潮落，世界还以如此永恒的节奏在运行，即使当我们人作为个体消亡了，人类作为整体还存在。这样一想，我们似乎可以得到某种安慰。可是，假如在我死了之后的某年某月，整个地球都毁灭，人类再不存在，想到这个我们还能够安顿自己的灵魂吗？鲁迅在他的《且介亭杂文附集》里说：“无穷的远方，无数的人们，都与我相关。”(《“这也是生活”》)为什么鲁迅临终前会发出这样的感慨呢？因为他感觉到，无穷无尽的人当中，我们一个人是很渺小的一滴水，同时又确确实实跟广大的背景相联系。海明威引用的那句诗，“不要问丧钟为谁而鸣”（约翰·多恩）。不管是为谁而鸣的，肯定是我们人类当中的一分子死去了。所以说，丧钟是为我们每个人自己敲响。

当我想到丧钟是在为我而鸣的时候，就感觉到自己已经苍老。在面对死亡的时候，在想到自己的身后事的时候，我们会产生很多悲凉的感慨——过了几年谁还记得你呢？我每次经过学校前门的讣告栏的时候，我都会停下脚步去看一看。我就在想，有一天那里或许也会贴着我的讣告。好多人死了就死了，能记得他的人很少。多么悲凉的一件事！在我们离开这个世界、再也不能看到这个世界的时候，人家怎么看待我，我也不知道。而这个世界仍旧还会以固有的方式在运行，在永恒地轮回着。所以我们区区一个渺小的生命，在大自然当中，在人类的历史洪流当中，绝大多数都是悄无声息地就消失了。正是因为有这样的情况，人们之间才会产生那么强的名利心。有的人觉得自己不能靠为善流芳百世，那么就宁愿当个大恶人，这样或许也可以在历史上留下名来。

我们不妨从美学的角度，把“另一个世界”放到审美的激发要素当中。虽然它可能不存在，但是它有着能够激发审美的力量。这样，就有了我们从感性到超感性的跃迁,才有了灵感,有了天才,有了审美的心灵和审美的创造。所谓"祭如在,祭神如神在",这个"如"字,似乎提示了宗教与美学的深层奥秘。那就是一种悬置、假设的力量,在心灵中所起到的莫大作用。

既然它是悬置、假设的一个世界,那么,应当如何对待它的存在呢?

我的想法是,无解。我们无法知道是否有永恒的灵魂,是否存在一个鬼神的世界,一个另外的世界。只是这种种假设,可以让我们的心灵找到某种安顿之处。但是另一方面,假如不存在另一个世界,也不存在来世的报应,会怎么样? 是否就产生了很可怕的结果? 陀思妥耶夫斯基写的《罪与罚》,写到了上帝死了的可怕情境。上帝死了,人们就做什么都可以,这样导致的虚无主义,导致的道德的沦落,我们当然要警惕。

在人类的整体性当中,张载写的,在天地之间,"民吾同胞,物吾与也"这样的情怀①,也可以引发我们的道德感——所有的人都与我相关。所以鲁迅到了晚年,想法居然跟儒家的东西深刻地相通起来了。我们不是在孤岛上,我们每个人都是相联系的,所以丧钟为每个人而鸣。我们所有的一切努力,对来世是很难有影响的,但是对将来的人,就产生了实实在在的影响。这个花开花落的世界,生生不已,生生无穷。在这个过程当中,生命就不是毫无意义的。这样一来,我们就可以从某种角度、某种方向上,想办法解决这个问题。尽管它无论如何

---

① 张载《张载集·西铭篇》,章锡琛点校,中华书局,1978,第411页。

都还是无解的。

正是从这种跟万事万物都相通相连的共通感当中,我们才会悲,才会欣,才会悲欣交集。我的死去对我自己来说,当然非常重要。而对我的同类来说,是否就毫不重要? 当然这也要从不同的角度来看。当我们从丧钟为谁而鸣的角度来看,我们就不难看到,每个人的死亡对一切人来说都意义重大。这能否有一个审美的解决呢? 无解啊。无解最终还是一个审美的解决。因为用审美,才可以安顿我们的灵魂。

我们在悲欣交集中也得到了某种安心。成语"心安理得",该是理得之后才能心安。当我们把一切都想明白、想清楚了,我们才能进入到安心的地步。我们思考灵魂、思考另一个世界是否存在的时候,其实我们也就是在找自己能否安顿好我们的心灵的答案。中国古代有所谓"三不朽"——立德、立功、立言之说,是说一个人在这样三个方向上的努力当中,来让自己达到不朽,也让自己的灵魂、性灵达到不朽的境界。当然这是很高的境界。我觉得所有的境界应当都要归拢为——他需要达到让自己心安的不朽。我们无论是做什么事,处在一个什么样的事业当中,我们都是在锤炼自己的灵魂,改变着自己的心灵。心灵能够有了美妙的改变,就能心安。我认为这是最高的不朽。因为从审美的角度来说,它让我们的感性和所有的心灵要素,都在一种情性的统摄当中,得到了深刻的满足。

所以,我曾经把美学叫做哲学的最高形态,就是因为它能够让我们安顿自己的灵魂。只有我们的灵魂安顿了,我们才能对自己所做的一切感觉到心安。一个了不起的大科学家,如果创造出来的是对人类有害的东西,就很难说他是不朽的。靠作恶来追求不朽,为人所不齿。他也无法使自己心安理得。人生的所谓的不朽,照此看来,也要达到一种内心的圆满。

只有在悲欣交集当中,才能让我们体会到人类情感的复杂和圆满。老子说"大成若缺"[①];《易经》里面,用"未济"来作为最后一卦——我们的人生肯定有缺陷,也无法避免缺陷。我们的人生总是以缺憾结束,正好提示了我们,缺憾、不满、悲欣交集的情态,才让我们领略到人生的光芒,感受到人生是值得一过的。

人生的缺陷、悲欢的意态,表明我们的人生是不可能"完""成"的。圆满的人生是不可能追求得到的。浮士德最后还是把灵魂交给了魔鬼。他觉得一切都完美了。"这一刻真美啊,停一下吧"。这一刻,完美了吗? 浮士德搞错了,在最后犯了一个罪孽。魔鬼掘墓的声音,令他以为是自己发动的填海的伟大事业之声。这最终该算是一个巨大的失败吧。但是,歌德是怎么对待浮士德的? 正好相反。歌德认为,恰恰是在把灵魂已经交给魔鬼这样的错误当中,才最完美。所以,这个时候天使来拯救了他,把他带到另外一个世界了——"永恒之女性,引导我们向上"。歌德活的年龄很长。在最后这部诗剧当中,他发现人的不完美,人的错误,最后反而实际上是在帮助你完成一项更加崇高的事业。

---

① 《道德经》之四十五章 :"大成若缺,其用不弊 ;大盈若冲,其用不穷。"

　　一切伟大的事业都不可能完成。悲欣交集,在这种双方都还没有达到完成的形态里,人生的未完成性,就给了我们整个的、整体化的人生一个更大的可能。只要人类的整体还在,所有人都还在,那么,还是有人在用自己的智慧、用自己的心灵创造出新的世界。所以,这种"未完成",恰好也是心灵美学最后、最高的形态。

## 结语　神剪辑

　　人生一世，草木一秋。在大自然面前，一个人的生存，渺小而荒诞。曾经有一个生物学的老师，指着天目山上一株万年老树对我说，在它眼前，我们都算不上什么。我看着那株对我形成了巨大威胁的树木，百端交集，滋味莫辨。草木一秋？木石之长久，人类又何敢妄比？

　　可是，对着那株树木，我找到了一个比它优越的理由，问它：你谈过恋爱么？树木无语。仅此一端，我们比树木就高出无量。更何况一生之中的生老病死、喜怒哀乐、穷愁腾达……一句话，我们比之自然，最不同的是具有心灵。这个心灵，折腾着我们、纾解着我们，提升着我们、堕落着我们，煎熬着我们、安慰着我们……我们虽然生活在世界之中，可是，很大程度上，我们还生活于另一世界、拥有另一世界——心灵世界。

　　有人将人一生的图像剪辑起来，只消几分钟，就在巨大的变迁中，放映完毕。这叫做"神剪辑"。从幼稚可爱的儿童，到衰败可怜的老者，谁人不生出一种浩叹的情愫？可是，我们更应当思考的是，我们的心灵，在这样的过程中，经历了怎样的变迁？庄子云："其形化，其心与之然，可不谓大哀乎？"这个"大哀"，固然应当触动我们的情性灵性，可更值得我们深长思之。"神"剪辑了我们一生的图景，我们面容身体的变化,可是,我们的心灵,却是"神"和我们自己剪辑出来的。尤其是我们自己的"剪辑"。

我们在这里所做的"剪辑",对心灵的历程几乎是一种快速、粗率、不准确的扫描。每个人都是一个世界;每个人的心灵世界之复杂多变,则令人惊叹而敛手。可是,我们还是希望美学关注属于个人的情性,对此做出一种扫描。虽然,这个工作任何人都无法单独完成,每个年龄、时代的不同的人,都会有自己的见解,可是,我还是勉力为之,试图拼凑一个可能的图像。

歌德的《浮士德》,有一、二部之分,成为"两个浮士德"。一个是沉湎于个人情性,在自己的"小世界"中奋进的浮士德;一个是扩展自己的情性,到"大世界"中寻求伟大事业的浮士德。我们这里的研究,主要是"小世界"的,是把一切都凝缩到个人心灵的历程。可是,还有另外一个浮士德,在整个人类世界的背景中自强不息,征服自由和生存。"浮士德难题"和"浮士德精神",或许在很大程度上代表着人类精神的难题,这个难题,到了"大世界"的展开中,才尤为充分。浮士德在这里遇到了浮士德,一个人遇到了另一个人,也就是主体遇到了主体,即发现了"主体间性"。所以,在"大世界"中,我们看到了政治、经济奋斗与倾轧,看到了对更为广远的几乎抽象的"美"的追求,看到了造福人类(同时却祸害人类)的事业的拼搏。一句话,在"大世界"中,我们面对的美学不再是那种属于个人的心性的修炼,而是面向整个世界的广大背景的另一种审美精神。本人在《形而放学:美学新解》中,曾作初步探索。可是,面对这个美学维度,理当进行更为深入的研究。

　　况且，即便是"小世界"，它也牵扯着"大世界"的无限风云，宁静而诡谲，深远而切近，集纳着人类心灵的无量机缘。我们在这里，只是提供了一个机缘，供有心人发生、发展，开掘出杳渺幽深的境界。

　　神剪辑了众生，剪辑了众生之人生，剪辑了众生之心灵，可怕的是，神，还剪辑了众生的记忆，众生的心灵片段如何被剪贴、编辑为因果有序的"情节"。我也是做了一个似乎有序的剪辑和拼接，深知，这种剪辑当有无穷多的可能，无穷多的途径。因为，人，人与人之间，迸发出的可能，将会让人类的心灵世界繁复浩渺、参差多态，开放出各式各样的花朵。心灵，本就是美学的根源，她既是本体，更是无穷的妙用所在。因而，这里所作的对个体心灵的普遍描述，或许能打开一个小小的洞口，指向无穷的天地。

# 后　记

这本书缘起于一个幻梦，意欲以美学来描述自身情性的历程。初次对研究生讲授，则体现了一种无知的勇敢。几乎每次上课前，都没有想好的框架，全凭着那种追忆式的意念，跟着一种意念直追而下的清醒的盲目，以及，一种冥冥悬揣中的意图。七年前，由当时的学生谢岑整理了录音稿——感谢谢岑的耐心和细心，稿子记下了当时现场的口吻和场景。觍颜将其中一些章节呈中华书局刘淑丽老师看，她竟多有勉励。可是，一搁置，就是几年。

再拿出来，心有不甘。于是，又想重新来讲此课。这时，只请来了两位听众：唐闻君、朱俐俐。这个工程比以前似更大些，内容几乎扩展一半以上。她们两位现场听、记，再加上录音的整理，付出了更多的劳作，且加上了编辑删刈的功夫。这是尤需感激的。在她们劳动的基础上，自己认真地做修改，最后的成果，就是呈现给诸位的"讲稿"。

感谢当年听课的诸位同学，让我有了信口开河的勇气；感谢刘淑丽老师的耐心，让我有了成书的坚韧；感谢两位美丽听众的劳作，让我能够最终完成这部"心""灵"之书。

也要感谢您，本书的读者，耐心地倾听或许来自自己内心的声音。

骆冬青

2014 年 7 月 18 日